COURS DE PHYSIQUE MATHÉMATIQUE.

THERMODYNAMIQUE

PARIS. — IMPRIMERIE GAUTHIER-VILLARS,
40531 Quai des Grands-Augustins, 55.

COURS DE LA FACULTÉ DES SCIENCES DE PARIS

COURS DE PHYSIQUE MATHÉMATIQUE

THERMODYNAMIQUE

PAR

H. POINCARÉ,
Membre de l'Institut.

RÉDACTION DE

J. BLONDIN,
Agrégé de l'Université.

DEUXIÈME ÉDITION, REVUE ET CORRIGÉE

PARIS,
GAUTHIER-VILLARS, IMPRIMEUR-LIBRAIRE
DU BUREAU DES LONGITUDES, DE L'ÉCOLE POLYTECHNIQUE,
Quai des Grands-Augustins, 55.

1908

PRÉFACE

DE LA PREMIÈRE ÉDITION.

Le rôle des deux principes fondamentaux de la Thermodynamique dans toutes les branches de la philosophie naturelle devient de jour en jour plus important. Abandonnant les théories ambitieuses d'il y a quarante ans, encombrées d'hypothèses moléculaires, nous cherchons aujourd'hui à élever sur la Thermodynamique seule l'édifice tout entier de la Physique mathématique. Les deux principes de Mayer et de Clausius lui assureront-ils des fondations assez solides pour qu'il dure quelque temps ? Personne n'en doute ; mais d'où nous vient cette confiance ?

Un physicien éminent me disait un jour à propos de la loi des erreurs : « Tout le monde y croit fermement parce que les mathématiciens s'imaginent que c'est un fait d'observation, et les observateurs que c'est un théorème de mathématiques. » Il en a été longtemps ainsi pour le principe de la conservation de l'énergie. Il n'en est plus de même aujourd'hui ; personne n'ignore que c'est un fait expérimental.

Mais alors qui nous donne le droit d'attribuer au principe lui-même plus de généralité et plus de précision qu'aux expériences qui ont servi à le démontrer ? C'est là demander s'il est légitime, comme on le fait tous les jours, de généraliser les données empiriques, et je n'aurai pas l'outrecuidance de discuter cette question, après que tant de philosophes se sont vainement efforcés de la trancher. Une seule chose est certaine : si cette faculté nous était refusée, la Science ne pourrait exister ou, du moins, réduite à une sorte d'inventaire, à la constatation de faits isolés, elle n'aurait pour nous aucun prix, puisqu'elle ne pourrait donner satisfaction à notre besoin d'ordre et d'harmonie et qu'elle serait en même temps incapable de prévoir. Comme les circonstances qui ont précédé un fait quelconque ne se reproduiront vraisemblablement jamais toutes à la fois, il faut déjà une première généralisation pour prévoir si ce fait se renouvellera encore dès que la moindre de ces circonstances sera changée.

Mais toute proposition peut être généralisée d'une infinité de manières. Parmi toutes les généralisations possibles, il faut bien que nous choisissions, et nous ne pouvons choisir que la plus simple. Nous sommes donc conduits à agir comme si une loi simple était, toutes choses égales d'ailleurs, plus probable qu'une loi compliquée.

Il y a un demi-siècle, on le confessait franchement et l'on proclamait que la nature aime la simplicité; elle nous a donné depuis trop de démentis. Aujourd'hui on n'avoue plus cette tendance et l'on n'en conserve que ce qui est indispensable pour que la Science ne devienne pas impossible.

En formulant une loi générale, simple et précise après des expériences relativement peu nombreuses et qui présentent certaines divergences, nous n'avons donc fait qu'obéir à une nécessité à laquelle l'esprit humain ne peut se soustraire.

Mais il y a quelque chose de plus et c'est pourquoi j'insiste.

Personne ne doute que le principe de Mayer ne soit appelé à survivre à toutes les lois particulières d'où on l'a tiré, de même que la loi de Newton a survécu aux lois de Képler, d'où elle était sortie, et qui ne sont plus qu'approximatives, si l'on tient compte des perturbations.

Pourquoi ce principe occupe-t-il ainsi une sorte de

place privilégiée parmi toutes les lois physiques? Il y a à cela beaucoup de petites raisons.

Tout d'abord on croit que nous ne pourrions le rejeter ou même douter de sa rigueur absolue sans admettre la possibilité du mouvement perpétuel; nous nous défions, bien entendu, d'une telle perspective, et nous nous croyons moins téméraires en affirmant qu'en niant.

Cela n'est peut-être pas tout à fait exact; l'impossibilité du mouvement perpétuel n'entraîne la conservation de l'énergie que pour les phénomènes réversibles.

L'imposante simplicité du principe de Mayer contribue également à affirmer notre foi. Dans une loi déduite immédiatement de l'expérience, comme celle de Mariotte, cette simplicité nous paraîtrait plutôt une raison de méfiance; mais, ici, il n'en est plus de même nous voyons des éléments, disparates au premier coup d'œil, se ranger dans un ordre inattendu et former un tout harmonieux; et nous nous refusons à croire qu'une harmonie imprévue soit un simple effet du hasard. Il semble que notre conquête nous soit d'autant plus chère qu'elle nous a coûté plus d'efforts ou que nous soyons d'autant plus sûrs d'avoir arraché à la nature son vrai secret qu'elle a paru plus jalouse de nous le dérober,

Mais ce ne sont là que de petites raisons; pour ériger la loi de Mayer en principe absolu, il faudrait une discussion plus approfondie. Mais, si l'on essaye de la faire, on voit que ce principe absolu n'est même pas facile à énoncer.

Dans chaque cas particulier on voit bien ce que c'est que l'énergie et l'on en peut donner une définition au moins provisoire; mais il est impossible d'en trouver une définition générale.

Si l'on veut énoncer le principe dans toute sa généralité et en l'appliquant à l'Univers, on le voit pour ainsi dire s'évanouir et il ne reste plus que ceci : *Il y a quelque chose qui demeure constant.*

Mais cela même a-t-il un sens? Dans l'hypothèse déterministe, l'état de l'Univers est déterminé par un nombre excessivement grand n de paramètres que j'appellerai x_1, x_2, ..., x_n. Dès que l'on connaît à un instant quelconque les valeurs de ces n paramètres, on connaît également leurs dérivées par rapport au temps et l'on peut calculer par conséquent les valeurs de ces mêmes paramètres à un instant antérieur ou ultérieur. En d'autres termes, ces n paramètres satisfont à n équations différentielles de la forme

$$\frac{dx_i}{dt} = \varphi_i(x_1, x_2, \ldots, x_n) \qquad (i = 1, 2, \ldots, n).$$

Ces équations admettent $n-1$ intégrales et il y a par conséquent $n-1$ fonctions de $x_1, x_2, \ldots, x_n$ qui demeurent constantes. Si nous disons alors qu'*il y a quelque chose qui demeure constant,* nous ne faisons qu'énoncer une tautologie. On serait même embarrassé de dire quelle est parmi toutes nos intégrales celle qui doit conserver le nom d'*énergie.*

Ce n'est pas d'ailleurs en ce sens que l'on entend le principe de Mayer quand on l'applique à un système limité.

On admet alors que p de nos n paramètres varient d'une manière indépendante, de sorte que nous avons seulement $n-p$ relations, généralement linéaires, entre nos n paramètres et leurs dérivées. Je les écrirai

$$(1) \qquad Y_i = X_{i.1}\,dx_1 + X_{i.2}\,dx_2 + \ldots + X_{i.n}\,dx_n = 0$$
$$(i = 1, 2, \ldots, n-p),$$

les $X_{i.k}$ étant des fonctions de $x_1, x_2, \ldots, x_n$.

Supposons, pour simplifier l'énoncé, que la somme des travaux des forces extérieures soit nulle ainsi que celle des quantités de chaleur cédées au dehors. Voici alors quelle sera la signification de notre principe :

Il y a une combinaison des Y_i *qui est une différentielle exacte;* c'est-à-dire que l'on peut trouver $n-p$ fonctions

$$Z_1, \quad Z_2, \quad \ldots, \quad Z_{n-p}$$

de $x_1, x_2, \ldots, x_n$ telles que

$$Z_1 Y_1 + Z_2 Y_2 + \ldots + Z_{n-p} Y_{n-p}$$

soit une différentielle exacte.

Mais comment peut-il se faire qu'il y ait plusieurs paramètres dont les variations soient indépendantes? Cela ne peut avoir lieu que sous l'influence des forces extérieures (bien que nous ayons supposé, pour simplifier, que la somme algébrique des travaux de ces forces soit nulle). Si en effet le système était complètement soustrait à toute action extérieure, les valeurs de nos n paramètres à un instant donné suffiraient pour déterminer l'état du système à un instant ultérieur quelconque, pourvu toutefois que nous restions dans l'hypothèse déterministe; nous retomberions donc sur la même difficulté que plus haut.

Si l'état futur du système n'est pas entièrement déterminé par son état actuel, c'est qu'il dépend en outre de l'état des corps extérieurs au système. Mais alors est-il vraisemblable qu'il existe des équations comme les relations (1) indépendantes de cet état des corps extérieurs? et si dans certains cas nous croyons pouvoir en trouver, n'est-ce pas uniquement par suite de notre ignorance et parce que l'influence de ces corps est trop faible pour que notre expérience puisse la déceler?

Si le système n'est pas regardé comme complètement isolé, il est probable que l'expression rigoureusement exacte de son énergie interne devra dépendre de l'état des corps extérieurs. Encore ai-je supposé plus haut que la somme des travaux extérieurs était nulle, et, si l'on veut s'affranchir de cette restriction un peu artificielle, l'énoncé devient encore plus difficile.

Pour formuler le principe de Mayer en lui donnant un sens absolu, il faut donc l'étendre à tout l'Univers, et alors on se retrouve en face de cette même difficulté que l'on cherchait à éviter.

En résumé, et pour employer le langage ordinaire, la loi de la conservation de l'énergie ne peut avoir qu'une signification, c'est qu'il y a une propriété commune à tous les possibles; mais, dans l'hypothèse déterministe, il n'y a qu'un seul possible, et alors la loi n'a plus de sens.

Dans l'hypothèse indéterministe, au contraire, elle en prendrait un, même si l'on voulait l'entendre dans un sens absolu; elle apparaîtrait comme une limite imposée à la liberté.

Mais ce mot m'avertit que je m'égare et que je vais

sortir du domaine des Mathématiques et de la Physique. Je m'arrête donc et je ne veux retenir de toute cette discussion qu'une impression : c'est que la loi de Mayer est une forme assez souple pour qu'on y puisse faire rentrer presque tout ce que l'on veut. Je ne veux pas dire par là qu'elle ne correspond à aucune réalité objective, ni qu'elle se réduise à une simple tautologie, puisque, dans chaque cas particulier, et pourvu qu'on ne veuille pas pousser jusqu'à l'absolu, elle a un sens parfaitement clair.

Cette souplesse est une raison de croire à sa longue durée, et comme, d'autre part, elle ne disparaîtra que pour se fondre dans une harmonie supérieure, nous pouvons travailler avec confiance en nous appuyant sur elle, certains d'avance que notre travail ne sera pas perdu.

Presque tout ce que je viens de dire s'applique au principe de Clausius. Ce qui le distingue, c'est qu'il s'exprime par une inégalité. On dira peut-être qu'il en est de même de toutes les lois physiques, puisque leur précision est toujours limitée par les erreurs d'observation. Mais elles affichent du moins la prétention d'être de premières approximations et l'on a l'espoir de les remplacer peu à peu par des lois de plus en plus précises. Si, au contraire, le principe de Clausius se réduit à une inégalité, ce n'est pas l'imperfection de nos moyens d'observation qui en est la cause, mais la nature même de la question.

Pour expliquer par quelles raisons tous les physiciens ont été amenés à adopter ces deux principes, je n'ai rien trouvé de mieux que de suivre dans mon exposition la marche historique. Le spectacle des longs tâtonnements par lesquels l'homme arrive à la vérité est d'ailleurs très instructif par lui-même. On remarquera le rôle important joué par diverses idées théoriques ou même métaphysiques, aujourd'hui abandonnées ou regardées comme douteuses. Service singulier que nous a ainsi rendu ce qui est peut-être l'erreur! Les deux principes, appuyés maintenant sur de solides expériences, ont survécu à ces fragiles hypothèses, sans lesquelles ils n'auraient peut-être pas encore été découverts. C'est ainsi que l'on débarrasse la voûte de ses cintres quand elle est complètement bâtie.

Ce mode d'exposition avait cependant un inconvénient, c'était de m'obliger à bien des longueurs. Voulant, par exemple, conserver les raisonnements de Carnot et de Clausius, j'ai donné deux démonstrations du théorème de Clausius : la première, applicable seulement à certains systèmes; la seconde, absolument générale, mais s'appuyant sur la première.

Il en est résulté que je n'ai pu éviter une distinction très artificielle entre deux classes de corps, selon que leur état est défini par deux variables seulement, ou par un plus grand nombre. Cette distinction, qui ne correspond à rien de réel, se retrouvera à chaque instant dans cet Ouvrage. J'ai l'air d'y attacher une importance énorme, tandis que rien n'est plus loin de ma pensée.

J'ai dû insister sur l'équation de Clausius

$$\int \frac{dQ}{T} > 0 \qquad (2)$$

appliquée aux phénomènes irréversibles, parce qu'elle a donné lieu à de longues polémiques.

Mon point de départ est l'axiome de Clausius :

« On ne peut pas faire passer de chaleur d'un corps froid sur un corps chaud. »

Je n'avais pas à rechercher quelle en est la généralité et, par exemple, s'il est encore vrai quand il se produit des phénomènes chimiques irréversibles. C'est à l'expérimentateur seul qu'il appartient de trancher ces questions. Le rôle du mathématicien est plus modeste.

Fixer la signification précise de l'inégalité (2), chercher quelles hypothèses il faut associer à l'axiome de Clausius pour que cette inégalité s'en déduise nécessairement, voilà la tâche qu'il m'était permis d'aborder et que je me suis efforcé d'accomplir.

En relisant mes épreuves, je suis un peu effrayé de la longueur du Chapitre où je traite des machines à vapeur. Je crains que le lecteur, en voyant le nombre des pages que j'y consacre, ne s'attende à trouver une théorie complète et satisfaisante et qu'il ne me sache ensuite mauvais gré de sa déception.

Une pareille théorie n'est pas près d'être faite et je n'ai même pas la compétence nécessaire pour exposer l'état actuel de la question. J'ai voulu seulement montrer par un exemple quel usage on doit faire du théorème de Clausius; j'ai voulu faire voir également quelle est la complexité de ces sortes de problèmes et à quelles erreurs on s'expose quand on veut la méconnaître.

Dans une de ses spirituelles préfaces, M. Bertrand raille très finement les auteurs qui entassent dans leurs Ouvrages des intégrales rébarbatives, et qui ne sauraient les calculer, parce qu'ils sont obligés de faire figurer sous le signe somme des fonctions inconnues que l'expérience n'a pas encore déterminées. Dans ce Chapitre, j'ai mérité cette critique plus que personne et je serais inexcusable si j'avais eu d'autre but que de faire mieux comprendre la signification de l'inégalité (2).

L'objet des deux Chapitres suivants est l'application des théorèmes de Mayer et de Clausius aux phénomènes chimiques et électriques. On a quelquefois exposé cette théorie comme si l'on voulait la déduire tout entière de ces deux principes seuls. On conçoit qu'effrayés de cette prodigieuse fécondité tant de savants éminents soient allés jusqu'à regarder l'inégalité de Clausius comme douteuse. Mais il n'y a là qu'un trompe-l'œil ; la fécondité de nos deux principes reste grande sans doute ; de toute loi démontrée par l'expérience, ils permettent d'en déduire une autre qui en est pour ainsi dire la réciproque. L'air se dilate quand on le chauffe, donc il s'échauffe quand on le comprime, etc. Par là, la Thermodynamique double en quelque sorte nos connaissances ; c'est beaucoup, mais c'est là tout. D'une majeure quelconque, on ne peut tirer aucune conclusion si l'on ne lui adjoint une mineure, et, s'il semble quelquefois en être autrement, c'est que la mineure est sous-entendue.

Je crois qu'il convient de la rétablir, parce que c'est souvent une hypothèse et que toute hypothèse doit être énoncée explicitement. Certainement il est permis d'en faire ; sans cela, il n'y aurait pas de Physique mathématique, puisque l'objet de cette science est précisément de vérifier les hypothèses en en tirant des conséquences susceptibles d'être contrôlées par l'expérience. Le danger serait d'en faire sans s'en apercevoir. C'est ce que j'ai essayé d'éviter.

Il ne faut pas même faire d'exception pour les hypothèses les plus simples. Si elles nous paraissent telles, c'est le plus souvent parce que le hasard nous a fait adopter certaines variables. Nous ne penserions plus de même s'il nous en avait fait choisir d'autres. C'est même des hypothèses simples qu'il faut le plus se défier, parce que ce sont celles qui ont le plus de chances de passer inaperçues.

C'est de ces idées que je me suis inspiré dans l'étude de la dissociation et du phénomène Peltier; j'ai cherché à faire voir qu'il est impossible de construire *a priori* la loi de la dissociation des mélanges homogènes ou celle de la dissociation des mélanges hétérogènes, mais qu'on peut essayer de les déduire l'une de l'autre.

Je termine par la théorie des systèmes monocycliques. Je ne citerai ici que ma conclusion :

Le mécanisme est incompatible avec le théorème de Clausius.

Il y a deux sortes de mécanismes.

On peut se représenter l'Univers comme formé d'atomes incapables d'agir à distance les uns sur les autres et se mouvant en ligne droite dans des directions diverses, jusqu'à ce que ces directions soient modifiées par des chocs. Les lois du choc sont les mêmes que pour les corps élastiques. Ou bien on peut supposer que ces atomes peuvent agir à distance et que l'action mutuelle de deux atomes se réduit à une attraction ou à une répulsion dépendant seulement de leur distance.

La première conception n'est évidemment qu'un cas particulier de la seconde ; je montre que toutes deux sont incompatibles avec les principes de la Thermodynamique.

J'ai eu deux fois l'occasion d'être en désaccord avec M. Duhem ; il pourrait s'étonner que je ne le cite que pour le combattre, et je serais désolé qu'il crût à quelque intention malveillante. Il ne supposera pas, je l'espère, que je méconnais les services qu'il a rendus à la Science. J'ai seulement cru plus utile d'insister sur les points où ses résultats me paraissaient mériter d'être complétés, plutôt que sur ceux où je n'aurais pu que le répéter.

H. Poincaré.

THERMODYNAMIQUE.

La Thermodynamique repose sur deux principes :

1° Le principe de la *conservation de l'énergie* dont un cas particulier, le plus intéressant au point de vue qui nous occupe, est le principe de l'*équivalence de la chaleur* appelé aussi *principe de Mayer*;

2° Le principe de la *dissipation de l'entropie*, plus souvent nommé *principe de Carnot* ou *principe de Clausius*.

Nous étudierons successivement ces deux principes, ainsi que leurs conséquences les plus immédiates. Les premiers Chapitres seront principalement consacrés à l'historique de la découverte de ces principes.

CHAPITRE I.

LE PRINCIPE DE LA CONSERVATION DE L'ÉNERGIE.

1. La découverte du principe de l'équivalence. — Il est difficile de dire à qui appartient l'honneur d'avoir découvert le principe de l'équivalence de la chaleur et du travail mécanique.

Sadi Carnot semble l'avoir reconnu vers la fin de sa vie; mais ses recherches sur ce sujet, consignées dans des Notes manuscrites publiées seulement dans ces dernières années, restèrent longtemps ignorées et ne furent d'aucun profit pour la Science. Il était réservé à Robert Mayer de le retrouver et de le faire connaître.

Mais, au moment où Mayer énonçait ce principe, Joule était occupé à des expériences qui devaient infailliblement le conduire à sa découverte et qui devinrent la meilleure démonstration de son exactitude. De son côté, Colding, sans avoir connaissance des travaux de Mayer et de Joule, était sur le point d'arriver au même résultat.

Cette simultanéité de recherches, convergeant vers le même but, rappelle la découverte du calcul infinitésimal, découverte à laquelle Newton et Leibnitz possèdent des droits équivalents.

Mais, pour qu'une vérité apparaisse ainsi en même temps à des savants travaillant isolément, et ce fait n'est pas rare dans l'histoire de la Science, il est nécessaire que les esprits s'y trouvent naturellement préparés. Aussi ne peut-on séparer l'exposé du principe de Mayer de celui du mouvement scientifique qui a précédé sa découverte.

2. L'impossibilité du mouvement perpétuel. — Les premières traces de l'idée de la conservation de l'énergie remontent très loin.

De tout temps la découverte du mouvement perpétuel a été le but de bien des recherches. Galilée, s'inspirant des conditions de fonctionnement des machines simples, affirma le premier l'impossibilité d'un tel mouvement.

Prenons un treuil, par exemple. Soit Q la force agissant sur la corde qui s'enroule sur le cylindre, de rayon r, du treuil. Nous pouvons lui faire équilibre en appliquant à la manivelle une force plus petite, $Q\frac{r}{R}$, R étant le rayon de la circonférence décrite par le bouton de la manivelle. Si la machine est animée d'un mouvement uniforme, ces deux forces, la résistance et la puissance, sont encore dans le même rapport. Nous pouvons donc avec une force donnée faire monter un corps dont le poids est à cette force dans un rapport $\frac{R}{r}$, plus grand que l'unité. Mais, si nous multiplions la force, nous ne créons pas de travail, car la vitesse du point d'application de la résistance est à celle du point d'application de la puissance dans le rapport $\frac{r}{R}$, inverse du précédent. En un mot, le travail de la résistance est égal à celui de la puissance.

Galilée vérifia cette égalité pour le moufle et, en général, pour toutes les machines simples. Mais il observa qu'il fallait prendre pour résistance, non pas la force utile développée, mais cette force augmentée de celles qui résultent des résistances passives telles que le frottement. Ces dernières forces existant nécessairement dans tout mécanisme matériel, Galilée en conclut, avec raison, que le travail utile est toujours inférieur au travail de la puissance. Du travail ne peut donc être créé et, par suite, le mouvement perpétuel est impossible.

3. Mais, si aucune machine ne peut créer du travail, il n'est pas évident que le travail ne puisse être détruit. La conservation de l'énergie ne saurait donc être une conséquence de l'impossibilité du mouvement perpétuel, bien que la réciproque soit vraie. Galilée ne pouvait donc se rendre compte qu'il y avait conservation de l'énergie dans les machines qu'il étudiait.

Cependant on trouve dans les œuvres du grand physicien du XVIIe siècle la notion claire du principe de la conservation de l'énergie, dans un cas particulier, à savoir, dans le cas où la pesanteur intervient seule, *le frottement étant supposé nul*. On sait, en effet, que Galilée a démontré que la vitesse acquise par un corps grave tombant d'une hauteur h est égale à $\sqrt{2gh}$, quelle que soit la nature du chemin parcouru par le corps par suite des liaisons; on a donc

$$v = \sqrt{2gh},$$

ou

$$\frac{v^2}{2} - gh = 0.$$

Or, le premier terme de cette relation est l'énergie due à la force vive du corps, la masse de ce corps étant prise pour unité; le second, $-gh$, est, à une constante près, l'énergie potentielle de ce même corps, ou mieux, du système formé par ce corps et la terre; par conséquent, l'égalité précédente exprime que la somme de ces deux énergies est constante, en d'autres termes qu'il y a conservation de l'énergie. Huyghens étendit le même principe à un *système* de corps pesants.

4. Le principe de la conservation du mouvement. — Quelques années après, Descartes énonce le principe de la *conservation du mouvement*. Certes, sa démonstration n'a rien de scientifique : « Dieu étant immuable, dit-il, il a dû conserver la même quantité de mouvement. » D'ailleurs, tel que l'entendait Descartes, ce principe est faux, il est déraisonnable.

En effet, la quantité de mouvement d'un système est la somme des produits des masses des points matériels qui le composent par les vitesses de ces points. Si donc m_1, m_2, ..., m_i sont les masses de ces points, ξ_1, η_1, ζ_1, ξ_2, ..., ξ_i, η_i, ζ_i les composantes de leurs vitesses suivant trois axes, le principe de la conservation du mouvement s'exprime par

$$\sum m_i v_i = \text{const.},$$

v_i étant

$$v_i = \sqrt{\xi_i^2 + \eta_i^2 + \zeta_i^2}.$$

Or, l'inexactitude de cette égalité est évidente. Pour s'en convaincre il suffit de remarquer que, si elle est vraie dans le mouvement absolu, elle cesse de l'être dans le mouvement relatif lorsque les axes sont animés d'un mouvement de translation [1].

Modifié convenablement, le principe de Descartes est devenu un des principes importants de la Mécanique : le *principe des quantités de mouvement projetées*. Il s'exprime par les relations

$$\sum m_i\xi_i = \text{const.}, \qquad \sum m_i\eta_i = \text{const.}, \qquad \sum m_i\zeta_i = \text{const.},$$

et s'énonce : la somme *des projections sur un axe quelconque* des quantités de mouvement d'un système (et non plus la somme des quantités de mouvement elles-mêmes) est constante. C'est à Huyghens qu'est due cette modification.

5. La force vive. — D'ailleurs, quoique faux, le principe de Descartes a une grande importance historique; il a préparé et conduit Leibnitz à la considération de la *force vive*.

Comme Descartes, et pour les mêmes raisons métaphysiques, Leibnitz admet que *quelque chose* doit rester invariable dans l'univers. Ayant remarqué que le carré de la vitesse d'un point est la somme des carrés des composantes,

---

(1) Descartes s'est bien aperçu que son principe n'est pas confirmé par l'expérience; on peut s'en assurer en lisant une remarque qui vient à la suite de sa théorie du choc des corps; mais il croyait que l'accord serait rétabli si l'on tenait compte de la quantité de mouvement de l'éther.

il fait observer que le produit

$$m_i v_i^2 = m_i \xi_i^2 + m_i \eta_i^2 + m_i \zeta_i^2$$

est la somme de trois produits analogues où entrent des vitesses ξ_i, η_i, ζ_i de directions arbitraires. Il en conclut que dans un système de points matériels, où les vitesses ont des directions quelconques, c'est la somme $\sum m_i v_i^2$ de ces produits, la force vive, qu'il faut considérer, et non, comme le faisait Descartes, la somme $\sum m_i v_i$. Leibnitz introduit en outre ce qu'il appelle l'*action motrice* et l'*action latente*, et, pour lui, ce qui reste constant, c'est l'action motrice, somme de la force vive et de l'action latente. Leibnitz était donc sur la voie de la découverte du principe de la conservation de l'énergie.

Il semble d'ailleurs que Leibnitz ait eu l'intuition de nos idées actuelles. En effet, suivant ce mathématicien, si l'action motrice paraît se perdre dans certains cas, c'est que les mouvements sensibles sont transformés en mouvements moléculaires. On ne pouvait exprimer plus clairement l'hypothèse qui a été l'origine de la Théorie mécanique de la chaleur.

6. Le théorème des forces vives. — Les idées émises par Leibnitz ne tardèrent pas à être précisées; on en déduisit le théorème des forces vives.

Soient m_1, m_2, ..., m_i les masses des points d'un système matériel; x_1, y_1, ..., x_i, y_i, z_i les coordonnées de ces points; X_1, Y_1, ..., X_i, Y_i, Z_i les composantes suivant les axes de la résultante de *toutes* les forces intérieures et extérieures qui agissent sur chacun des points. Les équations du mouvement de l'un d'eux sont

$$m_i \frac{d^2 x_i}{dt^2} = X_i,$$

$$m_i \frac{d^2 y_i}{d^2 t} = Y_i,$$

$$m_i \frac{d^2 z_i}{dt^2} = Z_i.$$

La demi-force vive du système a pour valeur

$$W = \sum \frac{m_i}{2} \left[\left(\frac{dx_i}{dt} \right)^2 + \left(\frac{dy_i}{dt} \right)^2 + \left(\frac{dz_i}{dt} \right)^2 \right].$$

En dérivant par rapport au temps, il vient

$$\frac{dW}{dt} = \sum m_i \left(\frac{d^2 x_i}{dt^2} \frac{dx_i}{dt} + \frac{d^2 y_i}{dt^2} \frac{dy_i}{dt} + \frac{d^2 z_i}{dt^2} \frac{dz_i}{dt} \right),$$

et, en remplaçant dans cette expression les dérivées secondes par rapport au temps par leurs valeurs tirées des équations du mouvement, on obtient

$$\frac{dW}{dt} = \sum \left(X_i \frac{dx_i}{dt} + Y_i \frac{dy_i}{dt} + Z_i \frac{dz_i}{dt} \right),$$

ou

$$dW = \sum (X_i dx_i + Y_i dy_i + Z_i dz_i).$$

Le second membre de cette égalité représente le travail de toutes les forces appliquées au système quand leurs points d'application subissent des déplacements infiniment petits. De là le théorème suivant : *La variation de la demi-*

force vive d'un système est égale à la somme des travaux accomplis par toutes les forces du système pendant le déplacement considéré.

7. La conservation de l'énergie. — Bornons-nous au cas d'un système soumis seulement à des forces *intérieures* et supposons que ces forces admettent une fonction des forces, c'est-à-dire que X_1, Y_1, ... soient les dérivées partielles par rapport aux coordonnées d'une même fonction — V de ces coordonnées; nous avons alors

$$X_i = -\frac{dV}{dx_i}, \qquad Y_i = -\frac{dV}{dy_i}, \qquad Z_i = -\frac{dV}{dz_i}.$$

Mais, V ne dépendant pas explicitement du temps, par hypothèse, sa dérivée par rapport à t est

$$\frac{dV}{dt} = \sum \left(\frac{dV}{dx_i}\frac{dx_i}{dt} + \frac{dV}{dy_i}\frac{dy_i}{dt} + \frac{dV}{dz_i}\frac{dz_i}{dt} \right);$$

et par conséquent

$$dV = -\sum X_i dx_i + Y_i dy_i + Z_i dz_i.$$

Il résulte de cette expression que la variation de la fonction des forces est égale, au signe près, à celle de la demi-force vive; nous avons donc

$$dW + dV = 0,$$

et en intégrant

$$W + V = \text{const}.$$

La demi-force vive W d'un système étant appelée *énergie cinétique* ou *actuelle* du système ; la fonction des forces intérieures changée de signe, V, étant son *énergie potentielle;* enfin, la somme de ces deux énergies, *l'énergie totale ;* la relation précédente exprime que l'énergie totale du système considéré est constante, c'est-à-dire qu'il y a *conservation de l'énergie.*

8. Le travail des forces extérieures. — Considérons maintenant le cas où le système n'est pas *isolé,* où il y a des forces extérieures. Soient $d\tau$ le travail de ces forces et $d\tau'$ celui des forces intérieures pour un déplacement infiniment petit. Si dW est la variation de la demi-force vive, le théorème des forces vives donne

$$dW = d\tau + d\tau'.$$

Si nous supposons encore que les forces intérieures admettent une fonction des forces $-V$, nous avons

$$dV = -d\tau'.$$

Par conséquent, en additionnant, nous obtenons

$$dW + dV = d\tau.$$

Le travail des forces extérieures pendant un déplacement est donc égal à la variation de l'énergie totale du système pendant ce déplacement.

9. Cas où il y a conservation de l'énergie. — Pour reconnaître s'il y a toujours conservation de l'énergie, il suffit donc de chercher si, dans un cas quelconque, les forces intérieures admettent une fonction des forces.

On sait qu'une telle fonction existe lorsque les points matériels du système s'attirent ou se repoussent suivant les droites qui les joignent deux à deux avec une force ne dépendant que de la distance qui les sépare, et si, en outre, il y a égalité entre l'action et la réaction.

Cette dernière condition est toujours réalisée d'après le principe de l'*égalité de l'action et de la réaction,* principe justifié par tous les faits connus. Mais on peut imaginer des systèmes où les forces ne satisfont pas aux conditions ci-dessus et où par conséquent il peut n'y avoir pas conservation de l'énergie. Les principes fondamentaux de la Mécanique ne suffisent donc pas à démontrer dans toute sa généralité le principe de la conservation de l'énergie : ils apprennent seulement que ce principe est vérifié toutes les fois que les forces intérieures du système considéré admettent une fonction des forces.

10. Les conséquences de l'impossibilité du mouvement perpétuel. — Examinons maintenant ce qu'il était possible de déduire de ces résultats en les combinant avec le principe de l'impossibilité du mouvement perpétuel enseigné par Galilée.

Montrons que si les forces qui agissent sur les divers points du système ne dépendent que de leurs positions il existe une fonction des forces.

Pour simplifier la démonstration supposons le système réduit à un point matériel M soumis à une force satisfaisant à la condition précédente et dont les composantes sont X, Y, Z.

La variation de la demi-force vive de ce point pour un déplacement élémentaire est, d'après le théorème des forces vives,

$$dW = X\,dx + Y\,dy + Z\,dz.$$

Si le point considéré passe de la position M_0 à la position M, la variation $W - W_0$ de sa demi-force vive est donnée par

$$W - W_0 = \int (X\,dx + Y\,dy + Z\,dz),$$

l'intégrale étant prise le long de la courbe décrite par le point mobile. Dans le cas où le mobile revient à sa position initiale M_0, l'intégration doit alors être prise le long d'une courbe fermée C; soit alors I la valeur de cette intégrale.

11. Montrons que I est nul.

D'abord I ne peut être positif. En effet, s'il en était ainsi, la demi-force vive augmenterait de I lorsque le point matériel décrit la courbe C; en lui faisant parcourir n fois cette courbe l'augmentation serait nI. On pourrait donc faire croître indéfiniment la force vive et, si on l'employait à accomplir un travail, on obtiendrait le mouvement perpétuel, ce qui est contraire au principe de Galilée.

D'autre part, I ne peut être négatif. En effet, si nous assujettissons le point mobile à décrire la courbe C en sens inverse du précédent, les composantes X, Y, Z de la force reprennent en chaque point les mêmes valeurs que dans le sens primitif, puisque par hypothèse X, Y, Z ne dépendent que de la position de leur point d'application; mais dx, dy, dz changent de signe; par suite l'élément différentiel

$$X dx + Y dy + Z dz$$

change également de signe. La variation de force vive lorsque le point matériel revient à sa position initiale est donc alors — I, c'est-à-dire positive. Or, d'après ce qui précède, cette variation positive entraînerait la possibilité du mouvement perpétuel. Par conséquent — I ne peut être positif, c'est-à-dire que I ne peut être négatif.

Cette quantité ne pouvant être ni positive ni négative est donc nécessairement nulle.

12. Il résulte immédiatement de là que la variation de force vive, lorsque le point passe de la position M_0 à la position M, est indépendante du chemin décrit pour passer de l'une à l'autre de ces positions.

Soient, en effet, deux chemins quelconques M_0P_1M et

Fig. 1.

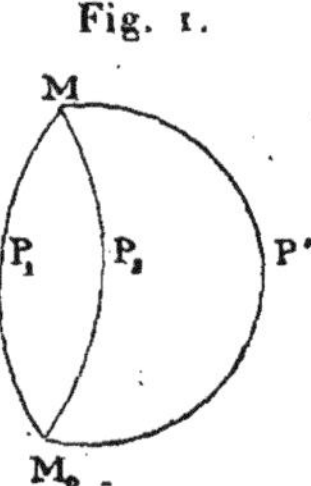

M_0P_2M (*fig.* 1) pour lesquels les variations de force vive sont respectivement I_1 et I_2. Appelons I' cette variation quand le point passe de M en M_0 par le chemin $MP'M_0$.

Nous aurons, d'après ce qui précède,

$$I_1 + I' = 0 \qquad \text{et} \qquad I_2 + I' = 0,$$

d'où

$$I_1 = I_2.$$

Mais I_1 et I_2 sont les valeurs de l'intégrale

$$\int X\,dx + Y\,dy + Z\,dz$$

prise suivant les courbes M_0P_1M et M_0P_2M. Puisqu'elles sont égales la valeur de l'intégrale ne dépend que de ses limites. Or, c'est une condition suffisante pour que la quantité placée sous le signe d'intégration soit une différentielle exacte. Il y a donc bien une fonction des forces et, par suite, conservation de l'énergie.

13. Considérons maintenant le cas où la force dépend non seulement de la fonction de son point d'application, mais aussi de la vitesse de ce point.

En répétant le raisonnement du paragraphe **11** on trouverait que I ne peut être positif. Mais on ne peut affirmer que cette quantité n'est pas négative, car la démonstration donnée précédemment ne s'applique plus. En effet, quand on change le sens du mouvement du point matériel sur la courbe fermée, on change en même temps celui de la vitesse; comme X, Y, Z dépendent de cette vitesse on ne peut plus dire que ces composantes possèdent, au même point de la courbe, la même valeur quel que soit le sens du mouvement; par suite, la variation I de la force vive peut non seulement changer de signe, mais aussi de valeur absolue quand on intervertit le sens du mouvement. La valeur de l'intégrale du travail peut donc dépendre du chemin décrit par le point d'application et il n'y a pas de fonction des forces. On ne peut alors affirmer qu'il y ait conservation de l'énergie dans le système. Telles étaient les conséquences auxquelles l'étude des principes de la Dynamique avait conduit les savants à la fin du XVIIIe siècle.

CHAPITRE II.

CALORIMÉTRIE.

14. Le fluide calorifique. — L'état des sciences mathématiques vers la fin du XVIIIe siècle permettait donc de prévoir que, au moins dans un grand nombre de cas, il y a conservation de l'énergie dans les phénomènes mécaniques.

Mais, pendant que les mathématiciens perfectionnaient leurs méthodes et assuraient, par des raisonnements rigoureux, des fondements solides aux principes de la Mécanique, les physiciens étudiaient la Chaleur et préparaient ainsi, conjointement avec les mathématiciens, le principe de l'équivalence.

Malheureusement, à cette époque, les fluides hypothétiques tenaient une place prépondérante dans l'explication des phénomènes physiques. Avec le mot fluide s'introduisit l'idée d'indestructibilité. Le fluide calorifique, les fluides électriques étaient donc supposés indestructibles. Cette hypothèse ne pouvait avoir aucune conséquence fâcheuse sur le développement de l'électricité, puisque plus tard elle

a été reconnue exacte. Il en fut autrement pour la Chaleur : l'hypothèse de la *conservation du calorique* est fausse et elle empêcha pendant de longues années tout progrès marqué dans cette branche de la Physique. Nous ne tarderons pas à en démontrer l'inexactitude, mais il nous faut auparavant présenter deux notions indispensables à l'étude de la Chaleur : la *température* et la *quantité de chaleur*.

15. Température. — Lorsque deux corps sont mis en présence, on observe généralement un changement de volume de chacun d'eux; au bout d'un temps plus ou moins long, cette variation de volume cesse de se produire.

Par définition, deux corps sont à des *températures égales* ou en *équilibre de température* lorsque, mis en présence, ils n'éprouvent aucune variation de volume.

Pour que cette définition soit acceptable, il faut que, si deux corps A et B sont séparément en équilibre de température avec un troisième C, ils soient également en équilibre de température entre eux. C'est ce que l'expérience vérifie. Nous verrons plus loin que ce fait expérimental peut être regardé comme un cas particulier du second principe de la Thermodynamique.

16. Pour mesurer les températures, une autre convention est nécessaire. Nous conviendrons que la température d'une masse de mercure occupant un volume V est donnée par la relation

$$t = 100 \frac{V - V_0}{V_1 - V_0},$$

V_0 étant le volume de masse lorsqu'elle est en équilibre de température avec la glace fondante, V_1 son volume lorsqu'elle est en équilibre de température avec la vapeur d'eau bouillante. La température est dite alors exprimée en degrés centigrades.

Lorsque nous voudrons évaluer la température d'un corps quelconque, nous le mettrons en présence de cette masse de mercure ; s'il n'y a pas variation de volume, ces deux corps sont, d'après la définition des températures égales, à la même température, et, pour avoir sa valeur, il suffit d'appliquer la relation précédente. A cause de son rôle, la masse de mercure que nous venons de considérer est appelée *thermomètre*.

En général, lorsqu'on place un corps en présence d'un thermomètre, il y a variation de volume des deux corps ; par suite, la température de chacun d'eux varie jusqu'à ce que l'équilibre de température soit atteint. En portant dans la relation qui définit la température le volume qu'occupe alors le corps thermométrique, on n'obtient que la température correspondant à cet état d'équilibre. Nous voyons donc qu'à moins de conditions particulières, la température à laquelle s'arrêtera le thermomètre ne sera pas exactement celle qu'avait le corps au moment où on l'avait mis en présence de ce thermomètre.

17. Faisons observer que la convention adoptée pour la mesure des températures est entièrement arbitraire. Non seulement nous pouvons faire choix d'un autre corps que le mercure, mais encore nous pouvons prendre pour température, au lieu de la valeur t définie par la relation précédente, la valeur d'une fonction $\theta = f(t)$, assujettie seulement à la condition de croître constamment en même temps que t. Cette dernière hypothèse permet, en effet, d'évaluer les températures, car si deux corps sont à des températures différentes t_1 et t_2, lorsqu'on adopte la convention énoncée plus haut, les valeurs θ_1 et θ_2 correspondantes sont aussi différentes ; de plus, si t_1 est plus grand que t_2, θ_1 est également plus grand que θ_2, puisque la fonction θ est supposée croissante en même temps que t. Nous verrons plus tard l'importance de cette remarque, et nous verrons que la Thermodynamique nous fournit une définition rationnelle de ce qu'on peut appeler la *température absolue*, définition où ne figure plus aucune convention de caractère arbitraire.

18. Quantité de chaleur. — Possédant un moyen de mesurer les températures, il est possible, à l'aide de nouvelles conventions, de mesurer les quantités de chaleur.

Si nous mettons en présence un corps A à une température t_0 et un corps B à une température supérieure à t_1, l'expérience montre que la température du premier s'élève, tandis que celle du second s'abaisse. Nous exprimons ce fait en disant que B *cède de la chaleur à* A.

Dans certains cas, l'un des corps, B par exemple, peut ne pas changer de température ; c'est ce qui a lieu lorsque B est le siège d'un phénomène physique s'effectuant à température constante comme la fusion. Cependant, nous admettrons encore qu'il y a échange de chaleur et, si la température de A s'élève, nous dirons que la chaleur est cédée à ce corps par B. Il peut même arriver qu'un corps cède de la chaleur, bien que sa température continue à s'élever ; c'est ce qui arrive, par exemple, quand on comprime un gaz ; ce gaz s'échauffe, bien que, devenu plus chaud que les corps avoisinants, il leur cède de la chaleur par rayonnement et par conductibilité.

Il est donc nécessaire de donner une définition plus précise et à l'abri de ces objections.

1° Si un corps (ou un système de corps) B, soustrait à toute action extérieure, subit un changement d'état quelconque, nous dirons que la quantité de chaleur reçue par ce corps B est nulle.

2° Si un corps B est mis en présence d'un corps A et que le système de ces deux corps soit soustrait à toute action extérieure ; s'il subit un changement d'état β pendant que le corps A subit un changement d'état α ; si, ensuite, un autre corps B' est mis en présence du *même* corps A et qu'il subisse un changement β' pendant que le corps A subit le *même* changement α, c'est-à-dire part du même état initial, pour aboutir au même état final en passant par les mêmes états intermédiaires, nous dirons que la quantité de chaleur reçue ou cédée par B pendant le changement β est égale à la quantité de chaleur reçue ou cédée par B' pendant le changement β'.

3° Si un corps B est mis en présence de K kilogrammes du corps A et subit le changement β, pendant que ces K kilogrammes subissent le changement α ; si, ensuite, le corps B' est mis en présence de K' kilogrammes du même corps A, et subit le changement β' pendant que ces K' kilogrammes subissent le même changement α ; nous dirons que la quantité de chaleur reçue par B dans le changement β est à celle que reçoit B' dans le changement β' comme K est à K'.

4° Nous avons ainsi un moyen de définir le rapport de

deux quantités de chaleur quand ce rapport est positif; pour étendre la définition au cas où ce rapport est négatif, nous conviendrons de dire que la chaleur reçue par B dans le changement β est égale et de signe contraire à la chaleur reçue dans le changement inverse.

Pour que ces définitions soient acceptables, il faut que le rapport ainsi défini ne dépende pas du corps A employé pour le mesurer et du changement α subi par ce corps A ; c'est ce qui n'est nullement évident *a priori*, mais ce que l'expérience confirme. Nous verrons plus loin que ce fait expérimental est un cas particulier du principe de l'équivalence.

Le corps A employé à reconnaître l'égalité et l'inégalité des quantités de chaleur se nomme *le corps calorimétrique*.

19. Remarquons que dans le cas de la température nous avons, contrairement à ce que nous venons de faire pour la quantité de chaleur, spécifié la nature du corps thermométrique avant de définir ce qu'on entend par température plus élevée qu'une autre. Si tous les corps augmentaient de volume lorsque leur température s'élève, nous aurions pu, après la définition des températures égales, dire qu'un corps B est à une température plus élevée qu'un corps A, lorsque, ces corps étant mis en présence, le volume de B diminue tandis que celui de A augmente. Il en serait résulté quelques simplifications. Mais certains corps, l'eau, par exemple, diminuant de volume lorsque leur température augmente entre certains intervalles, nous ne pouvions adopter, pour la mesure des températures, le mode d'exposition que nous venons d'esquisser.

20. D'ailleurs, il est nécessaire de faire choix d'un corps calorimétrique particulier lorsqu'on veut exprimer les quantités de chaleur par des nombres.

Le corps calorimétrique universellement adopté est l'eau à la température o.

L'unité de quantité de chaleur, la *calorie,* est la quantité de chaleur nécessaire pour élever de 0° à 1° C. la température de 1^{kg} d'eau. Par conséquent, lorsqu'un corps B mis en présence de n kilogrammes d'eau à 0° élève leur température de 1°, nous dirons que B *dégage* n calories. Dans le cas contraire où B refroidit de 1° à 0° une masse d'eau de n kilogrammes, nous dirons que B *absorbe* n calories.

21. Relation fondamentale d'un corps. — La densité d'un corps dépend et de sa température t et de sa pression p ; par suite, le volume v occupé par l'unité de masse d'un corps, autrement dit le volume spécifique, dépend également de ces deux quantités. Il existe donc une relation

$$\varphi(p, v, t) = 0$$

entre le volume spécifique, la température et la pression; c'est cette relation qu'on appelle la *relation fondamentale* du corps.

Il est facile d'en trouver l'expression pour les gaz obéissant aux lois de Mariotte et de Gay-Lussac.

D'après la loi de Mariotte le produit pv est constant pour une même température; par conséquent pv est une fonction de t seulement. D'autre part, d'après la loi de Gay-Lussac, pour une pression constante, le volume est proportionnel au binome de dilatation $1 + \frac{1}{273}t$; pv est donc proportionnel à ce même binome et nous pouvons écrire

$$pv = R(273 + t).$$

Telle est la relation fondamentale d'un gaz parfait.

La quantité R qui y entre varie avec la nature du gaz considéré. Il est facile de voir, d'après la manière dont cette quantité a été introduite, qu'elle est inversement proportionnelle au poids spécifique du gaz.

22. Température absolue. — La relation fondamentale des gaz parfaits se réduit à

$$pv = RT$$

si nous posons

$$T = 273 + t.$$

Clausius a donné à la quantité T définie par cette relation le nom de *température absolue*.

Cette définition de Clausius soulève une objection grave. Les gaz parfaits n'existent pas dans la nature; nous donnerons plus loin la véritable définition de la température absolue, définition qui nous affranchira de cette difficulté. Je me contenterai de dire pour le moment que, si l'on convient de poser

$$T = t + 273^\circ,$$

t étant la température centigrade définie plus haut, la relation caractéristique des gaz naturels différera peu de

$$pv = RT.$$

En considérant la température T ainsi définie, la relation

fondamentale d'un corps s'écrira

$$\varphi(T, v, p) = 0,$$

ou encore, en résolvant par rapport à T,

$$T = f(p, v).$$

23. Chaleur spécifique à pression constante. — Supposons qu'on élève la température d'un corps de dT en maintenant la pression constante, et soit dv l'augmentation de son volume spécifique.

Pour produire cette élévation de température il faut fournir au corps une quantité de chaleur $C\,dT$; c'est ce coefficient C qu'on appelle *chaleur spécifique à pression constante.*

Cette quantité de chaleur peut s'exprimer autrement. Nous pouvons, en effet, considérer T comme une fonction de p et de v; par conséquent

$$dT = \frac{dT}{dp}dp + \frac{dT}{dv}dv.$$

Mais, puisque, par hypothèse, la pression demeure constante, cette égalité se réduit à

$$dT = \frac{dT}{dv}dv.$$

Par suite nous avons pour la quantité de chaleur cherchée

$$C\,dT = C\frac{dT}{dv}dv.$$

24. Chaleur spécifique à volume constant. — Admettons

maintenant que, pour une élévation de température dT, la pression varie de dp, le volume restant constant. Pour effectuer cette transformation le corps emprunte à ceux qui l'environnent une quantité de chaleur $c\,dT$. Ce coefficient c est la *chaleur spécifique à volume constant.*

Comme précédemment cette quantité de chaleur peut se mettre sous une autre forme, qui est ici

$$c\,dT = c\,\frac{dT}{dp}\,dp.$$

25. Chaleur empruntée pendant une transformation élémentaire. — Si, pour une élévation de température dT, le volume spécifique varie de dv en même temps que la pression varie de dp la quantité de chaleur dQ empruntée aux corps environnants est, à des infiniment petits près, égale à la somme des quantités trouvées dans les deux cas précédents. Nous avons donc

$$dQ = C\,\frac{dT}{dv}\,dv + c\,\frac{dT}{dp}\,dp.$$

Remarquons que C et c sont des fonctions quelconques de p et de v. La quantité de chaleur dQ n'est donc pas, en général, une différentielle exacte.

26. Représentation géométrique de l'état thermique d'un corps. — Puisque les trois quantités p, v, T sont liées par la relation fondamentale, leurs valeurs sont déterminées quand on connaît les valeurs de deux d'entre elles, p et v, par exemple, qu'on peut dès lors regarder comme variables indépendantes. Par conséquent, si nous traçons deux axes de coordonnées rectangulaires Op et Ov (*fig.* 2) et que nous portions en abscisse une longueur OP égale au volume spécifique d'un corps et en ordonnée une longueur PM égale à la pression du corps, au même instant, le point M

Fig. 2.

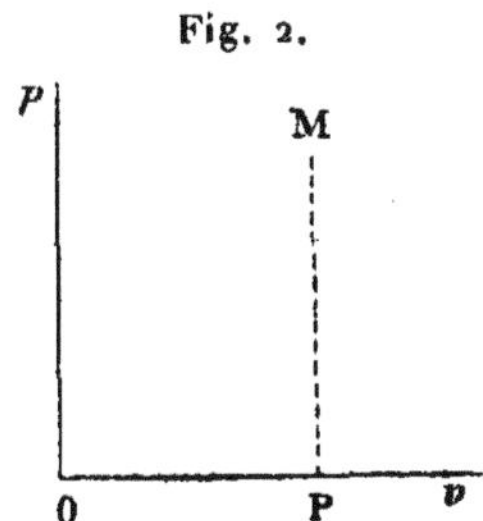

ainsi obtenu détermine complètement par sa position l'état thermique du corps, pourvu toutefois que la relation fondamentale soit connue.

Le point M est appelé le *point représentatif de l'état du corps*. Ce mode de représentation de l'état thermique d'un corps est dû à Clapeyron.

27. Courbes isothermes et courbes adiabatiques. — Lorsque l'état thermique du corps varie d'une manière continue le point représentatif décrit une courbe. Parmi l'infinité de courbes qu'on peut ainsi obtenir deux sont particulièrement importantes à considérer.

Si nous supposons que la température reste constante pendant toute la transformation, la relation fondamentale du corps donne

$$f(p, v) = \text{const.}$$

La courbe correspondant à cette équation et qui est celle

que décrit le point représentatif pendant la transformation se nomme une *isotherme.*

Dans le cas où la transformation s'effectue sans que le corps emprunte ou cède de la chaleur aux corps environnants la courbe décrite par le point M se nomme une *adiabatique.*

Pour avoir son équation il suffit d'écrire que la quantité de chaleur dQ, dont nous avons trouvé précédemment l'expression (**25**), est égale à zéro ; cette équation est donc

$$C\frac{dT}{dv}dv + c\frac{dT}{dp}dp = 0.$$

On voit immédiatement que le coefficient angulaire de la tangente en un point de cette courbe a pour valeur

$$-\frac{C\dfrac{dT}{dv}}{c\dfrac{dT}{dp}}.$$

28. Conséquences de l'hypothèse de l'indestructibilité du calorique. — Tout ce qui précède subsiste, qu'il y ait, ou non, conservation du calorique.

Admettons que le calorique est indestructible, comme le faisaient tous les physiciens au début du XIXe siècle, c'est admettre que la quantité de ce fluide contenue dans un corps reprend la même valeur quand le corps revient au même état, quelle que soit la transformation qu'il a subie. Par suite la quantité Q de calorique empruntée aux corps environnants dans une transformation ne doit dépendre que de l'état initial et de l'état final du corps qui se transforme. Ces états étant complètement définis par les valeurs correspondantes de p et de v, Q est donc une fonction de ces variables ne dépendant que de leurs valeurs aux limites et ne dépendant pas de la manière dont s'effectuent leurs variations. Or si dQ est la quantité de calorique absorbée dans une transformation élémentaire, Q a également pour valeur l'intégrale de dQ prise le long de la courbe décrite par le point figuratif. La valeur de cette intégrale ne dépend donc que des valeurs des variables aux limites, et, par suite, dQ est une différentielle exacte.

Ainsi l'hypothèse de la conservation du calorique revient à admettre que dQ est une différentielle exacte. La remarque que nous avons faite au paragraphe **25** suffit pour nous convaincre que cette hypothèse ne s'impose en aucune façon; nous verrons d'ailleurs plus loin qu'elle est fausse. Mais les anciens physiciens, croyant à l'existence matérielle du calorique, étaient amenés à l'admettre et personne au siècle dernier ne la mettait en doute.

29. Le frottement dégage de la chaleur. — Mais ces considérations théoriques n'étaient pas nécessaires pour faire douter de l'exactitude de l'hypothèse de l'indestructibilité du calorique; l'observation attentive des faits connus à la fin du XVIIIe siècle pouvait suffire.

Le frottement dégage de la chaleur. La preuve en est constamment sous les yeux. De plus, la célèbre expérience de Rumford à la fonderie de canons de Munich en était une démonstration péremptoire.

Mais, au lieu de voir dans ce phénomène une transformation du travail mécanique en chaleur, les physiciens en cherchèrent une explication conforme à leurs idées. Ils admirent que la chaleur spécifique des copeaux de bronze détachés du canon pendant l'opération du forage était inférieure à celle du bronze compact formant les canons eux-mêmes. De là, disaient-ils, la mise en liberté d'une certaine quantité de calorique.

Le frottement étant toujours accompagné d'usure des corps en contact, l'explication précédente s'étendait à tous les cas.

L'élévation de température qui résulte de la compression des gaz s'expliquait d'une manière analogue : la capacité calorifique d'une masse gazeuse était supposée diminuer en même temps que le volume.

30. Cependant Rumford ne s'était pas borné à montrer que le frottement dégage de la chaleur. Il avait, en outre, mesuré la chaleur spécifique du bronze des canons et celle de la limaille provenant du forage; il avait trouvé le même nombre. Ce résultat renversait l'explication que nous venons de rappeler.

Une autre expérience due à Davy avait la même conséquence. Davy avait constaté que, si l'on frotte l'un contre l'autre deux morceaux de glace, ils fondent. La chaleur spécifique de l'eau étant supérieure à celle de la glace, on ne pouvait attribuer la production de chaleur nécessaire à la fusion de la glace à une différence entre les chaleurs spécifiques du corps frotté et du corps provenant du frottement.

Mais les expériences de Rumford et de Davy passèrent inaperçues et la foi des physiciens dans le principe de la conservation du calorique n'en fut pas ébranlée.

Ajoutons d'ailleurs que l'expérience de Rumford n'est pas aussi concluante qu'elle le paraît de prime abord. En effet, si Q et Q′ sont les quantités de calorique respectivement contenues dans le bronze compact et dans la limaille, il suffit pour l'explication du résultat de l'expérience que l'on ait $Q > Q'$. Or, en trouvant le même nombre pour les chaleurs spécifiques de ces corps, Rumford a seulement démontré que pour les températures ordinaires $\frac{dQ}{dT} = \frac{dQ'}{dT}$, ce qui ne démontre pas l'inexactitude de l'inégalité précédente, mais suffirait pour rendre invraisemblable l'explication des anciens physiciens.

CHAPITRE III.

LES TRAVAUX DE SADI CARNOT

31. Les premiers travaux de Sadi Carnot. — Tel était l'état de la question lorsque Sadi Carnot entreprit des recherches pour se rendre compte de la production de travail par la chaleur dégagée par la combustion du charbon dans les machines à vapeur, machines qui commençaient à être employées dans l'industrie. Ses premiers travaux, publiés en 1824 dans un Mémoire intitulé : *Réflexions sur la puissance motrice du feu et sur les moyens propres à la développer,* portent l'empreinte des idées de l'époque : ils s'appuient sur le principe de la conservation du calorique.

Outre ce principe, Carnot admet l'impossibilité du mouvement perpétuel. Cette dernière vérité venait cependant d'être contestée à propos de la pile de Volta. L'usure du zinc dans la pile étant alors considérée comme accidentelle, cet appareil était regardé comme pouvant fournir indéfiniment de l'énergie sans jamais en recevoir.

Ainsi des deux principes adoptés par Carnot : l'un, celui de la conservation du calorique, était faux; l'autre, celui de l'impossibilité du mouvement perpétuel, était exact. Cependant le premier était universellement admis; le second, qui aurait dû être à l'abri de toute critique, était l'objet de vives attaques.

L'introduction du premier principe devait nécessairement conduire Carnot à des résultats inexacts. Néanmoins leur importance historique est trop grande pour qu'il soit permis de les passer sous silence. D'ailleurs l'étude des premiers travaux de Carnot s'impose à un autre point de vue. C'est sur les débris de la théorie inexacte, qui leur servait de base, qu'on a construit le second principe de la Thermodynamique : le principe de Carnot. C'est à ce double titre que nous les exposerons.

32. Travail correspondant à un coup de piston. — Cherchons l'expression du travail correspondant à un coup de piston dans une machine à feu.

Soit v le volume de 1^{kg} du corps C, eau ou autre matière, employé dans cette machine à la production du travail, et soit p la pression de ce corps. A la vérité, cette pression n'a pas la même valeur en tous les points du corps lorsque le piston se déplace; pour qu'il en soit ainsi il faudrait, théoriquement, que le déplacement du piston soit infiniment lent. Nous admettrons cependant que cette pression est uniforme, car autrement la quantité p n'aurait aucune signification précise et nous ne pourrions l'introduire dans le calcul. D'ailleurs, cette hypothèse n'est pas loin d'être réalisée en pratique.

Représentons géométriquement l'état thermique du corps C. Au premier abord, il semble que la courbe représentative des transformations qu'il subit pendant le fonctionnement de la machine ne puisse jamais être fermée.

Ainsi, par exemple, l'eau transformée en vapeur dans la chaudière d'une machine à vapeur se perd dans le condenseur après avoir agi sur le piston; elle ne revient donc pas à son état initial. Toutefois, il est possible, théoriquement du moins, d'obtenir une courbe fermée. En effet, nous pouvons supposer que l'eau provenant de la condensation de la vapeur nécessaire à un coup de piston est portée, par la pompe alimentaire, du condenseur à la chaudière où elle se vaporise de nouveau pour agir sur le piston. Dans ces conditions, cette eau suffit pour assurer le jeu de la machine et elle repasse périodiquement par les mêmes états; en d'autres termes, suivant l'expression consacrée, elle accomplit une série de *cycles fermés* dont chacun correspond à un coup de piston et qui est représenté par une courbe fermée. Des considérations analogues s'appliqueraient à une machine fonctionnant avec une autre matière que l'eau. Nous pouvons donc supposer que, dans tous les cas, la courbe correspondant à un coup de piston est fermée.

33. Désignons par Ω la surface du piston et supposons que la masse du corps enfermé dans le corps de pompe soit égale à 1^{kg}; le volume de ce corps est alors v. Si le piston s'avance d'une longueur dl ce volume s'accroît de

$$dv = \Omega\, dl.$$

En même temps le piston effectue un travail

$$d\tau = p\Omega\, dl = p\, dv.$$

Pour avoir le travail effectué pendant un coup de piston il suffit de prendre l'intégrale de cette quantité le long de la courbe fermée AMBN (*fig.* 3) qui représente la transformation correspondante. Ce travail est donc égal à l'aire limitée par cette courbe; il est positif, si le point représentatif décrit cette courbe dans le sens des aiguilles d'une

Fig. 3.

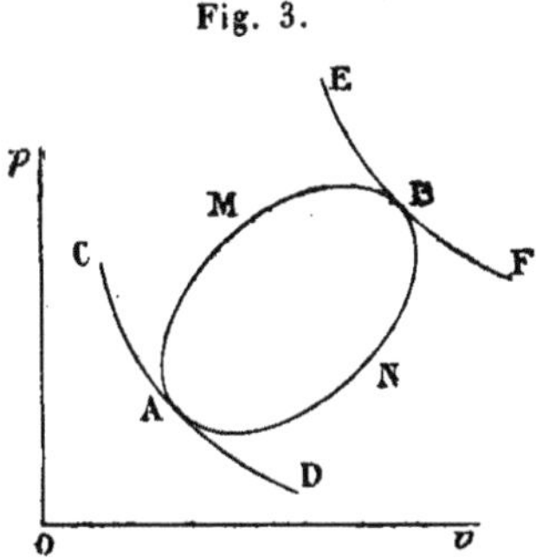

montre; il est négatif, si la courbe est décrite dans le sens rétrograde.

Si, au lieu de contenir 1^{kg} de matière, le corps de pompe en contenait n, la variation du volume $\Omega\, dl$ résultant d'un déplacement dl du piston serait le produit de n par la variation dv du volume spécifique; nous aurions donc

$$n\, dv = \Omega\, dl$$

et

$$d\tau = p\Omega\, dl = np\, dv.$$

Ainsi le travail correspondant à un déplacement du piston est proportionnel à la masse du corps contenu dans le corps de pompe. Pour simplifier, nous supposerons généralement que la masse du corps qui se transforme est égale à l'unité.

34. Source chaude et source froide. — Traçons les deux adiabatiques CD et EF tangentes en A et B à la courbe AMBN.

Quand le point représentatif décrit cette courbe, il coupe les adiabatiques intermédiaires dans des sens différents suivant qu'il se meut sur l'arc AMB ou sur l'arc BNA. Par conséquent, si, pour un déplacement infiniment petit sur l'arc AMB, la chaleur empruntée par le corps qui se transforme est positive, pour un déplacement sur l'arc BNA, la chaleur empruntée est négative. Le corps emprunte donc de la chaleur pendant la portion du cycle correspondant au premier arc, tandis qu'il en cède pendant la portion qui correspond au second. Or, un corps ne peut emprunter de la chaleur qu'à des corps à une température plus élevée et ne peut en céder qu'à des corps à une plus basse température que lui. Une machine thermique doit donc comprendre, outre le corps C qui se transforme, des corps chauds et des corps froids. Les premiers sont désignés sous le nom collectif de *source chaude*, les seconds constituent la *source froide*.

Nous considérerons chacune de ces sources comme formée d'un seul corps de masse assez grande pour qu'on puisse négliger les variations de température résultant des emprunts ou des apports de chaleur qui leur sont faits. Nous désignerons par T_1 la température de la source chaude, par T_2 celle de la source froide.

35. La quantité de chaleur empruntée à la source chaude est cédée tout entière à la source froide. — Considérons les quantités de chaleur que, pendant la durée d'un coup de piston, le corps C emprunte à la source chaude et cède à la source froide. Soient Q_1 la première quantité, Q_2 la seconde. Puisque le corps C reprend le même état à la fin de chaque coup de piston, il ne peut emmagasiner de la chaleur. Si donc nous admettons la conservation du calorique, les quantités de chaleur Q_1 et Q_2 doivent être égales. C'est à cette conclusion qu'arrive Carnot.

Nous savons aujourd'hui que l'on a $Q_1 > Q_2$.

Mais, si ce premier résultat des travaux de Carnot est inexact, d'autres résultats plus importants sont restés vrais. Avant de les énoncer et d'exposer le raisonnement suivi par Carnot pour y parvenir, donnons quelques notions indispensables sur ce qu'on doit entendre par *réversibilité d'un cycle*. J'appelle tout de suite l'attention sur un résultat sur lequel nous insisterons au n° **39**, c'est que dans la nature un cycle ne peut jamais être qu'*à peu près* réversible.

36. Réversibilité du cycle d'une machine. — Pour que le cycle décrit par le corps C, qui se transforme dans une machine, soit réversible, il faut d'abord que ce corps puisse parcourir ce cycle en *sens inverse*. Généralement cette condition est satisfaite; ainsi, dans le cas d'une machine à vapeur, on peut faire marcher cette machine à contre-vapeur. Mais on sait que, si cette condition est nécessaire, elle n'est pas suffisante.

Considérons les échanges de chaleur qui ont lieu entre le corps C et les sources lorsque la machine fonctionne dans le sens direct et dans le sens inverse.

Puisque nous avons supposé que C emprunte de la chaleur lorsque le point représentatif se meut sur l'arc AMB dans le sens indiqué par l'ordre des lettres, ce corps doit abandonner la même quantité de chaleur quand le point représentatif se déplace en sens inverse BMA. D'autre part, nous avons vu que la température T_1 de la source chaude doit toujours être supérieure à celle du corps C dans un quelconque de ses états. Par conséquent, puisqu'un corps ne peut céder de la chaleur à un autre dont la température est plus élevée, la chaleur abandonnée par C, pour la portion BMA du cycle qu'il décrit dans le fonctionnement inverse de la machine, ne pourra être cédée à la source chaude. Comme il n'y a que deux sources, cette chaleur est nécessairement cédée à la source froide. Des raisons analogues nous feraient voir que le corps C emprunte de la chaleur lorsqu'il décrit le cycle ANB et que cette chaleur ne peut provenir que de la source chaude.

En résumé, dans le mouvement direct de la machine, le corps C produit un travail τ en empruntant une quantité de chaleur Q_1 à la source chaude et en cédant la quantité Q_2 à la source froide; dans le mouvement inverse, le travail produit est $-\tau$, puisque le cycle est parcouru en sens inverse, et en même temps une quantité de chaleur Q_1 est cédée à la source froide tandis que la quantité Q_2 est empruntée à la source chaude. Il n'y a donc pas inversion complète dans les échanges de chaleur; par conséquent, en général, le cycle d'une machine thermique n'est pas réversible.

37. Conditions de réversibilité d'une transformation élémentaire. — Considérons une transformation élémentaire du corps C et soit MM' l'élément de courbe correspondant. Désignons par A la source qui fournit la quantité de chaleur absorbée par le corps C pendant cette transformation.

Cette transformation sera réversible si, lorsque le point

représentatif revient de M′ en M, la quantité de chaleur dégagée par C est absorbée par le corps A.

Cette condition est évidemment réalisée si dQ est nul, c'est-à-dire si l'arc MM′ appartient à une adiabatique.

Elle l'est encore, du moins théoriquement, dans un autre cas : c'est lorsque la température du corps C reste constamment égale à celle de A, c'est-à-dire lorsque la transformation de C est isotherme.

38. Cycle de Carnot. — Pour qu'un cycle fini soit réversible, il faut nécessairement que chacun des éléments du cycle soit réversible. D'après ce qui précède, un cycle réversible ne peut donc être composé que de portions d'isothermes et d'adiabatiques. Le plus simple de ces cycles

Fig. 4.

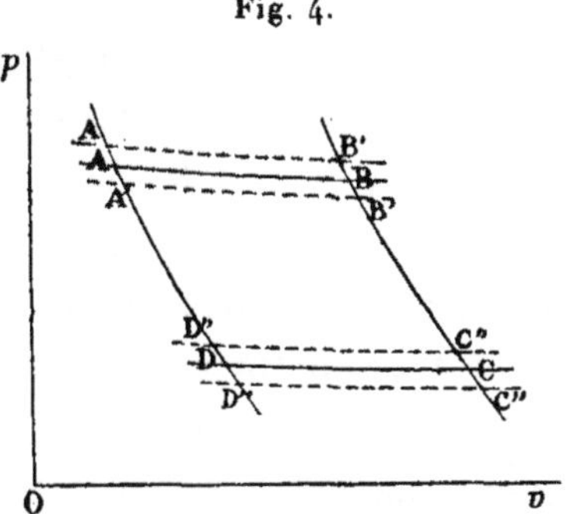

comprend au moins deux isothermes AB et CD (*fig.* 4) coupées par deux adiabatiques AD et BC. Ce cycle a été considéré par Carnot et, pour cette raison, il porte le nom de *cycle de Carnot*.

Assurons-nous qu'un tel cycle est bien réversible.

Lorsque ce cycle est parcouru dans le sens direct ABCD,

le travail τ produit est positif et égal à l'aire du cycle. Quand le point figuratif va de A en B, le corps C emprunte une quantité de chaleur Q_1 à une source que l'on peut supposer à la température T_1 de l'isotherme AB; pour la portion BC, il n'y a pas d'échange de chaleur; pour la portion CD, le corps C cède une quantité de chaleur Q_2 que l'on peut supposer absorbée par une source à la température T_2 de cette isotherme; enfin, le long de l'adiabatique DA, le corps C n'emprunte ni ne cède de chaleur.

Décrivons le cycle dans le sens inverse ADCB. Le travail produit, toujours égal en valeur absolue à l'aire du cycle, est alors négatif; il est donc $-\tau$. Pour les échanges de chaleur, nous n'avons à considérer que les isothermes DC et BA. Quand le point figuratif décrit la première, le corps emprunte une quantité de chaleur Q_2 et cet emprunt peut être fait à la source froide puisque sa température est égale à celle que possède le corps pendant cette transformation; on peut donc dire que, le long de l'isotherme DC, le corps cède une quantité de chaleur $-Q_2$ à la source froide. Pour des raisons analogues, nous pouvons dire que, pendant la transformation isotherme BA, le corps C emprunte une quantité de chaleur $-Q_1$ à la source chaude.

Par conséquent, lorsqu'on renverse le sens des transformations, le travail et les quantités de chaleur empruntées ou cédées à chacune des sources changent de signe. Le cycle est donc bien réversible.

39. Toutefois il y a une petite difficulté à admettre qu'une transformation isotherme est réversible. Il ne suffit pas, pour qu'un corps C puisse emprunter de la chaleur à une source A, que la température de celle-ci soit égale à celle du corps C; il faut qu'elle lui soit supérieure. De même, pour que C puisse céder de la chaleur à une source B il faut que la température de cette source soit inférieure à celle du corps. Par conséquent, si T_1 et T_2 sont les températures des deux sources, le corps C ne pourra décrire les isothermes AB et CD correspondant à ces deux températures. Le cycle de Carnot décrit par C dans le mouvement direct ne sera donc pas ABCD, mais A'B'C'D', A'B' et C'D' étant deux isothermes comprises entre AB et CD. Dans le mouvement inverse le cycle décrit sera A"B"C"D".

En toute rigueur, le cycle ABCD n'est donc pas réversible. Néanmoins, il peut être considéré comme tel, à la limite, car on peut supposer aussi petites qu'on veut les différences de température entre C et les sources et, par conséquent, faire différer aussi peu qu'on le veut les cycles A'B'C'D' et A"B"C"D" du cycle ABCD.

Si l'on appelle alors τ, τ' et τ'' les aires des trois cycles ABCD, A'B'C'D', A"B"C"D" (c'est-à-dire le travail effectué pendant ces trois cycles); si l'on appelle Q_1, Q'_1, Q'_1 la quantité de chaleur absorbée par C quand on décrit les isothermes AB, A'B', A"B"; Q_2, Q'_2, Q''_2 les quantités de chaleur cédées par C quand on décrit les isothermes CD, C'D', C"D", on peut rendre aussi petites que l'on veut les différences

$$\tau' - \tau,\ \tau'' - \tau,\ Q'_1 - Q_1,\ Q''_1 - Q_1,\ Q'_2 - Q_2,\ Q''_2 - Q_2,$$

ce qui suffit pour rendre rigoureux les raisonnements qui vont suivre.

Les cycles naturels sont donc tous irréversibles; mais on

peut en construire qui diffèrent très peu d'un cycle réversible. La différence peut devenir aussi petite qu'on le veut, mais à la condition que le cycle soit parcouru *d'une façon infiniment lente.*

40. Le coefficient économique d'un cycle de Carnot est maximum. — On appelle *rendement* ou *coefficient économique* d'un cycle le rapport $\frac{\tau}{Q_1}$ de la quantité de travail produite à la quantité de chaleur empruntée à la source chaude.

Considérons deux machines M et M′ fonctionnant entre les mêmes limites de température T_1 et T_2. Supposons que le corps C qui se transforme dans la première décrive un cycle de Carnot et que le corps C′ de la machine M′ décrive un cycle quelconque. Carnot démontre que dans ces conditions le coefficient économique de la machine M′ est au plus égal à celui de M. En d'autres termes, on doit avoir

$$\frac{\tau'}{Q'_1} \leqq \frac{\tau}{Q_1},$$

τ' étant le travail correspondant au second cycle, et Q'_1 la chaleur empruntée à la source chaude par C′, lorsque ce corps décrit ce cycle.

41. Carnot arrive à ce résultat en démontrant que l'hypothèse

$$\frac{\tau'}{Q'_1} > \frac{\tau}{Q_1}$$

conduit à admettre la possibilité du mouvement perpétuel. Voici son raisonnement.

Les deux machines fonctionnant entre les mêmes limites de température, on peut supposer que, dans l'une et l'autre, la chaleur empruntée provient d'une même source chaude et que la chaleur cédée est absorbée par une même source froide. De plus on peut accoupler les deux machines de telle sorte que M′ marche dans le sens direct et M dans le sens inverse. On réalise ainsi une machine thermique complexe fonctionnant entre deux sources.

Le cycle de la machine M étant réversible, puisque c'est un cycle de Carnot, le travail produit et les quantités de chaleur échangées avec les sources ne font que changer de signe quand on intervertit le sens du mouvement de cette machine. Par conséquent, si m et m' sont les poids des corps C et C′ qui entrent en jeu à chaque coup de piston, le travail résultant d'un coup de piston, lorsque les machines sont accouplées comme il vient d'être dit, a pour valeur

$$m'\tau' - m\tau.$$

La chaleur empruntée à la source chaude est

$$m'Q'_1 - mQ_1,$$

et celle qui est cédée à la source froide

$$m'Q'_2 - mQ_2.$$

Or, on peut choisir m et m' de telle sorte que la première de ces quantités soit nulle; il suffit qu'on ait

$$m' = \frac{\lambda}{Q'_1} \qquad \text{et} \qquad m = \frac{\lambda}{Q_1},$$

λ étant une quantité quelconque.

Dans ces conditions le travail de la machine complexe a pour valeur

$$m'\tau' - m\tau = \lambda\left(\frac{\tau'}{Q'_1} - \frac{\tau}{Q_1}\right);$$

c'est donc une quantité positive, d'après l'hypothèse provisoirement admise.

Mais, si l'on admet le principe de la conservation du calorique, il ne peut y avoir de chaleur cédée à la source froide quand aucun emprunt n'est fait à la source chaude. Par conséquent, à la fin d'un coup de piston les deux sources sont dans les mêmes conditions qu'au commencement. Un travail positif est donc obtenu sans aucune modification des sources de chaleur. Le même fait se reproduisant à chaque coup de piston, le mouvement perpétuel serait donc possible; ce qui est absurde.

On sait que, quoique ce raisonnement repose sur une notion inexacte, la conclusion est juste.

42. Le coefficient économique d'un cycle de Carnot ne dépend pas du corps transformé. — Le théorème précédent a une conséquence importante.

Supposons que le cycle de la machine M' soit également un cycle de Carnot. On doit alors avoir, d'après ce qui précède,

$$\frac{\tau}{Q_1} \leqq \frac{\tau'}{Q'_1}.$$

Mais on a aussi, puisque le cycle de la machine M est un cycle de Carnot,

$$\frac{\tau'}{Q'_1} \leqq \frac{\tau}{Q}.$$

Il faut donc que l'on ait

$$\frac{\tau}{Q_1} = \frac{\tau'}{Q'_1}.$$

Ainsi, lorsque deux corps C et C' décrivent deux cycles de Carnot, entre les mêmes limites de température, les coefficients économiques des deux cycles sont égaux. Le coefficient économique d'un même cycle ne dépend donc pas de la nature du corps transformé.

Cette conséquence avait une grande importance pratique. Il en résultait que, quel que soit le corps employé, une machine thermique possède le même rendement lorsque ce corps décrit un cycle de Carnot. Il devenait donc inutile de chercher à augmenter ce rendement en remplaçant la vapeur d'eau par un autre corps; il suffisait de perfectionner les machines à vapeur d'eau, de manière que le cycle décrit par cette vapeur se rapproche le plus possible d'un cycle de Carnot.

Depuis cette même conséquence a acquis une égale importance théorique; elle est devenue le principe de Carnot.

43. Fonction de Carnot. — Puisque le coefficient économique d'un cycle de Carnot ne dépend pas du corps transformé, il ne peut dépendre que des températures T_1 et T_2 des isothermes du cycle; posons donc

$$\frac{\tau}{Q} = f(T_1, T_2).$$

C'est à cette fonction f qu'on a donné le nom de *fonction de Carnot*. Carnot n'en a pas cherché la valeur.

Voyons cependant à quelles conséquences il aurait été conduit s'il avait entrepris cette recherche.

Considérons trois isothermes AB, CD, EF (*fig.* 5) correspondant aux températures T_1, T_2, T_3 et coupées par deux adiabatiques AE et BF; nous obtenons ainsi trois cycles de Carnot ABDC, CDFE et ABFE. Soient τ et τ' les travaux accomplis par un corps qui décrit le premier et le second; le travail correspondant au troisième sera $\tau + \tau'$. Soient encore Q_1, Q_2, Q_3 les quantités de chaleur empruntées par un corps lorsque le point représentatif de son état décrit les isothermes AB, CD, EF. Quand le corps décrit le cycle ABDC, il emprunte donc une quantité de chaleur Q_1 à une source à température T_1 et en cède une quantité Q_2 à une source à température T_2; par suite $Q_1 = Q_2$, si l'on admet l'indestructibilité du calorique. Pour la même raison $Q_2 = Q_3$. Posons $Q_1 = Q_2 = Q_3 = Q$.

Nous avons alors pour les coefficients économiques des trois cycles de la figure

$$\frac{\tau}{Q} = f(T_1, T_2),$$

$$\frac{\tau'}{Q} = f(T_2, T_3),$$

$$\frac{\tau + \tau'}{Q} = f(T_1, T_3).$$

Nous en déduisons

$$f(T_1, T_2) = f(T_1, T_3) - f(T_2, T_3),$$

et, si nous regardons T_3 comme une constante,

$$f(T_1, T_2) = f(T_1) - f(T_2).$$

La fonction de Carnot serait donc la différence des deux fonctions d'une seule variable dépendant l'une de la tempé-

Fig. 5.

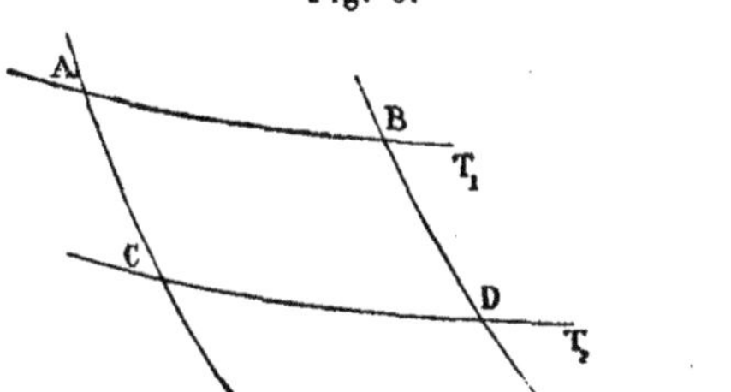

rature T_1 de la source chaude, l'autre de la température T_2 de la source froide.

44. Cette propriété de la fonction de Carnot a été reconnue fausse. Elle est cependant intéressante, car elle nous montre l'idée que Carnot pouvait se faire sur la conservation de l'énergie.

Soit W l'énergie sensible d'un corps; nous verrons (**54**) que $\sum Q f(T)$ est son énergie calorifique; l'énergie totale est donc

$$W + \sum Q f(T).$$

Si nous faisons décrire au corps un cycle de Carnot, W diminue de τ et l'énergie calorifique augmente de

$$Q[f(T_1) - f(T_2)].$$

Ces deux quantités sont égales puisqu'on a

$$\frac{\tau}{Q} = f(T_1) - f(T_2).$$

L'énergie totale ne varie donc pas.

Mais, si le cycle décrit par le corps est quelconque, le rapport $\frac{\tau}{Q}$ relatif à ce cycle est au plus égal à celui d'un cycle de Carnot. Par conséquent

$$\tau \leqq Q\,[f(T_1) - f(T_2)].$$

L'énergie totale doit donc, en général, aller constamment en diminuant.

C'est à cette idée que Carnot se ralliait; d'autres considérations que les précédentes l'y avaient conduit.

45. Quelques applications aux chaleurs spécifiques des gaz. — Dans le Mémoire de Carnot on trouve quelques remarques intéressantes sur les chaleurs spécifiques des gaz.

Prenons un cycle de Carnot infiniment petit ABCD (*fig.* 6).

Fig. 6.

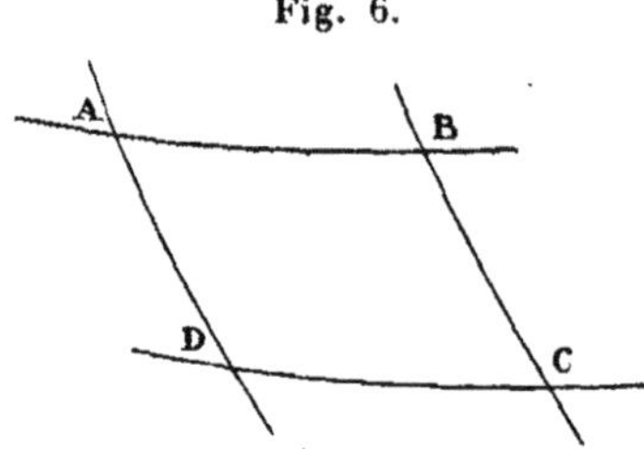

Soient

p, v, T, la pression, le volume spécifique et la température du corps qui se transforme quand son point représentatif est en A;

$p + dp$, $v + dv$, T, les valeurs des mêmes quantités relatives au point B;

$p - \delta p$, $v - \delta v$, $T - \delta T$, celles qui se rapportent au point D.

Le travail accompli quand le corps décrit le cycle est égal à la surface de ce cycle que l'on peut assimiler à un parallélogramme; on a donc

$$\tau = \delta p \, dv - \delta v \, dp.$$

La quantité de calorique dQ empruntée à la source chaude le long de l'isotherme AB est, par suite de l'hypothèse de l'indestructibilité du calorique, une différentielle exacte (**28**); par conséquent

$$(1) \qquad dQ = \frac{dQ}{dv} dv + \frac{dQ}{dp} dp.$$

La température ne variant pas le long de AB, nous avons

$$(2) \qquad dT = 0 = \frac{dT}{dv} dv + \frac{dT}{dp} dp.$$

L'adiabatique AD nous fournit les deux équations

$$(3) \qquad dQ = 0 = \frac{dQ}{dv} \delta v + \frac{dQ}{dp} \delta p,$$

$$(4) \qquad \delta T = \frac{dT}{dv} \delta v + \frac{dT}{dp} \delta p.$$

Multiplions l'équation (1) par la dernière, l'équation (2) par la troisième, et retranchons; nous obtenons

$$dQ \, \delta T = (\delta p \, dv - \delta v \, dp)\left(\frac{dQ}{dv}\frac{dT}{dp} - \frac{dQ}{dp}\frac{dT}{dv}\right),$$

ou

$$(5) \qquad dQ \, dT = \tau\left(\frac{dQ}{dv}\frac{dT}{dp} - \frac{dQ}{dp}\frac{dT}{dv}\right).$$

Mais, d'après l'expression trouvée précédemment (**43**)

pour la fonction de Carnot, le coefficient économique du cycle est

$$\frac{\tau}{dQ} = f(\mathrm{T}) - f(\mathrm{T} - \delta\mathrm{T});$$

par suite

$$\tau = dQ\,\delta\mathrm{T}\,f'(\mathrm{T}).$$

En portant cette valeur de τ dans l'égalité (5), nous avons

$$(6) \qquad \frac{dQ}{dv}\frac{d\mathrm{T}}{dp} - \frac{dQ}{dp}\frac{d\mathrm{T}}{dv} = \frac{1}{f'(\mathrm{T})}.$$

Ce résultat n'aurait aujourd'hui aucune signification; transformons-le en introduisant les chaleurs spécifiques. Des définitions de ces quantités (**23** et **24**) nous tirons

$$(7) \qquad \frac{dQ}{dv} = \mathrm{C}\frac{d\mathrm{T}}{dv}$$

et

$$(8) \qquad \frac{dQ}{dp} = c\frac{d\mathrm{T}}{dp}.$$

La relation (6) peut donc s'écrire

$$(9) \qquad (\mathrm{C} - c)\frac{d\mathrm{T}}{dp}\frac{d\mathrm{T}}{dv} = \frac{1}{f'(\mathrm{T})}.$$

46. Appliquons cette formule aux gaz parfaits. Pour ces corps

$$pv = \mathrm{RT};$$

par suite

$$\frac{d\mathrm{T}}{dp} = \frac{v}{\mathrm{R}}, \qquad \frac{d\mathrm{T}}{dv} = \frac{p}{\mathrm{R}},$$

et en portant ces valeurs des dérivées partielles de T

dans (9) on obtient

$$\frac{C - c}{R} = \frac{1}{T f'(T)} = \Theta(T). \tag{10}$$

La différence des chaleurs spécifiques d'un même gaz doit donc n'être fonction que de la température. On sait aujourd'hui que cette fonction se réduit à une constante.

De la relation (10) nous tirons

$$c = C - R\Theta,$$

et, en portant cette valeur de c dans (8), nous avons

$$\frac{dQ}{dp} = C\frac{dT}{dp} - R\Theta\frac{dT}{dp},$$

ou, en tenant compte de la valeur précédemment trouvée pour $\frac{dT}{dp}$,

$$\frac{dQ}{dp} = C\frac{dT}{dp} - R\Theta\frac{v}{R} = C\frac{dT}{dp} - \Theta v.$$

Multiplions cette égalité par dp et ajoutons au produit ainsi obtenu celui des deux membres de l'égalité (7) par dv; nous obtenons

$$\frac{dQ}{dv}dv + \frac{dQ}{dp}dp = C\frac{dT}{dv}dv + C\frac{dT}{dp}dp - \Theta v\,dp,$$

ou

$$dQ = C\,dT - \Theta v\,dp. \tag{11}$$

Considérons le produit

$$R\Theta\,dT = R\Theta\left(\frac{dT}{dv}dv + \frac{dT}{dp}dp\right).$$

Si nous y remplaçons les dérivées partielles de T par leurs valeurs, nous avons

$$R\Theta\, dT = \Theta p\, dv + \Theta v\, dp,$$

et par conséquent, en additionnant avec l'égalité (11),

$$dQ + R\Theta\, dT = C\, dT + \Theta p\, dv.$$

Le premier membre est une différentielle exacte, car, d'une part, dQ en est une d'après l'hypothèse de la conservation du calorique, et, d'autre part, $R\Theta\, dT$ doit également l'être puisque Θ est une fonction de T seulement; par conséquent le second membre est une différentielle exacte. Nous avons donc, en prenant T et v comme variables indépendantes,

$$\frac{dC}{dv} = \frac{d\Theta p}{dT},$$

ou, en remplaçant p par la valeur tirée de la relation fondamentale,

$$\frac{dC}{dv} = \frac{R}{v}\frac{d\Theta T}{dT}.$$

Si nous intégrons par rapport à v nous obtenons

$$C = R\frac{d\Theta T}{dT}\log v + \varphi(T).$$

47. Après avoir démontré cette formule, Carnot ajoute que les expériences semblent prouver que C est indépendant de la température. Considérant ces expériences comme peu probantes il ne chercha pas les conséquences de leur résultat. Il aurait pu cependant en déduire la valeur de la fonction $f(T_1, T_2)$.

En effet, si C est constant, la fonction $\varphi(T)$ introduite par l'intégration doit se réduire à une constante et, de plus, on doit avoir

$$\frac{d\Theta T}{dT} = B,$$

B étant aussi une constante. Il résulte

$$\Theta T = B(T - T_0),$$

et, si l'on se reporte à l'expression que nous avons désignée par Θ,

$$\frac{1}{f'(T)} = B(T - T_0).$$

Par conséquent

$$f'(T) = \frac{1}{B}\frac{1}{T - T_0} \tag{12}$$

et

$$f(T) = \frac{1}{B}\log(T - T_0).$$

On a donc pour la fonction de Carnot

$$f(T_1, T_2) = f(T_1) - f(T_2) = \frac{1}{B}[\log(T_1 - T_0) - \log(T_2 - T_0)]$$

ou

$$f(T_1, T_2) = \frac{1}{B'}\log\frac{T_1}{T_2}.$$

Cette expression de la fonction, rigoureusement déduite des principes admis par Carnot, est inexacte. On sait aujourd'hui que cette fonction a pour expression

$$\frac{T_1 - T_2}{T_1}.$$

Quoi qu'il en soit de son exactitude elle aurait amené Carnot à découvrir la constance de la différence $C - c$. En effet, si dans la formule (10) nous remplaçons $f'(T)$ par sa valeur (12), nous obtenons

$$\frac{C - c}{R} = B\frac{T - T_0}{T},$$

égalité dont le second membre se réduit à la constante B quand on suppose $T_0 = 0$.

48. Dernières idées de Sadi Carnot. — Déjà, dans les dernières pages du Mémoire dont nous venons d'esquisser les principales lignes, Carnot conçoit des doutes sur la légitimité de l'hypothèse de la conservation du calorique.

Parmi les raisons qui l'ont amené à ce doute les expériences de Rumford et de Davy sur le frottement tiennent probablement le premier rang. Mais des raisons d'une autre nature semblent aussi avoir contribué à ce changement d'idées.

A cette époque la discussion entre les partisans de la théorie de l'émission et les partisans de la théorie des ondulations de la lumière était à sa période aiguë et les arguments de ces derniers commençaient à avoir une portée décisive pour le triomphe de la théorie qu'ils soutenaient. La lumière paraissait donc déjà devoir être considérée comme une manifestation du mouvement moléculaire. D'autre part, des expériences récentes montraient l'identité de la lumière et de la chaleur rayonnante; cette dernière devait donc également provenir d'un mouvement. Il devenait dès lors naturel de considérer l'état thermique d'un corps comme résultant du mouvement de ses molécules matérielles et de voir dans la chaleur une transformation des mouvements sensibles. D'ailleurs cette hypothèse n'était pas nouvelle; elle avait été introduite deux siècles auparavant, mais sans aucune raison scientifique, par François Bacon, puis par Boyle, puis reprise plus tard par Euler. La théorie de Fresnel n'apportait donc, en réalité, qu'une confirmation partielle d'une hypothèse déjà ancienne.

49. Quoi qu'il en soit, quelque temps avant sa mort prématurée, Carnot possédait sur la chaleur des idées tout à fait conformes à nos idées actuelles. Il les consigna dans des Notes manuscrites qui restèrent ignorées jusqu'en 1871; leur lecture ne laisse aucun doute sur l'importance des progrès qui seraient résultés d'une publication plus hâtive. Nous y trouvons en effet :

« La chaleur n'est autre chose que la puissance motrice, ou plutôt que le mouvement qui a changé de forme. C'est un mouvement dans les particules du corps. Partout où il y a destruction de force motrice, il y a en même temps production de chaleur en quantité précisément proportionnelle à la quantité de puissance motrice détruite. Réciproquement : partout où il y a destruction de chaleur, il y a destruction de puissance motrice », et « l'on peut poser en thèse générale que la puissance motrice est en quantité invariable dans la nature; qu'elle n'est jamais, à proprement parler, produite ou détruite. A la vérité, elle change de forme, c'est-à-dire qu'elle produit tantôt un genre de mouvement, tantôt un autre, mais elle n'est jamais anéantie. »

Pouvait-on exprimer d'une manière plus claire et plus précise le principe de la conservation de l'énergie?

Carnot donne même le nombre exprimant le nombre d'unités de chaleur correspondant à l'unité de puissance motrice : la production de 1 unité de puissance (1000^{kg} élevés à 1^{m}) nécessite la destruction de 2,70 unités de chaleur. De ces nombres on déduit 370 pour l'équivalent mécanique de la chaleur.

Carnot ne dit pas comment il est parvenu au nombre qu'il indique pour l'équivalent calorifique de la puissance motrice. Il est cependant probable qu'il l'a déduit des chaleurs spécifiques des gaz. Si l'on fait le calcul en prenant pour C et *c* les valeurs admises à l'époque, on trouve en effet le nombre de Carnot. C'est aussi ce même nombre que Mayer obtint 15 ans plus tard par cette méthode.

CHAPITRE IV.

LE PRINCIPE DE L'ÉQUIVALENCE.

50. Les hypothèses moléculaires. — S'il est présumable que la théorie des ondulations en Optique n'est pas étrangère à l'évolution des idées de Carnot sur la chaleur, les admirables travaux de Physique mathématique entrepris à cette époque par Laplace, Cauchy, Lamé, Poisson, Fourier paraissent avoir exercé la même influence sur les contemporains et successeurs de Carnot.

Dans ces travaux les corps sont considérés comme formés de molécules matérielles agissant les unes sur les autres suivant les droites qui les joignent deux à deux, et d'après une loi ne dépendant que de la distance; de plus l'action égale la réaction; en un mot, les forces moléculaires sont supposées centrales.

Sans discuter ici la légitimité de cette hypothèse, nous allons montrer qu'elle conduit au principe de l'équivalence. C'est là certainement l'explication de la découverte simultanée de ce principe par Mayer, Joule et Colding.

51. Énergie interne d'un système isolé. — Considérons un système de corps matériels isolé. Deux sortes de forces agissent sur ce système : les forces *sensibles* s'exercant à distance, et les forces *moléculaires* s'exerçant entre molécules à des distances très petites. Les unes et les autres étant supposées centrales admettent une fonction des forces et, par conséquent, ainsi que nous l'avons démontré (**7**), il y a conservation de l'énergie dans ce système. Soient $-V$ la fonction des forces dues aux forces qui s'exercent à distance sensible, $-V_1$ celle qui est due aux forces moléculaires, qui ne sont sensibles qu'à des distances infiniment petites. L'énergie potentielle totale sera $V+V_1$.

Un théorème bien connu de Mécanique nous apprend que la force vive d'un corps est égale à la somme de la force vive de translation (c'est-à-dire de la force vive qu'il aurait si toute sa masse était concentrée en son centre de gravité) et de la force vive due au mouvement relatif du corps par rapport à son centre de gravité. Décomposons alors notre corps en éléments de volume très petits d'une manière absolue, mais contenant un très grand nombre de molécules. Soient ω la demi-force vive de translation d'un de ces éléments, ω_1 la demi-force vive due à son mouvement relatif par rapport à son centre de gravité. Soient

$$W=\sum\omega, \qquad W_1=\sum\omega_1,$$

les sommations étant étendues à tous les éléments; la demi-force vive totale sera $W+W_1$, et le principe de la conservation de l'énergie donnera

$$W+W_1+V+V_1=\text{const.}$$

ou, en désignant par U la somme $V+W_1+V_1$ des deux

sortes d'énergie moléculaire et de l'énergie potentielle sensible,

$$W + U = \text{const.}$$

La quantité U est appelée *l'énergie interne* du système : elle dépend nécessairement des positions relatives des molécules des corps et de leurs vitesses.

Dans la plupart des applications, V est négligeable, ce qui permet d'écrire

$$U = V_1 + W_1.$$

La quantité U est accessible à l'expérience, ainsi qu'on le verra plus clairement plus loin; mais nous n'avons aucun moyen, même en admettant la légitimité de l'hypothèse des forces centrales dont nous déduisons ici les conséquences, de calculer séparément V_1 et W_1.

52. Nature des forces de frottement. — Il arrivera en général que dans le système considéré s'exerceront des forces de frottement. Ces forces dépendant des vitesses de leurs points d'applications ne peuvent pas admettre de fonction des forces. Mais, dans l'hypothèse que nous examinons ici, ces forces de frottement ne seraient que des forces apparentes, et les forces réelles qui produiraient les effets que nous leur attribuons seraient des forces moléculaires centrales. Ces forces réelles ne dépendraient donc pas des vitesses des molécules, mais seulement de leurs positions, et admettraient une fonction des forces.

53. Extension du principe de la conservation de l'énergie. — Dans l'hypothèse que nous examinons ici, la chaleur ne serait que la manifestation des mouvements moléculaires; la température d'un corps (et il en serait de même en général de toutes les variables qui définissent son état thermique) serait une fonction dépendant seulement des positions de ses diverses molécules et de leurs vitesses.

Généralisant cette hypothèse, nous pourrons supposer que tout état physique d'un corps, tel que son état d'électrisation, résulte de la nature des mouvements moléculaires. Alors l'état physique des corps du système peut varier sans qu'il cesse d'y avoir conservation de l'énergie.

Ainsi les principes généraux de la Mécanique conduisent à la démonstration du principe de la conservation de l'énergie lorsqu'on admet que les forces de frottement et l'état physique d'un corps résultent des actions moléculaires, et que ces actions sont centrales.

Si donc un système quelconque est soustrait à toute action extérieure, on aura, comme nous l'avons vu plus haut,

$$U + W = \text{const.}$$

Si ce système est soumis à l'action des forces extérieures et que $d\tau$ représente le travail de ces forces pendant une transformation infiniment petite du système, on aura (*voir* § **8**) :

$$d\tau = dU + dW.$$

54. Équivalence du travail et de la chaleur. — Appliquons ce principe, ainsi entendu, à un système de corps qui décrivent un cycle, où l'on fait varier non seulement leurs positions et leurs vitesses, mais leur état thermique, mais dont un seul, un calorimètre, peut, quand le cycle est entièrement parcouru, avoir changé d'état thermique. Faisons subir à ce système une série quelconque de transformations pendant lesquelles les corps ne peuvent ni céder ni emprunter de chaleur à l'extérieur du système, mais peuvent soit échanger entre eux de la chaleur, soit produire ou absorber du travail; de plus, supposons qu'à la fin de cette série de transformations les corps reprennent leur état thermique, leurs positions et leurs vitesses primitives, à l'exception du calorimètre qui reprendra sa position et sa vitesse initiale, mais dont la température aura pu changer. Dans ces conditions, la variation de l'énergie totale du système se réduit à la variation ΔU de l'énergie interne du calorimètre, et elle est égale au travail τ produit par les forces extérieures; nous avons donc

$$\Delta U = \tau.$$

Supposons que l'état thermique du calorimètre ne dépende que de sa température; c'est ce qui arrivera, par exemple, si le calorimètre se réduit à une certaine masse d'eau sous pression constante.

L'énergie interne U du calorimètre est une fonction de sa température θ; en outre, elle est évidemment proportionnelle à la masse du corps calorimétrique; soit n cette masse exprimée en kilogrammes; nous pouvons poser

$$U = n f(\theta).$$

Si $d\theta$ est l'élévation de température du calorimètre résultant des transformations du système, nous avons

$$\Delta U = n f'(\theta)\, d\theta.$$

Mais, si nous supposons que le corps calorimétrique est l'eau, $n\,d\theta$ représente la quantité de chaleur Q nécessaire à cette élévation de température, c'est-à-dire la quantité de chaleur absorbée par le calorimètre. En remplaçant $n\,d\theta$ par Q, nous aurons

$$\Delta U = f'(\theta)\,Q$$

et par conséquent

$$\tau = f'(\theta)\,Q.$$

Si nous faisons $Q = 1$, nous obtenons $\tau = f'(\theta)$. Cette dérivée $f'(\theta)$ est donc la quantité de travail correspondant à un développement d'une quantité de chaleur de 1^{cal} dans le système considéré; on l'appelle *l'équivalent mécanique de la chaleur* et on la désigne par E.

55. Faisons observer que la fonction $f'(\theta)$ ne dépend nullement de la manière dont le système se transforme, ni de la nature de ses transformations puisqu'elles sont supposées quelconques. De plus, la quantité de chaleur Q qui entre dans l'égalité précédente aurait la même valeur si nous prenions pour corps calorimétrique un autre corps que l'eau, ou de l'eau à une température différente, puisque nous avons vu (**18**) que la mesure des quantités de chaleur ne dépend pas de la nature du corps calorimétrique; par conséquent, le quotient $f'(\theta) = \frac{\tau}{Q}$ ne peut dépendre de ce corps. En un mot, $f'(\theta)$ ou E est une constante absolue.

Cette invariabilité de E constitue précisément le *principe de l'équivalence;* il est donc démontré, sous les mêmes conditions que le principe de la conservation de l'énergie d'où nous l'avons déduit. On conçoit qu'au milieu de ce siècle, où l'hypothèse des forces centrales était généralement admise, plusieurs savants aient pu être simultanément conduits à admettre ce principe et à en chercher la vérification expérimentale.

56. Détermination expérimentale de l'équivalent mécanique de la chaleur. — Les expériences effectuées dans le but de déterminer la valeur de l'équivalent mécanique de la chaleur sont nombreuses et variées; nous rappellerons seulement le principe de quelques-unes d'entre elles (1).

Expériences de Joule. — Les premières furent entreprises par Joule en 1843, à l'aide de plusieurs dispositifs.

Dans l'un d'eux l'élévation de température du calorimètre résulte du frottement de l'eau qu'il contient sur elle-même et sur des palettes de laiton portées par un axe vertical animé d'un mouvement de rotation. Ce mouvement est obtenu par la chute d'un poids. Considérons le système formé par le calorimètre et les palettes. Ce système reçoit de l'extérieur un travail τ égal à celui de la pesanteur sur le poids qui tombe, diminué du travail employé à augmenter la force vive de ces poids et de celui qui est absorbé par le frottement des poulies de transmission et par le frottement de l'axe portant les palettes sur le collier qui le maintient. L'évaluation du travail transformé en force vive s'effectue facilement en mesurant la vitesse de chute du

(1) Pour la partie expérimentale, consulter : LIPPMANN, *Cours de Thermodynamique* professé à la Sorbonne, et les Traités classiques.

poids, chute qui ne tarde pas à être uniforme; d'ailleurs ce travail n'est qu'une fraction très faible de celui qui est transformé en chaleur et l'incertitude qu'il peut y avoir dans son évaluation n'enlève aucune précision à la méthode. Le travail absorbé par les frottements des poulies est beaucoup plus important et en même temps son évaluation beaucoup plus délicate; aussi ne peut-on compter sur une approximation plus grande que $\frac{1}{100}$ dans la mesure du travail τ transformé en chaleur. Quant à la quantité Q de chaleur absorbée par le calorimètre, elle peut être évaluée à $\frac{1}{400}$ près environ. Le nombre trouvé par Joule dans ces conditions est 424,9 kilogrammètres.

En remplaçant l'eau du calorimètre par du mercure, Joule a obtenu 425 kilogrammètres.

Dans d'autres expériences, faites à la même époque, le développement de chaleur résultait du frottement de deux pièces de fonte tronconiques l'une sur l'autre. Le travail correspondant était évalué comme précédemment. Le nombre trouvé diffère peu de ceux que nous venons de citer.

57. Nouvelles expériences de Joule. — En 1878, Joule entreprit de nouvelles déterminations. Comme dans la première de celles que nous venons de rappeler, la chaleur résulte du frottement de l'eau sur elle-même et sur des palettes de laiton; le mode de production et d'évaluation du travail transformé en chaleur est différent.

Ce travail est fourni par l'opérateur, qui fait tourner les palettes en agissant sur une manivelle. Son évaluation s'obtient par le dispositif suivant : le calorimètre est supporté par un flotteur lui permettant de tourner autour de son axe ; il peut ainsi prendre un mouvement de rotation sous l'influence du mouvement de l'eau qu'il contient; deux cordons tendus par des poids et s'enroulant en sens inverse dans une gorge creusée à la partie supérieure du calorimètre s'opposent à cette rotation.

Considérons le système formé par le calorimètre, les cordons tendus qui le maintiennent, les palettes et la portion de l'axe qui plonge dans le calorimètre. Nous pouvons faire abstraction de l'appareil moteur et regarder le mouvement de l'axe comme résultant de l'action d'un couple. C'est le travail de ce couple qui représente le travail τ fourni au système par les forces extérieures.

Supposons la vitesse de régime atteinte. Alors la dérivée par rapport au temps de la somme des moments des quantités de mouvements pris par rapport à l'axe de rotation est nulle. Par suite, la somme des moments des forces appliquées au système pris par rapport au même axe est nulle. Nous avons donc, en appelant μ le couple qui fait tourner l'axe, P et P′ les tensions des cordons qui maintiennent le calorimètre, et r le rayon de la gorge sur laquelle sont enroulés les cordons,

$$\mu = (P + P')r,$$

et par suite

$$2\pi n \mu = 2\pi n r(P + P').$$

Or le premier membre de cette égalité représente le travail du couple de rotation, c'est-à-dire le travail τ fourni au système. Son évaluation revient donc à la mesure du nombre de tours effectués par l'axe, nombre qui est donné par un compteur, à celle du rayon de la gorge et à celle des poids qui tendent les cordons ; elle peut donc être faite avec une précision plus grande que dans les expériences antérieures. Joule a encore obtenu, comme moyenne de cinq séries d'expériences, 425 kilogrammètres pour l'équivalent mécanique de la chaleur.

58 Expériences de M. Rowland. — Par suite de la faible quantité de travail fournie pendant l'unité de temps, il fallait, dans les expériences précédentes, un temps assez long pour obtenir une élévation sensible de la température du calorimètre. C'est une mauvaise condition pour l'exactitude de la correction relative au refroidissement. D'autre part, cette élévation était mesurée par un thermomètre à mercure non comparé au thermomètre à air aujourd'hui choisi pour définir les températures. Enfin la disposition des ailettes ne permettait pas de laisser constamment le thermomètre dans le calorimètre et les lectures de température ne se faisaient qu'au commencement et à la fin de chaque expérience.

M. Rowland a montré que, si l'on rapporte les indications du thermomètre de Joule à celles du thermomètre à air, le nombre trouvé par ce physicien pour l'équivalent mécanique de la chaleur doit être un peu augmenté.

En 1879, M. Rowland entreprit de nouvelles expériences dans le but de remédier aux autres défauts que nous venons de signaler dans le dispositif de Joule et obtenir ainsi une détermination plus exacte de E.

Le travail transformé en chaleur est fourni par un petit moteur à pétrole qui fait mouvoir l'axe portant les palettes. Cet axe pénètre dans le calorimètre par le fond, et sa partie supérieure, plongée dans ce calorimètre, s'évase en cône percé de trous.

Dans ce cône on place un thermomètre qui peut alors rester dans cette position pendant toute la durée d'une expérience. Par une courbure convenable donnée aux ailettes, l'eau est constamment ramenée dans ce cône, de sorte que le thermomètre indique bien la température moyenne du calorimètre. Comme dans les dernières expériences de Joule, le calorimètre peut prendre un mouvement autour de son axe par suite du mouvement de l'eau; un frein de Prony s'oppose à cette rotation. L'évaluation du travail fourni au système formé par le calorimètre, le frein qui le maintient et la portion de l'axe qui plonge dans le calorimètre s'effectue donc exactement comme précédemment; il est facile de voir qu'il est donné par le produit

$$2\pi n a P,$$

n étant le nombre de tours effectués par l'axe pendant un temps déterminé, a la longueur du levier du frein à l'extrémité duquel est appliquée la force P.

A des intervalles de temps rapprochés, on notait n et l'élévation de température; on en déduisait le travail τ fourni pendant cet intervalle et la quantité de chaleur correspondante absorbée par le calorimètre; le rapport de ces deux quantités donnait E. On pouvait ainsi faire un grand nombre de déterminations successives sans arrêter l'appareil. La moyenne de ces déterminations est 428 kilogrammètres.

59. Invariabilité de E. — Les expériences que nous venons d'indiquer sont celles qui donnent E avec la plus grande exactitude. Mais beaucoup d'autres déterminations de cette quantité, quoique moins exactes, ont une grande importance parce qu'elles montrent que la valeur de **E** ne dépend pas de la série des transformations par lesquelles passe le système. Citons-en quelques-unes.

Dans une de ses premières expériences, Joule prenait un corps de pompe plein d'eau fermé à sa partie supérieure par un piston, en matière poreuse, que l'on pouvait faire descendre en le chargeant de poids. L'eau en passant à travers les pores du piston s'échauffait. Le travail dépensé pour produire cet échauffement était donné par le travail de la pesanteur sur les poids. Joule trouva ainsi 424,6.

Hirn reprit cette méthode sous une forme un peu différente. L'eau passe sous pression d'un vase dans un second à travers un tube capillaire. Il obtint le nombre 433.

Les expériences dans lesquelles Hirn évaluait la quantité de chaleur résultant de la chute d'un poids par l'élévation de température éprouvée par une masse de plomb écrasée par ce poids lui fournirent le nombre 425, identique à celui obtenu par Joule dans ses meilleures expériences. Cependant dans ces expériences, outre le calorimètre, un des corps du système, le plomb, ne revient pas à son état primitif puisque ce métal est déformé. Les conditions admises dans la démonstration (**54**) de l'invariabilité de E ne sont donc pas réalisées dans le cas qui nous occupe. Aussi ces expériences de Hirn doivent-elles être considérées moins comme une vérification du principe de l'équivalence que comme une preuve de la petitesse de la variation de l'énergie interne du plomb lorsque ce métal s'écrouit. Avec un autre métal le résultat eût certainement été très différent.

Enfin rappelons les expériences faites en 1870 par M. Violle. Un disque de cuivre tournant entre les pôles d'un puissant électro-aimant s'échauffe par suite des courants d'induction dont il est le siège. La quantité de chaleur développée s'obtient au moyen d'un calorimètre dans lequel on plonge le disque; la quantité de travail fournie est évaluée par la chute d'un poids qui fait mouvoir le disque. M. Violle a ainsi obtenu 435.

Les nombres 424,6, 433, 425, 435 fournis par ces diverses expériences ne diffèrent entre eux que du $\frac{1}{50}$ de leur valeur environ. Comme cette fraction est certainement plus petite que l'approximation sur laquelle il est permis de compter, on peut considérer ces résultats comme une bonne vérification de l'invariabilité du nombre E.

60. Le principe de l'équivalence considéré comme principe expérimental. — La marche que nous venons de suivre dans l'exposé du principe de l'équivalence est conforme au développement historique de la théorie thermodynamique; mais elle ne saurait nous satisfaire aujourd'hui, car elle offre le grave inconvénient de faire reposer la démonstration de ce principe sur l'hypothèse que les forces moléculaires sont centrales. Or rien ne nous prouve que cette hypothèse soit exacte, puisque nous ne pouvons en contrôler la justesse que par l'exactitude de conséquences éloignées qui, peut-être, pourraient tout aussi bien résulter d'une hypothèse toute différente sur la nature des forces moléculaires. Aussi est-il préférable d'abandonner la marche historique et de considérer les expériences précédentes, non comme une *vérification* d'un principe démontré, mais, au contraire, comme la *démonstration expérimentale* du principe de l'équivalence. Cette manière d'envisager ce principe, aujourd'hui généralement adoptée, présente l'avantage de ne faire aucune hypothèse sur la constitution moléculaire des corps.

Nous regarderons donc comme démontrée par l'expérience la proposition suivante :

Si un système de corps après avoir décrit un cycle de transformations revient à son état initial, le travail fourni au système par les forces extérieures est égal au produit de la quantité de chaleur cédée par le système par un coefficient constant, E.

Si donc $d\tau$ est le travail des forces extérieures pendant une transformation infiniment petite et si dQ est la quantité de chaleur absorbée par le système, l'intégrale

$$\int (d\tau + \mathrm{E}\,dQ) = 0$$

quand le système décrit un cycle fermé.

Donc

$$d\tau + \mathrm{E}\,dQ$$

est une différentielle exacte.

Si nous désignons par W la demi-force vive du système nous pourrons donc poser

$$dW + dU = d\tau + \mathrm{E}\,dQ,$$

U étant une certaine fonction que nous appellerons *énergie interne* du système.

Nous avons dit plus haut, au n° **18**, que la quantité de

chaleur mesurée était indépendante du corps calorimétrique. Ce fait expérimental n'est qu'un cas particulier du principe de l'équivalence; et en effet, s'il ne se vérifiait pas, la mesure de l'équivalent mécanique de la chaleur dépendrait du corps calorimétrique employé; cet équivalent ne pourrait donc être constant.

61. *Remarque.* — Si l'on suppose que les vitesses des corps reprennent leurs valeurs initiales à la fin de la transformation, ou si les vitesses sont négligeables, comme il arrivera le plus souvent, la relation précédente devient

$$dU = d\tau + E\,dQ.$$

Dans cette relation et dans toutes celles que nous avons écrites jusqu'ici, l'énergie interne est supposée exprimée au moyen de l'unité de travail, le kilogrammètre. Souvent, cette forme de l'énergie est exprimée en calories; dans ce cas sa valeur est égale au quotient de sa valeur en kilogrammètres par l'équivalent mécanique de la chaleur. Si nous désignons encore par U son expression en calories, il faudra donc, dans les formules qui précèdent, remplacer U par EU; nous avons alors pour la dernière de ces formules

$$E\,dU = d\tau + E\,dQ$$

ou, en désignant par A l'inverse de l'équivalent mécanique de la chaleur,

$$dU = dQ + A\,d\tau.$$

62. Nouvelles méthodes de vérification du principe de l'équivalence. — La considération d'un système non isolé au point de vue thermique nous fournit deux nouveaux modes de vérification du principe de l'équivalence.

Si nous supposons que tous les corps du système reviennent, à la fin de la transformation, dans leur état physique initial, dU est nul, et la relation précédente devient

$$dQ + A\, d\tau = 0,$$

et par suite

$$E = -\frac{\tau}{Q}.$$

Ainsi l'équivalent mécanique de la chaleur est égal au quotient, changé de signe, du travail *fourni* au système par la quantité de chaleur également *fournie* au système ; la mesure de ces deux quantités permettra donc de calculer E et, par suite, de vérifier si le nombre ainsi trouvé concorde avec celui obtenu dans les expériences rappelées précédemment.

Un autre mode de vérification consiste à calculer E en exprimant que la quantité

$$dU = dQ + A\, d\tau$$

est une différentielle exacte. Il faut encore évaluer la quantité de chaleur et la quantité de travail fournies au système pendant une transformation élémentaire, mais les corps du système ne sont plus assujettis à reprendre leur état thermique initial.

L'application de ce mode de vérification du principe de l'équivalence à un système ne comprenant qu'un seul corps, un gaz, sera l'objet du Chapitre suivant.

63. Expériences de Hirn sur les machines à vapeur. — Parmi les expériences qui se rapportent au premier mode de vérification, rappelons les expériences de Hirn sur les machines à vapeur.

Soient Q la chaleur empruntée à la chaudière par l'eau qui se transforme; τ, le travail *produit* par cette eau en agissant sur le piston; q, la chaleur cédée au condenseur, et R, celle qui est perdue par rayonnement.

La quantité de chaleur *fournie* à l'eau pendant les transformations qu'elle accomplit est alors

$$Q - q - R;$$

le travail qui lui est fourni est $-\tau$. Si donc nous supposons que l'eau revient à son état initial, nous devons avoir

$$E = \frac{\tau}{Q - q - R}.$$

La connaissance de quatre quantités est donc nécessaire pour le calcul de E. La valeur de τ se déduit de la sur-

Fig. 7.

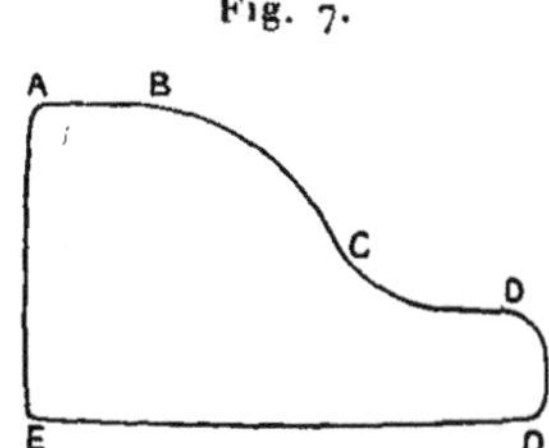

face ABCDE (*fig.* 7) du diagramme d'un indicateur de Watt [1], et du nombre de coups de piston produits pen-

(1) L'indicateur de Watt se compose d'un cylindre en communication avec le corps de pompe de la machine et dans lequel se meut un piston K pressé à sa partie supérieure par un ressort. La déformation de ce ressort étant pro-

dant la durée de l'expérience. La valeur de Q est calculée par la formule de Regnault pour la chaleur latente de vapo-

---

portionnelle à l'effort qui s'exerce sur lui, le déplacement du piston K (*fig.* 8) sera proportionnel à la pression de la vapeur dans le corps de pompe de la machine. Le mouvement du piston est transmis par la bielle QS à un système formé par deux balanciers AB et CD mobiles autour des points A et C et liés par la bielle rigide BD. Le milieu de cette bielle, où l'on place un crayon, décrit une courbe à longue inflexion, sensiblement une droite verticale, et les déplacements de ce point sont proportionnels aux déplacements du piston K.

Fig. 8.

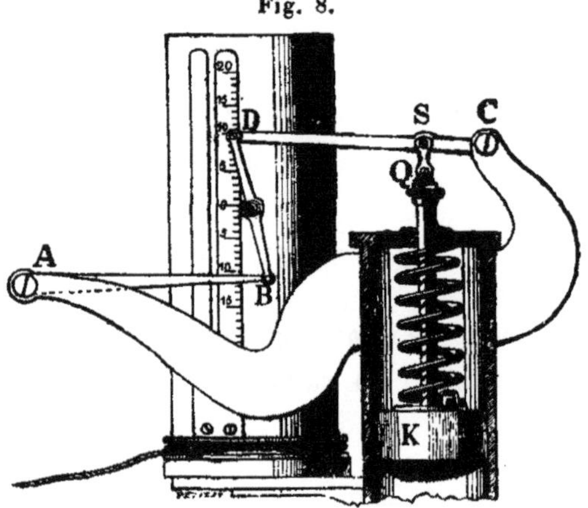

Le crayon inscrit son mouvement vertical sur une feuille de papier enroulée sur un cylindre auquel, au moyen de poulies et de courroies, on communique un mouvement de rotation alternatif dont la vitesse angulaire est proportionnelle à la vitesse linéaire du piston de la machine.

En déroulant la feuille de papier on obtient un diagramme tel que ABCD (*fig.* 7) dont les ordonnées sont proportionnelles à la pression p de la vapeur agissant sur le piston et dont les abscisses sont proportionnelles au déplacement de ce piston, c'est-à-dire au volume v occupé par la vapeur. L'aire ABCDE est donc proportionnelle à l'intégrale $\int p\,dv$, c'est-à-dire au travail de la vapeur pendant un coup de piston. La connaissance du coefficient de proportionnalité, qui se déduit des dimensions des divers organes de transmission de mouvement de l'indicateur, permet donc de calculer ce travail; c'est ce qu'on appelle le ***travail indiqué***.

risation de l'eau :

$$Q = p(606,5 + 0,305\,T - t),$$

où p est le poids d'eau vaporisée pendant la durée de l'expérience; T, la température de la chaudière, et t, celle de l'eau d'alimentation. Le poids p est obtenu en mesurant le poids d'eau p' fourni au condenseur et le poids qui en sort; ce dernier étant $p + p'$, la soustraction des deux mesures donne p.

La mesure des températures t et t'' de l'eau fournie au condenseur et de l'eau qui en est rejetée permet de calculer q par la formule

$$q = p'(t'' - t')$$

qui exprime que la quantité de chaleur cédée q est employée à élever de t' à t'' le poids d'eau introduit p'. Quant à R, comme on n'a aucun moyen d'en évaluer la valeur, on le néglige.

Par suite de cette approximation les nombres trouvés pour E sont nécessairement trop faibles. Dans deux séries d'expériences, Hirn a obtenu 413 et 420,4. La différence avec les résultats des meilleures déterminations est dans le sens prévu. La vérification est donc bonne.

Remarquons que les calculs précédents supposent que l'eau revient à son état initial à la fin de l'expérience; il faudrait donc que la température t'' de l'eau sortant du condenseur soit égale à la température t de l'eau d'alimentation de la chaudière. Pratiquement il serait très difficile de maintenir à une température assignée d'avance l'eau évacuée du condenseur. Mais il n'est pas nécessaire de remplir cette condition; il suffit de ne pas tenir compte dans Q de la chaleur empruntée ou cédée à la chaudière par l'eau d'alimentation pour faire passer sa température de t à t''. C'est alors comme si l'on supposait l'eau d'alimentation prise au condenseur et le cycle décrit par cette eau est bien un cycle fermé. Il faudra donc dans la formule qui donne Q remplacer t par t''. Hirn n'a peut-être pas fait cette correction; d'ailleurs elle est sans importance sur le résultat des expériences, l'erreur provenant de ce qu'on néglige R étant beaucoup plus grande que celle qui résulterait de l'oubli de cette correction.

CHAPITRE V.

VÉRIFICATION DU PRINCIPE DE L'ÉQUIVALENCE AU MOYEN DES GAZ.

64. Expression du travail extérieur produit par un fluide. — Nous avons montré (§ **33**) par un raisonnement très simple que le travail extérieur accompli par un fluide qui se détend dans un corps de pompe est égal à $p\,dv$. Donnons-en une démonstration qui ne suppose pas le fluide enfermé dans un corps de pompe.

Soit p la pression, supposée uniforme, du corps considéré; la pression extérieure qui s'exerce sur la surface de ce corps doit lui être égale, car autrement il n'y aurait pas équilibre. Évaluons le travail de ces forces extérieures, travail qui est égal et de signe contraire au travail extérieur effectué par le corps, en vertu du principe de l'égalité de l'action et de la réaction.

Prenons un élément $d\omega$ de la surface du corps, désignons par α, β, γ les cosinus directeurs du segment de la normale à cet élément extérieur au corps, et par ξ, η, ζ, les composantes du déplacement de l'élément. Le travail de la force extérieure agissant sur cet élément sera

$$-p\,d\omega(\alpha\xi + \beta\eta + \gamma\zeta).$$

Pour la surface entière, on obtiendra

$$-p\int(\alpha\xi+\beta\eta+\gamma\zeta)\,d\omega.$$

Or on sait que, $d\tau$ désignant pour un moment un élément de volume,

$$\int\alpha\xi\,d\omega=\int\frac{d\xi}{dx}\,d\tau;$$

par conséquent l'expression précédente du travail peut s'écrire

$$-p\int\left(\frac{d\xi}{dx}+\frac{d\eta}{dy}+\frac{d\zeta}{dz}\right)d\tau.$$

Il est facile de démontrer, et nous le verrons plus loin (**74**), que la quantité entre parenthèses est la variation de volume rapportée à l'unité, c'est-à-dire $\frac{dv}{v}$; par suite le travail des forces extérieures a pour expression

$$-p\int\frac{dv}{v}\,d\tau=-p\,\frac{dv}{v}\int d\tau.$$

L'intégrale représente le volume total du corps considéré; son quotient par le volume spécifique est donc la masse M du corps; il en résulte, pour l'expression du travail, $-\mathrm{M}p\,dv$. Par conséquent le travail extérieur d'un fluide rapporté à l'unité de masse est

$$d\tau=p\,dv.$$

65. Détermination de E au moyen des chaleurs spécifiques des gaz. — Considérons un gaz placé dans un corps de pompe fermé par un piston. La quantité de chaleur absorbée par l'unité de poids de corps dans une transformation quelconque est (**25**)

$$dQ = C\frac{dT}{dv}dv + c\frac{dT}{dp}dp,$$

et le travail extérieur produit par le gaz a pour valeur $p\,dv$. Nous avons donc

$$dU = dQ + A\,d\tau = \left(C\frac{dT}{dv} - Ap\right)dv + c\frac{dT}{dp}dp.$$

Si nous supposons que le gaz considéré obéit aux lois de Mariotte et de Gay-Lussac, la relation fondamentale est

$$pv = RT;$$

par conséquent,

$$\frac{dT}{dv} = \frac{p}{R}, \qquad \frac{dT}{dp} = \frac{v}{R},$$

et

$$(1) \qquad dU = \left(C\frac{p}{R} - Ap\right)dv + c\frac{v}{R}dp.$$

En exprimant que cette quantité est une différentielle exacte, il vient, en supposant que C et c sont constants,

$$\frac{C}{R} - A = \frac{c}{R},$$

d'où

$$(2) \qquad A = \frac{C - c}{R}.$$

Ainsi l'équivalent mécanique de la chaleur se déduit facilement des chaleurs spécifiques des gaz. La quantité R qui entre dans la formule peut être évaluée avec la plus grande précision à l'aide des données actuelles; C est donné par les expériences de Regnault; quant à la chaleur spécifique sous volume constant elle ne peut être mesurée directement et sa valeur se déduit de celle du rapport $\frac{C}{c}$ qui malheureusement n'est pas connue avec une grande exactitude. Si l'on fait le calcul pour l'air en prenant pour C le nombre de Regnault, 0,23741, et pour $\frac{C}{c}$ le nombre 1,41, on trouve 426 pour l'équivalent mécanique; les autres gaz, azote, oxygène et hydrogène, donnent des nombres très peu différents.

Mayer, qui était arrivé à la formule (2) par un raisonnement différent du précédent [1], en tira, au moyen des données de l'époque, $E = 367$.

---

[1] Mayer raisonne ainsi : La chaleur nécessaire pour échauffer, à volume constant, 1kg de gaz est moindre que si, la pression restant constante, le gaz éprouvait une dilatation. La différence des deux quantités de chaleur doit être équivalente au travail produit par le gaz pendant la dilatation.

Il en résulte que pour une élévation de température de dT on a

$$(C - c)\,dT = Ap\,dv,$$

ou

$$C - c = Ap\frac{dv}{dT};$$

mais la relation fondamentale des gaz, $pv = RT$, donne $\frac{dv}{dT} = \frac{R}{p}$; par conséquent

$$C - c = AR.$$

Remarquons que ce raisonnement revient à appliquer la formule

$$dU = dQ + A\,d\tau$$

du § 61 en supposant qu'un gaz n'éprouve aucune variation d'énergie interne quand son volume varie. Les expériences de Joule (**66**) démontrèrent l'exactitude de cette hypothèse. Mais, comme le fait observer M. Bertrand (*Thermodynamique*, p. 66), Mayer l'avait déjà déduite des résultats obtenus par Gay-Lussac dans des expériences sur la détente des gaz dans le vide.

Nous avons déjà dit que, dans ses dernières recherches, Sadi Carnot trouvait 370 pour l'équivalent mécanique de la chaleur; la faible différence entre ce nombre et celui de Mayer fait supposer que Carnot l'a obtenu par la même formule.

66. Expériences de Joule sur la détente des gaz. — Mais la démonstration que nous venons de donner de cette formule suppose que les chaleurs spécifiques C et c sont des constantes. Pour C cette hypothèse est vérifiée, au moins pour l'air, par les expériences de Regnault; mais il n'en est pas de même pour c, puisque le rapport $\frac{C}{c}$ qui détermine cette dernière quantité est mal connu. D'ailleurs des expériences de M. Berthelot sur les mélanges explosifs montrent que c augmente avec la température. Pour les gaz, comme l'oxygène et l'azote, c reste sensiblement constant jusqu'à 1600°; au delà de cette température c est lié à la température par une formule de la forme

$$c = a + bT$$

où b est un coefficient positif. Pour le chlore, c augmente à partir de 200°; il est vrai que ce gaz s'écarte sensiblement de la loi de Mariotte que nous avons supposée applicable au gaz considéré. L'exactitude de la formule (2) pourrait donc être mise en doute s'il n'était possible de retrouver cette formule en s'appuyant sur des expériences d'une grande précision : les expériences de Joule.

Deux récipients A et A′ sont plongés dans un calorimètre et communiquent par un robinet R (*fig.* 9); dans l'un, A, on comprime un gaz; dans l'autre on fait le vide. Quand les récipients et le gaz qui y est renfermé sont en équilibre de température avec l'eau du calorimètre, on ouvre le robinet R; la température de cette eau ne varie pas.

Fig. 9.

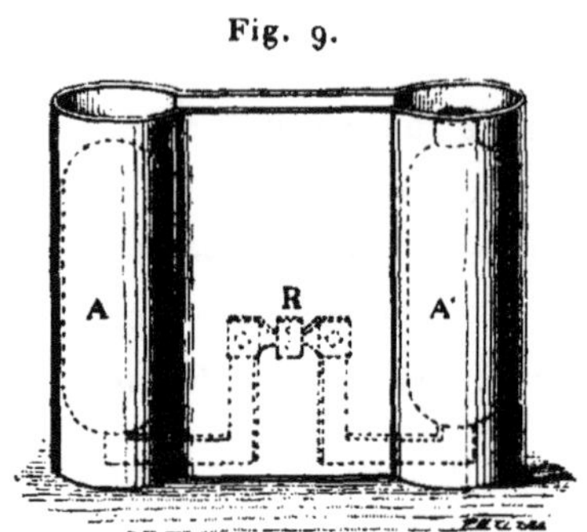

Soient U_0 et U'_0 les valeurs de l'énergie interne des masses gazeuses contenues dans A et A' au commencement de l'expérience; U_1 et U'_1 leurs valeurs à la fin de l'expérience; nous avons

$$U_1 + U'_1 - U_0 - U'_0 = Q + A\tau.$$

Le travail τ fourni par l'extérieur est nul, les parois des récipients étant, par leur nature, inextensibles; la chaleur Q fournie est également nulle puisque la température de l'eau du calorimètre ne varie pas; enfin, on peut négliger U'_0, car on a fait le vide aussi exactement que possible dans A'. Par conséquent la relation précédente se réduit à

$$U_1 + U'_1 = U_0.$$

Le premier membre représente l'énergie interne du gaz quand, à la fin de l'expérience, il remplit à la fois les deux récipients; le second est l'énergie interne du même gaz avant l'expérience. L'énergie interne d'un gaz ne varie donc pas quand il se détend dans le vide.

Prenons v et T comme variables indépendantes pour définir l'état de la masse gazeuse primitivement contenue dans le récipient A. Dans l'expérience de Joule, v varie mais T ne varie pas. Nous devons donc en conclure que l'énergie interne d'une masse gazeuse ne dépend pas de son volume, *qu'elle ne dépend que de sa température*. C'est là la loi de Joule. Nous verrons plus loin que pour les gaz naturels cette loi n'est qu'approchée.

67. Souvent on exprime cette loi en disant que le *travail interne* d'un gaz qui se détend est nul. Cette locution est inexacte; elle provient d'hypothèses sur la nature de la chaleur.

Nous avons vu (**51**) que, si l'on regarde la chaleur comme résultant des mouvements moléculaires et si l'on suppose les actions moléculaires centrales, l'application du théorème de la conservation de l'énergie donne la relation

$$W + V + W_1 + V_1 = \text{const.},$$

et, V étant négligeable dans la plupart des cas, nous avons appelé *énergie interne du système* la somme $W_1 + V_1$ des énergies moléculaires. D'autre part, il est évident que l'énergie interne ainsi définie ne doit différer que par une constante de l'énergie interne définie au moyen du principe de l'équivalence. L'expérience de Joule montrant que cette dernière ne dépend, dans le cas des gaz, que de la température, il en résulte que $W_1 + V_1$ ne doit être fonction que de la température

Introduisons maintenant une nouvelle hypothèse : admettons que l'énergie cinétique moléculaire W_1 ne dépende que de la température des corps et que l'énergie potentielle moléculaire V_1 ne dépende que de son volume. Alors, pour que la somme $W_1 + V_1$ ne soit fonction que de T, il faut que V_1 représente au signe près le travail des forces moléculaires ou *travail interne*, ce travail est nul pour les gaz.

Mais l'hypothèse précédente, que l'on fait quelquefois implicitement, ne repose sur aucun fondement. Elle revient en effet à admettre que, pour tous les corps, l'énergie interne est la somme d'une fonction de la température et d'une fonction du volume; or, il est évident qu'il est plus naturel de considérer l'énergie interne comme une fonction quelconque de la température et du volume. On doit donc rejeter complètement l'énoncé vicieux de la loi de Joule, que l'on trouve dans plusieurs traités classiques, et s'en tenir à celui du paragraphe précédent.

68. De prime abord, l'expérience de Joule paraît paradoxale.

Quand un gaz se détend dans un cylindre fermé à sa partie supérieure par un piston, l'expérience montre que le gaz se refroidit. Si au-dessus du piston s'exerce une pression, le refroidissement du gaz s'explique : la chaleur abandonnée par le gaz est transformée en travail; si au-dessus du piston il y a le vide, il n'y a pas de travail produit et cependant le gaz se refroidit encore : parce que le gaz s'échappe avec une grande vitesse et que la chaleur abandonnée par le gaz se retrouve sous forme de force vive; au contraire, dans l'expérience de Joule, qui paraît identique à la précédente, il n'y a pas de refroidissement.

En réalité, l'expérience de Joule comprend deux phases, dont une seule se produit dans l'expérience à laquelle nous la comparons. Dans cette dernière, le piston, d'abord au repos, acquiert de la vitesse; la perte d'énergie du gaz résultant de son refroidissement se retrouve donc en force vive du piston. Dans l'expérience de Joule, le gaz, en se détendant, se refroidit aussi et la force vive de ses molécule augmente; c'est la première phase. Dans la seconde phase, l'augmentation de force vive est détruite par le frottement des molécules les unes sur les autres, et la température du gaz reprend sa valeur initiale.

69. Application à la détermination de E. — Reprenons la formule (1) du § **65**,

$$dU = \left(C\frac{p}{R} - Ap\right)dv + c\frac{v}{R}dp.$$

Puisque, d'après l'expérience de Joule, U est une fonction $\varphi(T)$ de la température, nous avons

$$dU = \varphi'(T)dT \quad dU = \varphi'(T)\frac{dT}{dv}dv + \varphi'(T)\frac{dT}{dp}dp,$$

ou, en remplaçant les dérivées partielles de T par leurs valeurs tirées de la relation fondamentale des gaz,

$$dU = \varphi'(T)\frac{p}{R}dv + \varphi'(T)\frac{v}{R}dp.$$

Par suite, en égalant les coefficients des différentielles des variables indépendantes dans les deux expressions précédentes de dU,

$$\varphi'(T)\frac{p}{R} = C\frac{p}{R} - Ap,$$

$$\varphi'(T)\frac{v}{R} = c\frac{v}{R};$$

et, par conséquent, en éliminant $\varphi'(T)$,

$$A = \frac{C-c}{R}.$$

C'est bien l'expression à laquelle nous étions arrivés.

70. Détente isotherme et détente adiabatique d'un gaz. — On peut imaginer une infinité de détentes différentes d'un gaz; considérons celles qui correspondent à une transformation isotherme et à une transformation adiabatique.

Pour la première nous avons

$$dT = \frac{dT}{dv}dv + \frac{dT}{dp}dp = \frac{p}{R}dv + \frac{v}{R}dp = 0,$$

ou

$$p\,dv + v\,dp = 0,$$

et par suite, en intégrant,

$$pv = \text{const.};$$

ce qu'on aurait pu déduire immédiatement de la relation fondamentale $pv = RT$, puisque T est constant. La courbe représentative d'une détente isotherme est donc une hyperbole équilatère ayant pour asymptotes les axes des coordonnées.

L'équation différentielle de la courbe qui représente une

détente adiabatique s'obtient en écrivant que

$$dQ = C\frac{p}{R}dv + c\frac{v}{R}dp$$

est nul; on a donc, pour cette équation,

$$C\frac{dv}{v} + c\frac{dp}{p} = 0.$$

Si nous admettons que C et c sont des constantes, nous obtenons, en intégrant,

$$C\,\mathrm{Log}\,v + c\,\mathrm{Log}\,p = \text{const.},$$

ou

$$pv^{\frac{C}{c}} = \text{const.}$$

71. Cherchons dans quelles conditions se produira l'une ou l'autre de ces détentes.

Supposons le gaz enfermé dans un cylindre; soient T sa température à l'instant t, et T_0 la température extérieure. La quantité de chaleur rapportée à l'unité de temps $\frac{dQ}{dt}$ que le gaz reçoit de l'extérieur est $a(T_0 - T)$, a dépendant de la conductibilité calorifique de la substance qui forme le cylindre; nous avons donc

$$\frac{dQ}{dv}\frac{dv}{dt} = a(T_0 - T).$$

Si la détente est très rapide $\frac{dv}{dt}$ est très grand; comme $T_0 - T$ est fini, $\frac{dQ}{dv}$ doit alors être très petit. Par conséquent, une détente brusque est très sensiblement adiabatique.

Si, au contraire, la détente est lente, $\frac{dv}{dt}$ est très petit; $\frac{dQ}{dv}$ est fini et la différence $T_0 - T$ reste très petite. La détente isotherme se produit donc lorsque la détente est très lente.

72. Expériences de Clément et Desormes. — Calcul de $\frac{C}{c}$. — Appliquons ces résultats à l'expérience de Clément et Desormes.

L'appareil de ces physiciens se compose d'un grand ballon de verre fermé à sa partie supérieure par un robinet; on peut, en aspirant par un tube latéral, diminuer la pression de l'air contenu dans le ballon; un manomètre indique les variations de pression. Pour faire une expérience, on commence par raréfier l'air et l'on note l'excès de la pression atmosphérique sur celle de l'air du ballon. On ouvre alors le robinet pendant un temps excessivement court; l'air extérieur se précipite dans le ballon et comprime l'air qui s'y trouve, d'où résulte une élévation de température. Quand la température a repris sa valeur initiale, on note la dénivellation du liquide dans le manomètre.

Soit p la pression atmosphérique, et soit $p - \delta p$ la pression de l'air dans le ballon après raréfaction. Quand on ouvre le robinet, la pression prend presque instantanément la valeur p; par suite, la transformation est adiabatique et l'accroissement de pression est δp. Si nous désignons par δv la variation du volume spécifique qui en résulte, nous avons

$$dQ = C\frac{p}{R}\delta v + c\frac{v}{R}\delta p = 0,$$

et pour la variation de température

$$\delta T = \frac{p}{R}\delta v + \frac{v}{R}\delta p.$$

Lorsque, le robinet étant fermé, le gaz reprend peu à peu sa température initiale, son volume ne varie pas si toutefois on néglige la dilatation du ballon; donc v reste constant et p diminue de dp, en appelant $p - dp$ la pression finale. Par suite, l'abaissement de température δT qui a lieu dans cette phase de l'expérience est donné par

$$\delta T = \frac{v}{R} dp.$$

Entre ces deux dernières équations, éliminons δT; il vient

$$p\,\delta v + v\,\delta p = v\,dp.$$

Éliminons δv entre celle-ci et la première; nous obtenons

$$C(v\,dp - v\,\delta p) + cv\,\delta p = 0,$$

d'où

$$\frac{C}{c} = \frac{\delta p}{\delta p - dp}.$$

La mesure de $\frac{C}{c}$ est donc très simple, puisqu'elle se ramène à deux lectures manométriques. Mais au moment où l'on ouvre le robinet du ballon il se produit, par suite de l'élasticité de l'air, une série d'oscillations périodiques qui font alternativement croître et décroître la pression de l'air enfermé. On n'est donc pas certain que la pression soit p au moment où l'on ferme le robinet; il n'y a d'autre remède que de prendre la moyenne d'un grand nombre d'expériences.

Des mesures de Clément et Desormes, Laplace avait déduit 1,354 pour le rapport $\frac{C}{c}$. Les expériences plus soignées de M. Röntgen ont donné 1,4053.

73. Calcul de $\frac{C}{c}$ au moyen de la vitesse du son. — L'expérience de Clément et Desormes n'est pas la seule qui permette de calculer $\frac{C}{c}$. On peut, de la valeur de la vitesse de propagation du son dans un gaz, déduire la valeur du rapport des deux chaleurs spécifiques.

Soient x, y, z les coordonnées d'une molécule A d'une masse gazeuse en équilibre. Si nous négligeons l'action de la pesanteur sur ce gaz, p et v ont la même valeur en tout point. Communiquons un ébranlement au fluide. Les coordonnées de la molécule A deviennent $x+\xi$, $y+\eta$, $z+\zeta$; la pression en ce point devient $p+\pi$, et le volume spécifique $v+\varphi$. Par suite de cet ébranlement, un élément de volume du fluide subit une compression ou une détente brusque; la transformation est donc adiabatique et nous avons

$$dQ = C\frac{p}{R}\,dv + \frac{v}{R}\,dp = 0,$$

ou, en remplaçant dv et dp par φ et π et supprimant le facteur $\frac{1}{R}$,

$$Cp\varphi + cv\pi = 0. \tag{1}$$

74. Cherchons φ en fonction des déplacements ξ, η, ζ. Considérons un parallélépipède rectangle ABCDGH (*fig.* 10), ayant pour sommet le point A occupé par la molécule considérée dans sa position d'équilibre, et dont les arêtes, de longueurs dx, dy, dz, sont parallèles aux axes de coordonnées. Le volume de ce parallélépipède est $dx\ dy\ dz$;

Fig. 10.

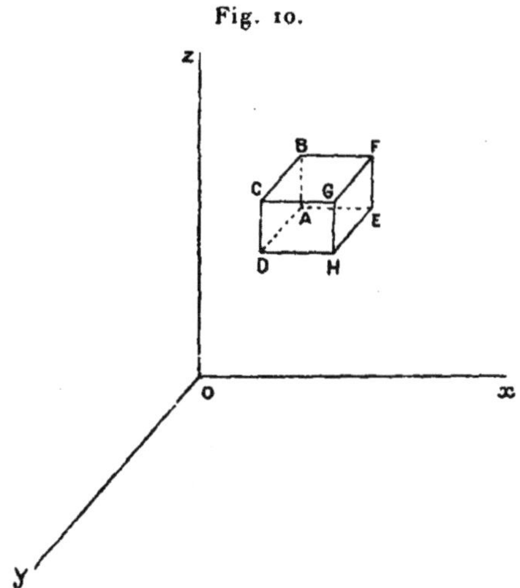

d'autre part, si dm est la masse du gaz qu'il limite, ce volume est exprimé par $v\,dm$; nous avons donc

$$(2) \qquad dx\,dy\,dz = v\,dm.$$

Après l'ébranlement, ce volume devient $(v + \varphi)\,dm$. Pour en trouver une autre expression, admettons qu'on puisse encore le considérer comme un parallélépipède oblique. Le volume est alors donné par un déterminant à 3 colonnes, et les éléments de chacune de ces colonnes sont respectivement les projections sur les axes de chacune des arêtes AE, AD et AB.

Or, avant le déplacement, les coordonnées de A sont x,

y, z, et celles de E, $x + dx$, y, z. Après le déplacement, les coordonnées de A sont $x + \xi$, $y + \eta$, $z + \zeta$; celles de E,

$$x + dx + \xi + \frac{d\xi}{dx} dx, \qquad y + \eta + \frac{d\eta}{dx} dx, \qquad z + \zeta + \frac{d\zeta}{dx} dv.$$

Par conséquent, les projections de l'arête AE sont, après le déplacement,

$$dx\left(1 + \frac{d\xi}{dx}\right), \qquad dx\frac{d\eta}{dx}, \qquad dx\frac{d\zeta}{dx}.$$

Si nous écrivons par analogie les projections des autres arêtes, nous obtenons, pour le volume du parallélépipède déformé,

$$(v + \varphi)\, dm = \begin{vmatrix} dx\left(1 + \frac{d\xi}{dx}\right) & dy\frac{d\xi}{dy} & dz\frac{d\xi}{dz} \\ dx\frac{d\eta}{dx} & dy\left(1 + \frac{d\eta}{dy}\right) & dz\frac{d\eta}{dz} \\ dx\frac{d\zeta}{dx} & dy\frac{d\zeta}{dy} & dz\left(1 + \frac{d\zeta}{dz}\right) \end{vmatrix}.$$

En effectuant les opérations puis divisant par

$$v\, dm = dx\, dy\, dz,$$

nous obtenons, en négligeant les carrés et les produits de ξ, η, ζ et de leurs dérivées,

$$\frac{\varphi}{v} = \xi'_x + \eta'_y + \zeta'_z.$$

Portons cette valeur dans la relation (1), il vient :

$$\frac{\pi}{p} = -\frac{C}{c}(\xi'_x + \eta'_y + \zeta'_z). \tag{3}$$

75. Transformons cette nouvelle relation.

En négligeant les déformations des angles et des faces du parallélépipède rectangle pendant le déplacement, la pression sur la face ABCD reste parallèle à l'axe des x et prend pour valeur

$$dy\,dz(p+\pi).$$

La pression sur la face opposée est

$$-dy\,dz\left(p+\pi+\frac{d\pi}{dx}dx\right).$$

Les pressions sur les autres faces du parallélépipède étant normales à l'axe des x et l'action de la pesanteur étant négligée, la somme des projections sur l'axe des x des forces qui agissent sur le parallélépipède se réduit à la somme algébrique des deux quantités précédentes :

$$-\frac{d\pi}{dx}dx\,dy\,dz.$$

De la même manière, nous trouverions, pour la somme des projections de ces forces sur les axes des y et des z,

$$-\frac{d\pi}{dy}dx\,dy\,dz, \qquad -\frac{d\pi}{dz}dx\,dy\,dz.$$

Appliquons le principe de d'Alembert, c'est-à-dire écrivons que le parallélépipède est en équilibre sous l'action de la force d'inertie et des forces réelles qui le sollicitent; nous obtiendrons les trois équations du mouvement dont la première est

$$dm\frac{d^2\xi}{dt^2}=-\frac{d\pi}{dx}dx\,dy\,dz.$$

Par suite, en tenant compte de la relation (2), ces trois

équations sont

$$\frac{d^2\xi}{dt^2} = -\frac{d\pi}{dx}\nu,$$

$$\frac{d^2\eta}{dt^2} = -\frac{d\pi}{dy}\nu,$$

$$\frac{d^2\zeta}{dt^2} = -\frac{d\pi}{dz}\nu.$$

Nous en tirons, en dérivant la première par rapport à x, la deuxième par rapport à y, la troisième par rapport à z, et additionnant,

$$\frac{d^2}{dt^2}(\xi'_x + \eta'_y + \zeta'_z) = -\nu\,\Delta\pi.$$

Nous aurons donc, en remplaçant, dans cette expression, la somme $\xi'_x + \eta'_y + \zeta'_z$ par sa valeur tirée de la relation (3),

$$(4) \qquad \frac{d^2\pi}{dt^2} = \frac{C}{c}p\nu\,\Delta\pi.$$

76. La variation de pression π est une fonction des coordonnées x, y, z du point considéré et du temps t. Cherchons son expression quand la propagation de l'ébranlement se fait par ondes sphériques. Alors π ne dépend que de t et de la distance r du point considéré à l'origine de l'ébranlement. Posons

$$(5) \qquad \pi = \frac{f}{r},$$

f désignant une fonction de r et de t.

La somme $\Delta\pi$ des dérivées secondes sera une fonction linéaire de f, $\frac{df}{dr}$, $\frac{d^2f}{dr^2}$, qu'on pourrait obtenir directement, mais qu'il est plus facile de calculer par la méthode des coefficients indéterminés. A cet effet, posons :

$$\Delta\pi = A f + B \frac{df}{dr} + C \frac{d^2 f}{dr^2}. \tag{6}$$

Si l'on suppose $f = 1$, on a

$$\Delta\pi = A$$

et, d'autre part,

$$\pi = \frac{1}{r}.$$

Au moyen de cette expression de π, calculons $\Delta\pi$, en supposant que l'origine des coordonnées coïncide avec le centre d'ébranlement, c'est-à-dire

$$r^2 = x^2 + y^2 + z^2;$$

nous avons

$$\frac{d\pi}{dx} = -\frac{1}{r^2}\frac{dr}{dx} = -\frac{x}{r^3},$$

$$\frac{d^2\pi}{dx^2} = -\frac{1}{r^3} + \frac{3x^2}{r^5},$$

$$\Delta\pi = -\frac{3}{r^3} + \frac{3(x^2+y^2+z^2)}{r^5} = 0.$$

On doit donc avoir

$$A = 0.$$

Supposons maintenant $f = r$; nous avons, d'une part,

$$\Delta\pi = B,$$

d'autre part,

$$\pi = 1, \qquad \Delta\pi = 0;$$

nous en concluons que B est nul.

Enfin, admettons que l'on ait $f = r^2$; il vient alors, en portant cette valeur dans l'expression (6),

$$\Delta\pi = 2C$$

et, en calculant les dérivées de $\pi = r$,

$$\Delta\pi = \frac{2}{r};$$

par conséquent,

$$C = \frac{1}{r}.$$

L'expression (6) de $\Delta\pi$ se réduit donc à

$$\Delta\pi = \frac{1}{r}\frac{d^2 f}{dr^2}.$$

77. Remplaçons, dans la relation (4), $\Delta\pi$ par la valeur précédente et $\frac{d^2\pi}{dt^2}$ par sa valeur déduite de (5); nous obtenons :

$$\frac{d^2 f}{dt^2} = \frac{C}{c} pv \frac{d^2 f}{dr^2},$$

ou

$$\frac{d^2 f}{dt^2} = a^2 \frac{d^2 f}{dr^2},$$

en posant

$$a^2 = \frac{C}{c} pv.$$

Nous en déduisons, pour la valeur de la fonction f,

$$f = f(r - at) + f'(r + at)$$

et, par suite,

$$\pi = \frac{1}{r} f(r - at) + \frac{1}{r} f'(r + at).$$

Les variations de pression se propagent donc suivant

deux ondes, l'une centrifuge, avec une vitesse a, l'autre centripète, avec une vitesse $-a$. Cette dernière onde ne correspond à aucune réalité physique et il n'y a pas lieu de la considérer. Quant à l'onde centrifuge, c'est précisément l'onde sonore; par conséquent, a représente la vitesse de la propagation du son et le rapport des chaleurs spécifiques est lié à cette vitesse par la formule

$$\frac{C}{c} = \frac{a^2}{pv}.$$

78. Appliquons cette formule à l'air en prenant le mètre, la seconde, le kilogramme, pour unités de longueur, de temps et de masse. Nous avons, d'après les expériences de Regnault sur la vitesse du son,

$$a = 331^{m},$$

à 0° et à la pression atmosphérique. Cette pression, sur 1^{m^2}, est

$$p = 10330 \times 9,81,$$

en prenant 9,81 pour l'accélération due à la pesanteur. La masse du mètre cube est 1,293 et, par conséquent, le volume spécifique est

$$v = \frac{1}{1,293}.$$

En portant ces valeurs dans la formule (7), nous obtenons

$$\frac{C}{c} = \frac{(331)^2 \times 1,293}{10330 \times 9,8} = 1,41.$$

C'est le nombre que nous avons adopté (**65**) dans le calcul de E; il diffère peu du nombre trouvé par Röntgen, par la méthode de Clément et Desormes.

CHAPITRE VI.

QUELQUES VÉRIFICATIONS DU PRINCIPE DE LA CONSERVATION DE L'ÉNERGIE.

79. L'état d'un corps ne peut toujours être défini par deux variables. — Les vérifications précédentes du principe de l'équivalence constituent autant de vérifications du principe de la conservation de l'énergie, mais dans un cas très particulier : celui où l'état physique des corps peut être exprimé au moyen de deux variables indépendantes p et T ou v et T.

Or, dans un grand nombre de cas, ces deux variables sont insuffisantes pour définir complètement l'état d'un corps. Ainsi, quand on se donne la pression ou le volume spécifique de l'eau à une température déterminée, mais comprise entre certaines limites, on ignore encore si l'eau est à l'état solide, liquide ou gazeux, puisque l'eau peut, dans certaines conditions, exister sous ces trois états à la même température.

Dans d'autres cas, les fluides en mouvement et les solides élastiques par exemple, l'une des variables, p ou v, n'a plus de signification précise, car la pression et le volume spécifique changent d'un point à un autre; l'état d'un de ces corps ne peut donc encore être déterminé au moyen des variables p et T ou v et T.

Enfin le corps considéré peut posséder une charge statique d'électricité ou être traversé par un courant; de nouvelles variables sont alors nécessaires pour définir l'état du corps.

Il est donc intéressant de vérifier l'exactitude du principe de l'énergie dans ces cas particuliers. Cette vérification consiste à montrer qu'en désignant par W la demi-force vive du système et en appelant *énergie interne* U une certaine fonction des quantités qui définissent l'état physique des corps du système, on a pour un système isolé

$$dW + dU = 0.$$

Si le système reçoit un travail extérieur $d\tau$, la relation à vérifier est

$$dW + dU = d\tau,$$

et, si le système reçoit en outre une quantité de chaleur dQ de l'extérieur, la relation qu'il faut vérifier est

$$dW + dU = d\tau + E\,dQ.$$

80. Le principe s'applique à un système de corps électrisés. — Considérons un système de conducteurs électrisés possédant des charges m_1, m_2, ...; leurs potentiels sont des fonctions linéaires de ces charges.

Pour plus de simplicité admettons qu'il n'y ait que deux conducteurs en présence; alors nous avons pour les potentiels

$$V_1 = A\,m_1 + B\,m_2,$$
$$V_2 = B\,m_1 + C\,m_2.$$

Les coefficients A, B, C sont des fonctions des capacités des conducteurs et de leurs coefficients d'influence électrostatique; ils dépendent donc des positions relatives des conducteurs, mais ne dépendent pas de leurs charges.

Pour avoir l'*énergie électrique* de ce système multiplions la première relation par m_1, la seconde par m_2 et additionnons; nous obtenons

$$U = \frac{1}{2}\sum mV = \frac{1}{2}(Am_1^2 + 2Bm_1m_2 + Cm_2^2).$$

Considérons d'abord le cas où les conducteurs se déplacent en restant isolés, de telle sorte que les charges m_1 et m_2 soient constantes. Si nous supposons la variation de l'énergie cinétique nulle ou négligeable, la variation de l'énergie totale se réduit à dU, et, par conséquent, si le principe de la conservation de l'énergie s'applique, le travail extérieur *accompli* par le système est $-dU$, c'est-à-dire

$$-\frac{1}{2}(m_1^2\,dA + 2m_1m_2\,dB + m_2^2\,dC).$$

Or c'est ce que l'expérience vérifie dans tous les cas.

81. Supposons maintenant que, les conducteurs restant fixes, on les mette en communication. Alors A, B, C restent constants et nous avons

$$dU = (Am_1 + Bm_2)\,dm_1 + (Bm_1 + Cm_2)\,dm_2,$$

ou

$$dU = V_1\,dm_1 + V_2\,dm_2.$$

Mais, si nous appelons i l'intensité du courant qui se produit dans le fil de communication et si nous supposons que l'on ait $V_1 > V_2$, les charges respectives des deux corps seront, au bout du temps dt,

$$m_1 - i\,dt \quad \text{et} \quad m_2 + i\,dt;$$

par conséquent, nous avons

$$dm_1 = -i\,dt \qquad \text{et} \qquad dm_2 = i\,dt,$$

et dU devient

$$dU = i\,dt(V_2 - V_1).$$

D'ailleurs, d'après la loi d'Ohm,

$$V_1 - V_2 = Ri,$$

R étant la résistance du fil de communication; par suite,

$$dU = -Ri^2\,dt.$$

Cette variation de l'énergie interne ne peut se retrouver sous forme de travail extérieur, puisque les conducteurs auxquels sont appliquées les forces du système ne se déplacent pas. Mais elle peut se retrouver sous forme de chaleur, et alors le produit $E\,dQ$ de l'équivalent mécanique par la quantité de chaleur fournie, exprimée en calories, doit, si le principe de la conservation de l'énergie s'applique, être égal à la variation de l'énergie du système. Celle-ci se réduisant à la variation de l'énergie interne puisque les conducteurs restent en repos, il faut donc vérifier l'égalité

$$-Ri^2\,dt = E\,dQ.$$

Or, d'après la loi de Joule, la quantité de chaleur développée par le passage du courant dans le fil de communication est, en calories, $ARi^2\,dt$; par suite, la quantité de chaleur fournie au système pendant la transformation considérée est

$$dQ = -ARi^2\,dt$$

et l'égalité précédente est bien vérifiée.

82. Cas des piles hydro-électriques. — Considérons le système formé par la pile et un conducteur reliant ses pôles.

Dans la pile se produit une réaction chimique qui produirait une certaine quantité de chaleur si elle s'effectuait en dehors du circuit. Lorsque les pôles sont réunis par un conducteur, la quantité de chaleur recueillie dans la pile est plus faible que la précédente. Donc l'énergie chimique de la pile se divise en deux parties : l'une sert à échauffer les liquides de la pile, l'autre à produire le courant. Cette dernière portion se nomme *énergie voltaïque* et l'expérience montre que la quantité d'énergie voltaïque dépensée ainsi pendant le temps dt est égale à $\varepsilon i\,dt$, en appelant ε la force électromotrice de la pile. Les corps du système étant en repos, il faut, comme dans le paragraphe précédent, que cette variation soit égale à $E\,dQ$. Mais la quantité de chaleur fournie au système est donnée par la loi de Joule; elle est donc $-\frac{1}{E}Ri^2\,dt$ et l'égalité qu'il s'agit de vérifier est alors

$$\varepsilon i\,dt = Ri^2\,dt$$

ou

$$\varepsilon = Ri.$$

Cette égalité est évidemment satisfaite, puisqu'elle exprime la loi d'Ohm.

83. Phénomènes électrodynamiques. — L'énergie interne d'un système de conducteurs traversés par des courants dépend nécessairement des intensités de ces courants; pour avoir sa valeur, il faut ajouter à l'énergie interne du système, lorsque toutes les intensités sont nulles, un terme T que Maxwell appelle l'*énergie électrokinétique* du système.

Prenons, pour simplifier, les cas où le système ne comprend que deux courants; alors T a pour valeur

$$T = \frac{1}{2}(L i_1^2 + 2 M i_1 i_2 + N i_2^2), \tag{1}$$

M étant le coefficient d'induction mutuelle des deux circuits, L et N les coefficients de self-induction de chacun d'eux. Si les courants sont variables et si les conducteurs se déplacent ou se déforment, l'énergie électrokinétique varie et sa variation dT représente la variation de l'énergie interne du système. Pour vérifier le principe de la conservation de l'énergie il faut donc vérifier que dT est égal à la somme de toutes les énergies que reçoit le système.

D'abord les conducteurs produisent un travail extérieur dont la valeur est

$$\frac{1}{2}(i_1^2\, dL + 2 i_1 i_2\, dM + i_2^2\, dN).$$

Il y a en outre une certaine quantité de chaleur dégagée dans les conducteurs; cette quantité, exprimée en unités mécaniques, est, d'après la loi de Joule,

$$R_1 i_1^2\, dt + R_2 i_2^2\, dt.$$

Enfin il y a de l'énergie voltaïque fournie au système par les piles; cette énergie est

$$E_1 i_1\, dt + E_2 i_2\, dt,$$

en appelant E_1 et E_2 les forces électromotrices des deux piles.

Nous devons donc vérifier l'égalité

$$dT = -\frac{1}{2}(i_1^2\,dL + 2i_1 i_2\,dM + i_2^2\,dN)$$
$$-(R_1 i_1^2\,dt + R_2 i_2^2\,dt) + E_1 i_1\,dt + E_2 i_2\,dt.$$

Or on sait que la force électromotrice d'induction développée dans l'un des circuits a pour expression

$$-\frac{d}{dt}(Li_1 + Mi_2);$$

par conséquent le produit $R_1 i_1$, qui, d'après la loi d'Ohm, est égal à la force électromotrice totale, a pour valeur

$$R_1 i_1 = E_1 - \frac{d}{dt}(Li_1 + Mi_2).$$

Nous en déduisons

$$E_1 i_1\,dt - R_1 i_1^2\,dt = i_1 d(Li_1 + Mi_2).$$

Nous aurions une égalité analogue pour l'autre circuit, et, par suite, nous pouvons écrire l'égalité qu'il s'agit de vérifier

$$dT = -\frac{1}{2}(i_1^2\,dL + 2i_1 i_2\,dM + i_2^2\,dN)$$
$$+ i_1 d(Li_1 + Mi_2) + i_2 d(Mi_1 + Ni_2)$$

ou, en effectuant les différentiations et simplifiant,

$$dT = \frac{1}{2}(i_1^2\,dL + 2i_1 i_2\,dM + i_2^2\,dN)$$
$$+ Li_1\,di_1 + Mi_2\,di_1 + Mi_1\,di_2 + Ni_2\,di_2.$$

Or, le second membre est bien l'expression de la différentielle de l'énergie électrokinétique définie par la formule (1) Le principe de la conservation de l'énergie s'applique donc bien aux phénomènes électrodynamiques.

84. Cas des solides élastiques. — Considérons un parallélépipède rectangle infiniment petit dont les arêtes sont parallèles aux axes de coordonnées. Soient

$$\begin{array}{lll} P_{xx}, & P_{xy}, & P_{xz}, \\ P_{yx}, & P_{yy}, & P_{yz}, \\ P_{zx}, & P_{zy}, & P_{zz} \end{array}$$

les composantes suivant les trois axes des pressions par unité de surface qui s'exercent sur trois faces issues d'un même sommet A et normales : la première à l'axe des x, la seconde à l'axe des y, la troisième à l'axe des z. La théorie de l'élasticité apprend que le Tableau de ces neuf quantités est symétrique par rapport à sa diagonale; en d'autres termes, que ces neuf quantités se réduisent à six.

Supposons que le parallélépipède subisse une déformation et évaluons le travail des pressions qui s'exercent sur toutes ses faces.

Les coordonnées x, y, z du point A deviennent, après la déformation,

$$x+\xi, \quad y+\eta, \quad z+\zeta;$$

par conséquent, le travail de la pression sur la face normale à l'axe des x et passant par A est

$$(P_{xx}\xi + P_{xy}\eta + P_{xz}\zeta)\,dy\,dz.$$

Les coordonnées du point correspondant à A sur la face opposée du parallélépipède sont, avant la déformation,

$x + dx, y, z$ et, après la déformation,

$$x + \xi + dx + \frac{d\xi}{dx}dx, \qquad y + \eta + \frac{d\eta}{dx}dx, \qquad z + \zeta + \frac{d\zeta}{dx}dx;$$

le travail de la pression sur cette face est donc

$$-\left[\ P_{xx}\left(\xi + \frac{d\xi}{dx}dx\right) + P_{xy}\left(\eta + \frac{d\eta}{dx}dx\right) + P_{xz}\left(\zeta + \frac{d\zeta}{dx}dx\right)\right] dy\,dz.$$

La somme de ces travaux est

$$-\left(P_{xx}\frac{d\xi}{dx} + P_{xy}\frac{d\eta}{dx} + P_{xz}\frac{d\zeta}{dx}\right) dx\,dy\,dz.$$

Nous obtiendrons deux autres expressions analogues pour les faces perpendiculaires aux axes des y et des z.

Additionnons ces trois expressions et remplaçons le produit $dx\,dy\,dz$ par son égal $v\,dm$, v étant le volume spécifique au point A et dm la masse du parallélépipède; nous avons

$$-\left[P_{xx}\frac{d\xi}{dx} + P_{yy}\frac{d\eta}{dy} + P_{zz}\frac{d\zeta}{dz} + P_{xy}\left(\frac{d\eta}{dx} + \frac{d\xi}{dy}\right) + P_{xz}\left(\frac{d\zeta}{dx} + \frac{d\xi}{dz}\right) + P_{yz}\left(\frac{d\zeta}{dy} + \frac{d\eta}{dz}\right)\right] v\,dm.$$

L'intégrale de cette expression étendue à l'espace occupé par le corps donnera le travail total des forces extérieures pendant la déformation.

Remarquons que, si le corps est isotrope, on a

$$P_{xx} = P_{yy} = P_{zz} = p,$$
$$P_{xy} = P_{xz} = P_{yz} = 0;$$

par conséquent, l'expression précédente du travail des forces extérieures se réduit alors à

$$-p\left(\frac{d\xi}{dx}+\frac{d\eta}{dy}+\frac{d\zeta}{dz}\right)v\,dm$$

ou

$$-p\frac{dv}{v}v\,dm=-p\,dv\,dm.$$

Nous retrouvons donc, comme au paragraphe **64**, $-p\,dv$ pour le travail des forces extérieures rapportées à l'unité de masse.

85. Mais, quoique dans le cas des solides l'expression du travail soit plus complexe que dans le cas d'un fluide en équilibre, le principe de la conservation de l'énergie n'en est pas moins vérifié. L'expérience montre en effet que, si le solide s'échauffe par suite de la déformation, la variation d'énergie interne résultant de cet échauffement est égale au travail des forces extérieures pendant la déformation.

Ainsi prenons l'expérience d'Edlund. Un fil métallique vertical maintenu par son extrémité supérieure est d'abord étiré par une force p agissant à son extrémité inférieure; il est ensuite ramené à sa longueur primitive en supprimant l'action de cette force. Si ε est l'allongement du fil pendant la première phase de l'expérience, le travail des forces extérieures est $p\varepsilon$. Pendant cette phase, le fil se refroidit par suite de l'allongement; pendant la phase suivante, il s'échauffe. De ces deux phases résulte un échauffement. Dans une troisième phase le fil se refroidit en cédant de la chaleur à l'extérieur par conductibilité et revient ainsi à son état primitif, sa température et sa longueur étant redevenues les mêmes. La quantité de chaleur δQ ainsi cédée à l'extérieur a pour valeur $a\,\delta T$, a étant la capacité calorifique du fil que l'on déduit de ses dimensions et de sa chaleur spécifique, et δT l'excès de la température à la fin de la seconde phase sur la température initiale, excès qui est mesuré au moyen d'une pince thermo-électrique. Le fil ayant décrit un cycle fermé, on doit avoir

$$E\,\delta Q = p\,\varepsilon.$$

C'est ce qui a lieu, car, si l'on calcule E au moyen de cette relation, on trouve des nombres très voisins de ceux de Joule et de M. Rowland; pour le laiton, par exemple, on a 428,3.

On remarquera que dans cette expérience nous sommes placés dans un cas où la pression n'est pas la même dans tous les sens. Un élément de volume du fil est soumis en effet à une tension considérable dans le sens vertical et à une pression sensiblement nulle dans le sens horizontal.

86. Cas des fluides pesants en mouvement. — Dans ce cas la pression en un point a la même valeur, quelle que soit la direction de l'élément sur laquelle elle s'exerce; mais elle n'est pas la même en tout point du fluide.

Soient p la valeur de cette pression sur un élément de la surface du fluide; α, β, γ les cosinus directeurs du segment de la normale à cet élément extérieur au fluide. Soient x, y, z les coordonnées du centre de gravité de l'élément au temps t; $x+\xi$, $y+\eta$, $z+\zeta$ les coordonnées de ce même centre de gravité au temps $t+dt$, de sorte que

$$\xi = \frac{dx}{dt}\,dt, \qquad \ldots,$$

Le travail des pressions extérieures sur cet élément est

$$-p\,d\omega(\alpha\xi+\beta\eta+\gamma\zeta),$$

et le travail de ces forces sur toute la surface du fluide,

$$d\tau=-\int p(\alpha\xi+\beta\eta+\gamma\zeta)\,d\omega.$$

En appelant dq la quantité de chaleur reçue de l'extérieur, par conductibilité ou rayonnement, par l'unité de masse du fluide, la quantité dQ reçue par le fluide tout entier est

$$(1)\qquad dQ=\int dq\,dm,$$

dm étant la masse d'un élément de volume.

De même, en désignant par u l'énergie interne rapportée à l'unité de masse, nous avons pour l'énergie interne U de tout le fluide

$$U=\int u\,dm.$$

Les forces extérieures sont de deux sortes :

1° Les pressions extérieures dont le travail $d\tau$ a été évalué plus haut ;

2° La pesanteur dont le travail $-dV$ est la différentielle d'un certain potentiel V qu'il nous reste à évaluer.

On en obtiendra la valeur, à une constante près, en multipliant le poids du fluide par la distance de son centre de gravité au plan des xy supposé horizontal ; par conséquent,

$$V=\int gz\,dm.$$

Enfin l'énergie cinétique sensible a pour expression

$$W = \int \frac{dm}{2}\left(\frac{dx^2}{dt^2} + \frac{dy^2}{dt^2} + \frac{dz^2}{dt^2}\right).$$

87. Écrivons les équations du mouvement du fluide.

Si le fluide était en repos, nous aurions, d'après les équations fondamentales de l Hydrostatique,

$$\frac{dp}{dx} = \rho X, \qquad \frac{dp}{dy} = \rho Y, \qquad \frac{dp}{dz} = \rho Z,$$

$X\,dm$, $Y\,dm$, $Z\,dm$ étant les composantes suivant les axes des forces extérieures agissant sur l'élément dm. Par conséquent, les équations du mouvement seront, d'après le principe de d'Alembert,

$$\frac{dp}{dx} = \rho X - \rho\frac{d^2x}{dt^2},$$

$$\frac{dp}{dy} = \rho Y - \rho\frac{d^2y}{dt^2},$$

$$\frac{dp}{dz} = \rho Z - \rho\frac{d^2z}{dt^2},$$

ou, en remplaçant ρ par $\frac{1}{v}$ et remarquant que, le fluide n'étant soumis qu'à l'action de la pesanteur, $X = Y = 0$, $Z\,dm = -g\,dm$,

$$v\frac{dp}{dx} = -\frac{d^2x}{dt^2},$$

$$v\frac{dp}{dy} = -\frac{d^2y}{dt^2},$$

$$v\frac{dp}{dz} = -\frac{d^2z}{dt^2} - g.$$

88. Au moyen de ces équations transformons l'expression du travail $d\tau$ des forces extérieures.

Appliquons la relation connue

$$\int \alpha \mathrm{F}\, d\omega = \int \frac{d\mathrm{F}}{dx} d\tau,$$

en y faisant successivement F égal à $p\xi$, $p\eta$, $p\zeta$; nous obtenons, en remplaçant dans les intégrales triples $d\tau$ par $v\, dm$,

$$\int \alpha p \xi\, d\omega = \int \xi \frac{dp}{dx} v\, dm + \int p \frac{d\xi}{dx} v\, dm,$$

$$\int \beta p \eta\, d\omega = \int \eta \frac{dp}{dy} v\, dm + \int p \frac{d\eta}{dy} v\, dm,$$

$$\int \gamma p \zeta\, d\omega = \int \zeta \frac{dp}{dz} v\, dm + \int p \frac{d\zeta}{dz} v\, dm,$$

et, par suite,

$$d\tau = -\int \left(\xi \frac{dp}{dx} + \eta \frac{dp}{dy} + \zeta \frac{dp}{dz}\right) v\, dm$$
$$- \int \left(\frac{d\xi}{dx} + \frac{d\eta}{dy} + \frac{d\zeta}{dz}\right) p v\, dm$$

ou

$$d\tau = -\int \left(\xi \frac{dp}{dx} + \eta \frac{dp}{dy} + \zeta \frac{dp}{dz}\right) v\, dm - \int p\, dv\, dm,$$

puisque

$$\frac{d\xi}{dx} + \frac{d\eta}{dy} + \frac{d\zeta}{dz} = \frac{dv}{v}.$$

Si maintenant nous remplaçons les dérivées partielles de p par leurs valeurs déduites des équations du mouvement, nous aurons

$$(2) \qquad \left\{ \begin{aligned} d\tau = {} & \int \left(\xi \frac{d^2\xi}{dt^2} + \eta \frac{d^2\eta}{dt^2} + \zeta \frac{d^2\zeta}{dt^2}\right) dm \\ & + \int g \zeta\, dm - \int p\, dv\, dm. \end{aligned} \right.$$

89. Calculons dU, dV, dW.

L'énergie interne u de l'unité de masse est une fonction de la pression et du volume spécifique; pour un élément de volume très petit ces deux quantités peuvent être considérées comme constantes, et par conséquent nous pouvons écrire, comme dans le cas d'un fluide en repos,

$$du = dq - \mathrm{A}\,p\,dv$$

pour la variation de l'énergie interne rapportée à l'unité de masse; nous aurons donc, en calories,

$$(3)\qquad dU = \int du\,dm = \int dq\,dm - \mathrm{A}\int p\,dv\,dm.$$

La variation de V est

$$dV = \int g\,dz\,dm,$$

ou, puisque nous avons désigné par ζ l'accroissement de l'ordonnée z,

$$(4)\qquad dV = \int g\zeta\,dm.$$

La variation de l'énergie cinétique a pour valeur

$$dW = \int dm\left(\frac{dx}{dt}\frac{d^2x}{dt^2} + \frac{dy}{dt}\frac{d^2y}{dt^2} + \frac{dz}{dt}\frac{d^2z}{dt^2}\right)dt;$$

mais

$$\frac{dx}{dt}dt = \xi, \qquad \frac{dy}{dt}dt = \eta, \qquad \frac{dz}{dt}dt = \zeta;$$

par conséquent,

$$(5)\qquad dW = \int dm\left(\xi\frac{d^2x}{dt^2} + \eta\frac{d^2y}{dt^2} + \zeta\frac{d^2z}{dt^2}\right).$$

90. Pour que le principe de la conservation de l'énergie soit vérifié, il faut que la variation de l'énergie totale soit égale à $d\tau + \mathrm{E}\,dQ$.

La variation de l'énergie totale est, d'après les expressions (3), (4) et (5),

$$dW + dV + \mathrm{E}\,dU = \int dm\left(\xi\frac{d^2x}{dt^2} + \eta\frac{d^2y}{dt^2} + \zeta\frac{d^2z}{dt^2}\right) + \int g\zeta\,dm + \mathrm{E}\int dq\,dm - \int p\,dv\,dm.$$

La somme $d\tau + \mathrm{E}\,dQ$ déduite des expressions (1) et (2) est

$$d\tau + \mathrm{E}\,dQ = \int\left(\xi\frac{d^2x}{dt^2} + \eta\frac{d^2y}{dt^2} + \zeta\frac{d^2z}{dt^2}\right)dm + \int g\zeta\,dm - \int p\,dv\,dm + \mathrm{E}\int dq\,dm.$$

Les seconds membres des deux dernières égalités étant identiques, le principe de la conservation de l'énergie est donc encore satisfait.

CHAPITRE VII.

LE PRINCIPE DE CARNOT-CLAUSIUS.

91. Principe de Carnot. — Nous avons vu au Chapitre III comment Carnot démontre le théorème qui porte son nom et qu'il énonce ainsi :

Dans une machine parfaite, la puissance motrice de la chaleur est indépendante des agents mis en œuvre pour la réaliser; sa quantité est fixée par la température des corps entre lesquels se fait en dernier résultat le transport du calorique.

Pour Carnot, une machine parfaite est une machine pour laquelle le cycle fermé des transformations est réversible, c'est-à-dire est un cycle de Carnot; la puissance motrice est le rendement $\frac{\tau}{Q}$ de ce cycle. Par conséquent, l'énoncé de Carnot équivaut au suivant qui a déjà été démontré (**42**) :

Le rendement du cycle de Carnot ne dépend que des températures des isothermes.

La démonstration de Carnot repose, on se le rappelle, sur deux postulats : l'impossibilité du mouvement perpétuel et la conservation du calorique.

Ce dernier postulat étant faux, la démonstration de Carnot doit être rejetée.

On pouvait donc, après que le principe de l'équivalence fut bien établi, croire que le théorème lui-même était définitivement condamné. Ce fut l'honneur de Clausius de ne pas s'être laissé entraîner à ce jugement superficiel, mais au contraire d'avoir cherché et d'avoir réussi à concilier le principe de Meyer avec celui de Carnot que divers faits expérimentaux semblaient confirmer.

Il suffisait pour cela de changer, comme on va le voir, peu de chose à la démonstration de Sadi Carnot.

92. Reprenons donc la démonstration du paragraphe **41.** Supposons que, contrairement à la proposition précédente, on puisse avoir, pour deux machines M et M′ fonctionnant entre les mêmes limites de température suivant deux cycles de Carnot,

$$\frac{\tau'}{Q'_1} > \frac{\tau}{Q_1}. \tag{1}$$

Associons les deux machines de façon que M′ fonctionne dans le sens direct en M et en sens inverse. Le travail de cette machine complexe quand M et M′ décrivent un cycle complet est

$$m'\tau' - m\tau,$$

m et m' étant les masses du corps qui se transforme dans l'une et l'autre de ces machines. La quantité de chaleur prise à la source chaude a pour valeur

$$m'Q'_1 - mQ_1.$$

et celle qui est cédée à la source froide,

$$m'Q'_2 - mQ_2.$$

Nous pouvons choisir les masses m et m' de manière que la chaleur empruntée à la source chaude soit nulle,

$$m'Q'_1 - mQ_1 = 0; \tag{2}$$

alors de cette égalité et de l'inégalité (1) il résulte

$$m'\tau' - m\tau > 0,$$

c'est-à-dire que la machine formée par l'accouplement de **M** et **M'** produit un travail positif.

93. Jusqu'ici nous n'avons rien changé à la démonstration de Carnot. Continuons-la en introduisant le principe de l'équivalence.

Le corps qui se transforme dans **M**, empruntant une quantité Q_1 à la source chaude, mais en cédant Q_2 à la source froide, ne reçoit en réalité de l'extérieur qu'une quantité $Q_1 - Q_2$ par unité de masse. Le travail extérieur correspondant produit pendant cette transformation est τ. Par conséquent, d'après le principe de l'équivalence,

$$Q_1 - Q_2 = A\tau.$$

Nous aurions de même

$$Q'_1 - Q'_2 = A\tau'.$$

De ces deux égalités nous déduisons, en tenant compte de la relation (2),

$$m'Q'_2 - mQ_2 = -A(m'\tau' - m\tau).$$

Par conséquent, d'après la conclusion précédente, la chaleur cédée à la source froide est négative; en d'autres termes, la machine emprunte de la chaleur à la source froide.

La source froide ne revenant pas à son état primitif, nous ne pouvons dire, comme au paragraphe **41**, que la production de travail positif par la machine considérée soit incompatible avec le principe de l'impossibilité du mouvement perpétuel.

Tout ce que nous pouvons déduire du résultat précédent, c'est que : si le principe de Carnot est faux, *il est possible de produire indéfiniment du travail en empruntant de la chaleur à une source froide.*

94. Nous pourrions conduire autrement le raisonnement et nous serions amenés à une conclusion aussi peu acceptable que la précédente.

Ainsi supposons que m et m' soient tels que

$$m'\tau' - m\tau = 0,$$

c'est-à-dire que le travail de la machine résultant de l'accouplement de **M** et de **M'** soit nul. Alors de cette égalité et de l'inégalité (1) on déduit

$$m'Q'_1 - mQ_1 < 0.$$

D'ailleurs l'application du principe de l'équivalence donne, puisque le travail produit est nul,

$$m'Q'_1 - mQ_1 = m'Q'_2 - mQ_2.$$

La quantité de chaleur empruntée à la source chaude

est donc négative et égale en valeur absolue à la quantité cédée à la source froide qui est aussi négative; en d'autres termes, il y a une certaine quantité de chaleur empruntée à la source froide et une égale quantité cédée à la source chaude.

Nous arrivons donc à cette conclusion : si le principe de Carnot est faux, *il est possible de transporter de la chaleur d'un corps froid sur un corps chaud sans dépense de travail et sans aucune modification du corps qui se transforme.*

95. Principe de Clausius. — La négation de la possibilité d'un transport de chaleur dans ces conditions constitue le principe de Clausius : *Il est impossible de transporter directement ou indirectement de la chaleur d'un corps froid sur un corps chaud à moins qu'il n'y ait en même temps destruction de travail ou transport de chaleur d'un corps chaud sur un corps froid.*

Ce principe paraît confirmé par tous les faits expérimentaux; si on l'admet, il résulte de la démonstration précédente que l'on ne peut avoir

$$\frac{\tau'}{Q'_1} > \frac{\tau}{Q_1}.$$

On ne peut avoir non plus

$$\frac{\tau'}{Q'} < \frac{\tau}{Q_1},$$

car si l'on reprend la démonstration en considérant la machine formée par l'accouplement de M, marchant dans le sens direct, et de M', marchant dans le sens inverse, cette inégalité conduit encore à une conséquence en contradiction avec le principe de Clausius. Les rendements des deux cycles de Carnot considérés doivent donc être égaux; nous retrouvons le théorème de Carnot.

C'est le principe de Clausius qu'on prend généralement aujourd'hui comme second principe de la Thermodynamique. Le théorème de Carnot étant une conséquence presque immédiate de ce principe, Clausius, avec une modestie qui lui fait honneur, lui donna le nom de *Principe de Carnot,* bien qu'il l'eût énoncé sans avoir connaissance des travaux de Sadi Carnot.

96. Les objections de Hirn. — L'énoncé primitif de Clausius, quoique identique, dans le fond, à celui que nous venons de donner, n'était pas aussi explicite; Clausius disait : *La chaleur ne peut passer d'elle-même d'un corps froid sur un corps chaud.* Hirn essaya de montrer que, dans certains cas, ce principe est en défaut. Exposons et réfutons en même temps les objections de Hirn.

Considérons un cylindre ABCD (*fig.* 11) contenant un

Fig. 11.

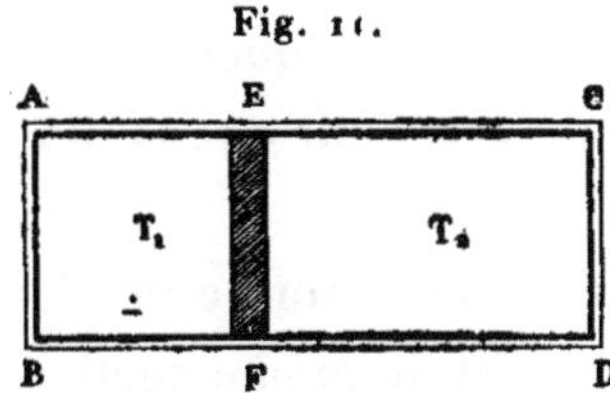

piston EF de part et d'autre duquel se trouvent deux masses gazeuses à des températures différentes T_1 et T_2. Supposons le piston et les parois du cylindre autres que la paroi AB imperméables à la chaleur, et admettons que la paroi AB soit en contact avec un corps à une température T'_1 plus grande que T_1 mais plus petite que T_2. Ce corps cède de la chaleur au gaz enfermé dans ABEF; par suite, ce gaz éprouve une dilatation et pousse le piston EF; il en résulte une compression adiabatique du gaz enfermé dans l'enceinte EFCD imperméable à la chaleur, et, par conséquent, une élévation de température de ce gaz. Ainsi de la chaleur a été transportée d'un corps à la température T'_1 à un gaz dont la température T_2 est plus grande que T_1.

Mais ce transport de chaleur n'est pas en contradiction avec le principe de Clausius. La chaleur est passée, il est vrai, du corps froid au corps chaud; *mais il y a eu en même temps passage de chaleur* du corps dont la température est T'_1 au gaz dont la température est T_1, *c'est-à-dire d'un corps chaud sur un corps froid.* Il est vrai que Hirn supposait T'_1 infiniment peu supérieur à T_1; mais que la différence $T'_1 - T_1$ soit infiniment petite ou finie, elle existe et, si elle est infiniment petite, l'échange de chaleur, ainsi que la dilatation et la compression des deux gaz, s'arrêtera dès que T_1 sera devenu égal à T'_1, c'est-à-dire au bout d'un temps infiniment petit. La quantité de chaleur cédée sera de même ordre de grandeur que la différence $T'_1 - T_1$.

97. Passons à la deuxième objection de Hirn. Prenons deux cylindres A et B de même section (*fig.* 12) dans lesquels se meuvent deux pistons liés de telle sorte que l'un s'abaisse d'une quantité égale à celle dont l'autre s'élève. Ces deux cylindres sont imperméables à la chaleur et sont reliés par un canal de communication qui laisse passer la chaleur.

Supposons le piston du cylindre B au bas de sa course, le cylindre A rempli d'air à 0° et le tube de communication chauffé à 100°. Si nous soulevons le piston B, l'air à 100° contenu dans ce tube passe dans le cylindre B et est remplacé par une portion de l'air froid de A. Cet air froid se

Fig. 12.

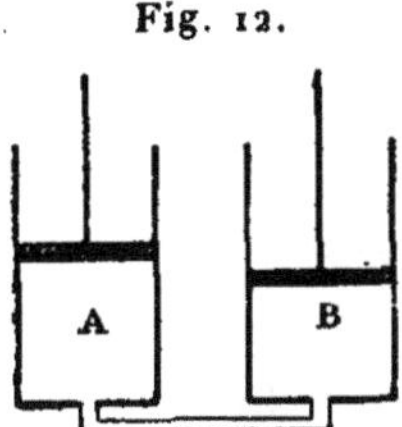

dilate et comprime l'air contenu dans les deux cylindres; la température de l'air de A devient plus grande que 0°, celle de l'air de B plus grande que 100°. Si nous continuons à soulever le piston B, une nouvelle quantité d'air à 100° pénètre dans B et en même temps une certaine quantité d'air froid de A s'échauffe à 100° dans le canal de communication; une nouvelle compression se produit et la température s'élève dans chacun des cylindres. Le calcul montre que, lorsque le piston A est au bas de sa course, la température de l'air dans B est 120°. Ainsi, dit Hirn, on a pu échauffer de l'air jusqu'à 120° avec une source à 100° sans qu'il y ait eu de travail dépensé, puisque le piston A s'est abaissé d'une quantité égale à celle dont B s'est élevé.

Mais cette objection est aussi facile à réfuter que la précédente. Il y a encore passage de la chaleur d'un corps chaud sur un corps froid : de la source qui maintient le tube de communication à 100° au gaz froid qui s'écoule de A. Une portion de cette chaleur sert à échauffer ce gaz;

une autre est employée à élever la température du gaz déjà passé dans B. Ainsi il y a simultanément transport de chaleur d'un corps chaud sur un corps froid et transport de chaleur d'un corps froid sur un corps chaud, ce que ne contredit pas le principe de Clausius.

98. Si l'on faisait l'expérience inverse, c'est-à-dire si l'on faisait passer l'air à 120° du cylindre B dans le cylindre A à travers le tube de communication maintenu à 100°, on trouverait que, lorsque le piston B est au bas de sa course, la température du gaz est redevenue 0°. Au premier abord, il semble encore que la chaleur est passée d'elle-même d'un corps froid à un corps chaud : du gaz dont la température finale est 0° à la source dont la température est 100°. En réalité, il y a eu en même temps passage de chaleur du gaz à 120° du cylindre B à la source, c'est-à-dire d'un corps chaud à un corps froid.

Les objections de Hirn ne résistent donc pas à la critique. Il n'en pouvait être autrement.

Hirn aurait pu, par des expériences nouvelles, montrer que les lois auxquelles satisfont les gaz ne sont pas celles qui sont généralement admises, il pouvait même ainsi réfuter le principe de Clausius, mais il n'a pas opéré ainsi ; il a, sans faire aucune expérience nouvelle, raisonné sur les gaz parfaits en leur appliquant les lois classiques de Mariotte et de Gay-Lussac, ainsi que les lois de Regnault sur la constance des chaleurs spécifiques. Or, nous verrons que ces lois entraînent comme conséquence le principe de Carnot. Il était donc illusoire d'y chercher la réfutation de ce principe.

99. Énoncé à l'abri des objections précédentes. — Imaginons un système soustrait à toute action extérieure et composé de n corps, A_1, A_2, ..., A_n, dont l'état ne dépend que de deux variables indépendantes, la température T et le volume spécifique v. Supposons que la température T_1 du corps A_1 soit plus élevée que la température T_2 de A_2 et faisons subir au système une transformation qui l'amène à l'état suivant : tous les corps du système, sauf A_1 et A_2, sont dans leur état initial ; les volumes spécifiques de A_1 et A_2 ont la même valeur qu'avant la transformation. Dans ces conditions, *il est impossible que* A_1 *se soit échauffé et que* A_2 *se soit refroidi.* Tel doit être l'énoncé du principe de Clausius pour être à l'abri de toute objection.

Ainsi, cet énoncé suppose trois restrictions : 1° le système est isolé, c'est-à-dire qu'il n'emprunte ni ne cède de chaleur à l'extérieur, qu'il n'accomplit aucun travail extérieur positif ou négatif; 2° tous les corps du système, sauf deux, reviennent à leur état primitif, en d'autres termes, décrivent des cycles fermés ; 3° les deux autres corps reprennent leur volume spécifique initial.

En effet, sans cette troisième restriction, nous pouvons comprimer adiabatiquement le corps A_1 et détendre adiabatiquement le corps A_2 ; en utilisant le travail résultant de cette détente à la compression de A_1, le système ne reçoit aucun travail de l'extérieur; il ne reçoit pas non plus de chaleur, puisque la compression et la détente sont adiabatiques; les deux premières restrictions sont donc satisfaites. Cependant, le corps le plus chaud A_1 s'est échauffé par suite de la compression, le corps le plus froid A_2 s'est refroidi par suite de la détente. Le principe de Clausius pourrait donc se trouver en défaut dans quelques cas si l'on négligeait la troisième restriction.

100. La nécessité de la première restriction ne fait aucun doute. Néanmoins, montrons, en précisant les conditions nécessaires, qu'il est possible de faire passer de la chaleur d'un corps froid sur un corps chaud en fournissant du travail au système.

Considérons une machine thermique; soient p et v les variables qui définissent l'état du corps C qui se transforme et dont nous supposerons la masse égale à 1^{kg}. Quand ce corps décrit un cycle fermé, le travail extérieur produit est $\tau = \int p\,dv$, l'intégrale étant prise le long de la courbe représentative de la transformation; ce travail est positif si le point représentatif se meut sur cette courbe dans le sens des aiguilles d'une montre; il est négatif lorsque la courbe est parcourue dans le sens rétrograde. D'après le principe de l'équivalence, ce travail est égal au produit de E par la quantité de chaleur fournie au corps. Si donc nous appelons Q_1 la quantité de chaleur fournie à C par la source chaude de la machine thermique, Q_2 la quantité que ce corps cède à la source froide, nous avons

$$(1) \qquad Q_1 - Q_2 = A\tau.$$

Lorsque le cycle de C est compris entre les isothermes correspondant aux températures T_1 et T_2 des sources chaude et froide, la température de C est toujours inférieure à T_1; ce corps ne peut donc céder de la chaleur à la source chaude, il ne peut que lui en prendre; par suite,

Q_1 est nécessairement positif, quel que soit le sens dans lequel le cycle est décrit. Pour des raisons analogues, Q_2 est positif. On ne peut donc, dans ces conditions, emprunter de la chaleur à la source froide pour la porter sur la source chaude, même lorsque, le cycle étant décrit dans le sens rétrograde, on fournit du travail au système.

Mais supposons la courbe représentative des tranformations du corps C formée de deux adiabatiques AD et BC (*fig.* 13) réunies par des arcs de courbe quelconques com-

Fig. 13.

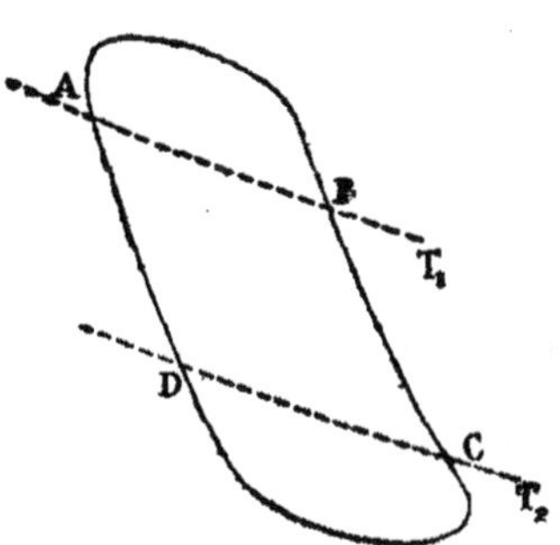

prenant entre eux les isothermes T_1 et T_2 correspondant aux sources chaude et froide. Quand le cycle est décrit dans le sens rétrograde, la quantité de chaleur que le corps abandonne pendant la transformation BA peut être supposée cédée à la source chaude, puisque celle-ci est à une température inférieure au corps; par conséquent, la quantité de chaleur Q_1 empruntée à la source chaude est alors négative. La quantité de chaleur absorbée par le corps pendant la transformation DC peut être supposée empruntée à la source froide, dont la température T_2 est supérieure à celle du corps ; par suite, Q_2 est négatif. Dans ces conditions, de la chaleur est empruntée à la source froide et transportée à la source chaude. D'ailleurs, puisque τ est négatif, la relation (1) montre que Q_1 est plus grand, en valeur absolue, que Q_2 ; la quantité de chaleur transportée à la source chaude est donc plus grande que celle qui est prise à la source froide.

101. Autre énoncé du second principe de la Thermodynamique. — On énonce quelquefois ce principe sous la forme suivante : *Il est impossible de faire fonctionner une machine thermique avec une seule source de chaleur.*

De cet énoncé et de la conclusion du § **93** il résulte que le coefficient économique $\frac{\tau'}{Q'_1}$ d'un cycle de Carnot ne peut être plus grand que le coefficient $\frac{\tau}{Q_1}$ d'un cycle de même genre fonctionnant entre les mêmes limites de température. Le coefficient $\frac{\tau}{Q_1}$ du second cycle, qui est aussi un cycle de Carnot, ne peut, pour les mêmes raisons, être plus grand que $\frac{\tau'}{Q'_1}$. Ces deux coefficients sont donc égaux; par suite, le théorème de Carnot est une conséquence de cet énoncé. D'ailleurs, il est évident que, réciproquement, si le théorème de Carnot est vrai, l'énoncé précédent l'est aussi; ces deux propositions sont donc équivalentes.

Mais le théorème de Carnot est aussi une conséquence de l'énoncé de Clausius et, réciproquement, le principe de Clausius se déduit du théorème de Carnot. Par conséquent, l'énoncé de Clausius doit être équivalent à l'énoncé précédent ; il est donc indifférent de prendre l'un ou l'autre de ces énoncés pour second principe de la Thermodynamique.

102. D'ailleurs on peut, d'une autre manière, montrer l'équivalence de ces deux énoncés.

Montrons d'abord que, si le principe de Clausius était faux, on pourrait faire fonctionner une machine avec une seule source.

Soient A et B les deux sources de la machine thermique, dont les températures sont T_1 et T_2. Si nous faisons fonctionner cette machine dans le sens direct, nous obtiendrons un travail τ en empruntant une quantité de chaleur Q_1 à la source chaude A et en cédant une quantité Q_2 à la source froide B. Mais, si le principe de Clausius ne s'appliquait pas aux corps A et B, nous pourrions ensuite emprunter une quantité de chaleur Q_1 à la source froide et la céder à la source chaude sans dépenser de travail. Par conséquent, à la suite de ces deux opérations, la source chaude reprendrait son état initial et nous aurions obtenu un travail τ en empruntant une quantité de chaleur $Q_1 - Q_2$ à la source froide.

103. Réciproquement, s'il était possible de produire du travail avec une seule source de chaleur, on pourrait transporter de la chaleur d'un corps froid sur un corps chaud sans dépense de travail.

En effet, le travail τ produit en empruntant une quantité de chaleur Q à une source dont la température est T_2 peut être transformé en force vive et cette force vive transformée en chaleur par frottement. Comme rien n'empêche de supposer la température T_1 des corps qui frottent plus grande que T_2, nous aurions transport de chaleur d'un corps froid sur un corps chaud sans qu'il y ait dépense de travail.

Le raisonnement suivant conduit au même résultat : soit encore τ le travail produit par une machine M en empruntant une quantité de chaleur Q à une source dont la température est T_2. Associons à cette source une autre source à une température supérieure T_1 et faisons fonctionner, dans le sens rétrograde, une machine thermique M' entre ces deux sources ; nous pourrions obtenir un travail $-\tau$ en empruntant une quantité de chaleur $-Q_1$ à la source chaude et en cédant une quantité $-Q_2$ à la source dont la température est T_2. L'ensemble des deux machines M et M' produira un travail nul en empruntant une quantité de chaleur positive $Q + Q_2$ à la source dont la température est T_2 et en cédant une quantité positive Q_1 (qui doit être évidemment égale à $Q + Q_2$) à la source dont la température est T_1. Nous aurons donc transport de chaleur de la source froide à la source chaude sans aucune dépense de travail.

Ainsi, l'un des énoncés des § **95** et **101** ne peut être en défaut sans que l'autre le soit aussi ; par conséquent, ces deux énoncés sont bien équivalents.

104. Dans l'énoncé du § **101**, il n'est pas fait mention de la température de la source qui fournit la chaleur ; elle peut donc être supposée quelconque. Démontrons en effet que, si cet énoncé est vrai lorsque la chaleur est empruntée à une source B dont la température est T_2, il l'est encore lorsque l'emprunt de chaleur est fait à une source A dont la température est T_1.

La démonstration peut évidemment se ramener à faire

voir que, s'il était possible de produire du travail avec la source A seule, il serait également possible d'en produire avec la source B, quelle que soit la température de cette source.

Supposons d'abord $T_2 > T_1$. Avec la source A nous pourrions, d'après notre hypothèse, produire un travail τ en empruntant une quantité de chaleur Q_1 à cette source. Mais nous pouvons faire fonctionner une machine dans le sens direct entre les sources B et A, de manière à produire un travail τ' en empruntant une quantité de chaleur Q_2 à la source chaude B et en cédant une quantité de chaleur Q_1 à la source froide A. L'ensemble de ces deux opérations donnerait un travail positif $\tau + \tau'$; une quantité de chaleur Q_2 serait empruntée à la source B; quant à la source A, elle reprendrait son état primitif. Nous aurions donc produit du travail en empruntant de la chaleur uniquement à la source B.

Admettons maintenant qu'on ait $T_2 < T_1$. Dans une première opération, nous pourrions encore produire un travail τ en empruntant une quantité de chaleur Q_1 à la source A. Prenons cette source comme source chaude d'une machine thermique dont B serait la source froide. Si le cycle de cette machine est formé, comme dans le dernier considéré au § **100**, de deux adiabatiques réunies par des courbes quelconques comprenant entre elles les isothermes T_1 et T_2, il est possible, en fournissant un travail τ' à cette machine, d'emprunter une quantité de chaleur Q_2 à la source froide et d'en céder une quantité Q_1 à la source chaude. Par suite, à la fin de ces deux opérations, cette source chaude A reviendrait à son état primitif, et un travail $\tau - \tau'$ aurait été produit. Or, ce travail est positif; en effet, d'après le principe de l'équivalence,

$$Q_1 = A\tau, \qquad Q_2 - Q_1 = -A\tau';$$

par conséquent,

$$Q_2 = A(\tau - \tau');$$

comme la chaleur Q_2 fournie au corps qui se transforme est positive, le travail $\tau - \tau'$ doit l'être aussi. Nous aurions donc encore production d'un travail positif en empruntant de la chaleur à la source B.

105. Nous pouvons également démontrer que si le principe de Clausius, énoncé sous la forme du § **99**, est vrai lorsque les deux corps considérés A' et B' sont à des températures T' et T'_2, il l'est encore pour deux autres corps A et B à des températures quelconques T_1 et T_2.

D'après ce que nous avons dit au § **102**, si le principe de Clausius ne s'appliquait pas aux corps A et B, il serait possible de produire du travail en empruntant de la chaleur à un seul de ces corps. Mais, d'après le paragraphe précédent, cette production de travail pourrait également se faire en empruntant de la chaleur à un lieu quelconque des corps A' et B', à B' par exemple, dont nous supposerons la température inférieure à celle de A'. En transformant ce travail en chaleur par frottement, nous pourrions échauffer le corps A', et nous aurions transport de chaleur d'un corps B' à un corps plus chaud A' sans dépense de travail. Par conséquent, si le principe de Clausius est faux pour les corps A et B, il l'est aussi pour les corps A' et B' dont les températures sont quelconques. Il est donc démontré que, si ce principe est vrai pour deux corps à des températures déterminées, il ne peut être en défaut pour des corps à toute autre température.

Une conséquence importante de cette démonstration est que le principe de Clausius ne pourrait être faux, dans le cas des températures très élevées, que s'il l'était pour des températures ordinaires. Comme dans ce dernier cas ce principe n'a jamais été trouvé en défaut, nous pouvons l'appliquer aux corps dont les températures sont très élevées (ou très basses).

Nous avons vu plus haut, au § **15**, que si deux corps sont en équilibre de température avec un même troisième, ils sont en équilibre de température entre eux. Ce fait expérimental est un cas particulier du principe de Clausius.

En effet, on voit d'abord que c'est un cas limite de l'énoncé plus général suivant : *Si le corps* A *peut céder de la chaleur au corps* B *de telle façon que sa température doive être regardée comme plus élevée, et si le corps* B *peut céder de la chaleur au corps* C *de telle sorte que*

$$\text{temp. A} > \text{temp. B}, \qquad \text{temp. B} > \text{temp. C},$$

il ne peut pas arriver que le corps C *puisse céder de la chaleur à* A, *ce qui supposerait*

$$\text{temp. A} < \text{temp. C}.$$

Et, en effet, B pourrait céder de la chaleur à C, qui la céderait ensuite à A, de telle sorte que, finalement, le corps froid B aurait cédé de la chaleur au corps chaud A, contrairement au principe de Clausius.

CHAPITRE VIII.

QUELQUES CONSÉQUENCES DU PRINCIPE DE CARNOT. ENTROPIE. — FONCTIONS CARACTÉRISTIQUES.

106. Signes des quantités de chaleur mises en jeu dans une machine thermique. — Nous avons admis jusqu'ici que lorsqu'une machine thermique fonctionne dans le sens direct, c'est-à-dire en produisant un travail positif τ, la quantité de chaleur Q_1 empruntée à la source chaude et la quantité Q_2 cédée à la source froide sont positives. Ce n'est pas évident, mais le principe de Clausius permet de le démontrer.

D'après le principe de l'équivalence, nous avons

$$Q_1 - Q_2 = A\tau.$$

Puisque τ est positif, la différence $Q_1 - Q_2$ est positive. Si donc Q_2 est positif, Q_1 l'est aussi. Il suffit, par suite, de démontrer que Q_2 ne peut être négatif.

Admettons que Q_2 soit négatif et soit $-Q'_2$ sa valeur. Alors, pour produire le travail τ, la machine fait un emprunt de chaleur aux deux sources : elle emprunte Q_1 à la source chaude, Q'_2 à la source froide. Or, nous pouvons faire passer une quantité de chaleur Q'_2 de la source chaude à la source froide sans produire ni dépenser de travail et ramener ainsi la source froide à son état initial. Par l'ensemble des deux opérations, nous produirons un travail positif τ en empruntant une quantité de chaleur $Q_1 + Q'_2$ uniquement à la source chaude. Cette conséquence étant contraire au principe de Claudius, Q_2 ne peut être négatif.

107. Quelques propriétés des isothermes et des adiabatiques. — Ce même principe permet de démontrer quelques propriétés des lignes isothermes et des lignes adiabatiques.

1° *Une isotherme et une adiabatique ne peuvent se couper en deux points.*

Soient ACB et ADB (*fig.* 14) une isotherme et une adiabatique se coupant aux points A et B. Si un corps décrit le cycle fermé ACDB dans le sens indiqué par les lettres, il produit un travail positif τ en empruntant une quantité de chaleur positive Q_1. Cette quantité Q_1 est égale à l'intégrale $\int dQ$ prise seulement le long de l'isotherme, puisque pour chaque élément de l'adiabatique dQ est nul. Si pour chaque élément de l'isotherme dQ est positif, nous pouvons considérer la chaleur reçue par le corps qui se trans-

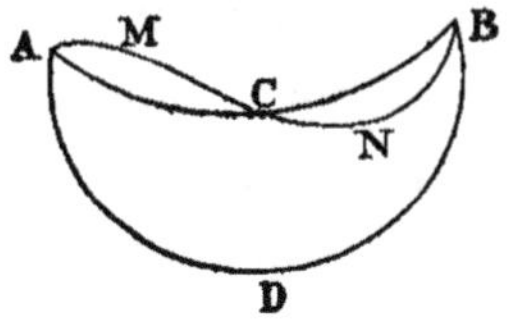

Fig. 14.

forme comme fournie par un corps à une température plus élevée que l'isotherme; nous aurions donc production de travail en empruntant de la chaleur à une seule source, ce qui est contraire au principe de Clausius.

Nous arriverions à la même conclusion si nous supposions que dQ n'a pas le même signe pour tous les éléments de l'isotherme. Admettons, par exemple, que dQ soit négatif de A en C et positif de C en B. Joignons le point C aux points A et B par des arcs de courbe très peu différents de l'isotherme, mais situés l'un au-dessous, l'autre au-dessus de cette ligne. Pour l'un de ces arcs, la température est inférieure à celle de l'isotherme; pour l'autre, elle est supérieure; supposons qu'à un arc situé au-dessus de l'isotherme corresponde une température plus élevée, et soient AMC et CNB les arcs qui réunissent C à A et B. Si le corps qui se transforme décrit le cycle AMCNBD, le travail produit sera égal à τ, à des infiniment petits près; d'autre part, le corps cédera de la chaleur le long de l'arc AMC et en empruntera le long de l'arc CNB, car, ces arcs étant infiniment voisins de l'isotherme, les quantités dQ qui se rapportent à des éléments correspondants ne peuvent différer qu'infiniment peu et ont par conséquent même signe. Or, la chaleur cédée le long de AMC peut être absorbée par une source dont la température est celle de l'isotherme, celle-ci étant inférieure à celle du corps qui se transforme suivant AMC; l'emprunt de chaleur résultant de la transformation CNB peut également être fait à la même source, puisque le corps est alors à une température inférieure à celle de cette source. Nous aurions donc encore production de travail avec une seule source.

Ainsi, quel que soit le signe de dQ, une adiabatique et une isotherme ne peuvent se couper en deux points.

108. 2° *Une adiabatique et une isotherme ne peuvent se toucher.*

En effet, si l'adiabatique DE (*fig.* 15) était tangente à l'iso-

Fig. 15.

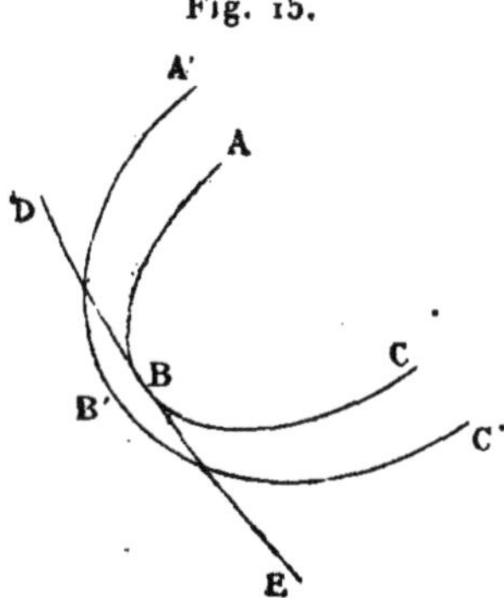

therme ABC, une isotherme infiniment voisine A'B'C' couperait l'adiabatique en deux points.

109. 3° *Deux adiabatiques ne peuvent se couper.*

Fig. 16.

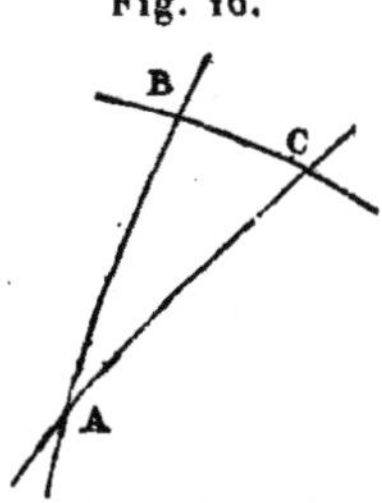

Car si nous considérons le cycle formé par les deux adiabatiques AB et AC (*fig.* 16), qui se coupent au point A, et par l'isotherme BC, nous arriverions, en répétant le raisonnement du § 107, à une conséquence en contradiction avec le principe de Clausius.

110. 4° *Le long d'une adiabatique la température varie toujours dans le même sens.*

S'il en était autrement en deux points de l'adiabatique, la température pourrait avoir la même valeur et, par suite, une même isotherme couperait l'adiabatique en deux points.

111. 5° *Le long d'une isotherme la quantité de chaleur dQ fournie au corps et correspondant à un élément de cette ligne a toujours le même signe.*

En effet, la quantité dQ ne peut changer de signe qu'en devenant nulle; au point correspondant à $dQ = 0$, l'isotherme considérée serait tangente à une adiabatique, ce qui ne peut avoir lieu.

112. Cycle de Carnot. — De ces propriétés il résulte que, si nous traçons deux isothermes et deux adiabatiques, nous

Fig. 17.

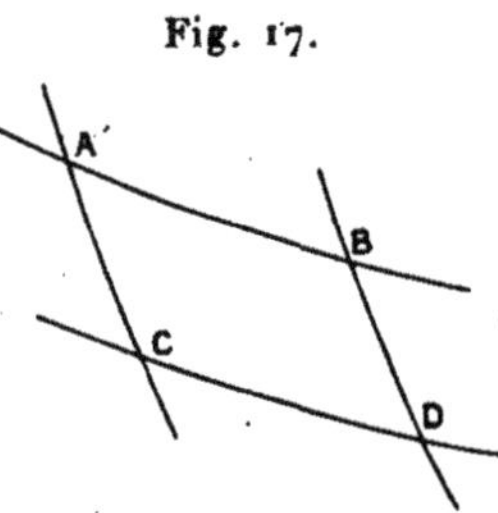

ne pouvons avoir que quatre points de rencontre. Nous devons donc représenter un cycle de Carnot par un quadrilatère curviligne ABCD (*fig.* 17).

Cependant nous faisons encore une hypothèse : nous admettons implicitement que deux isothermes ne peuvent se couper. En général, cette hypothèse est exacte; mais, pour certains corps qui, comme l'eau, présentent un maximum de densité, à des valeurs déterminées de p et de v peuvent correspondre deux valeurs de la température; les deux isothermes relatives à ces températures se coupent donc. Mais ce cas est exceptionnel; aussi le laisserons-nous de côté. D'ailleurs il ne constitue pas une difficulté, car en prenant v et T comme variables indépendantes, au lieu de p et v, nous n'aurions que quatre points de rencontre.

113. Considérons un corps dont le point figuratif décrit un cycle de Carnot. Le long de l'isotherme AB, il emprunte une quantité de chaleur Q_1 égale à la valeur de l'intégrale $\int_A^B dQ$; le long de l'isotherme DC, ce corps cède une quantité de chaleur Q_2 dont la valeur est $-\int_D^C dQ$ ou $\int_C^D dQ$, l'élément dQ de ces intégrales étant

$$dQ = C\frac{dT}{dv}dv + c\frac{dT}{dp}dp.$$

Montrons que Q_1 et Q_2 sont positifs.

Le cycle étant décrit dans le sens direct, le travail produit τ est positif; puisque l'on a

$$A\tau = Q_1 - Q_2,$$

la différence $Q_1 - Q_2$ est positive et l'on ne peut avoir

$$Q_1 < 0 \quad \text{et} \quad Q_2 > 0.$$

Il est également impossible que Q_1 et Q_2 soient négatifs, c'est-à-dire que de la chaleur soit cédée par le corps le long de AB et empruntée le long de CD. En effet, la chaleur Q_1 cédée le long de AB pourrait être absorbée par une source dont la température T serait comprise entre T_1 et T_2. Cette même source pourrait fournir la quantité de chaleur Q_2 que le corps emprunte le long de CD. Nous aurions donc une machine thermique fonctionnant avec une seule source.

Il ne nous reste plus qu'à faire voir que l'on ne peut avoir $Q_1 > 0$ et $Q_2 < 0$. Dans ce cas, le corps emprunterait des quantités de chaleur positives le long de AB et le long de CD. Ces quantités de chaleur pourraient être fournies par une source dont la température T serait supérieure à T_1; nous aurons donc encore production de travail avec une seule source.

Ainsi, lorsque le cycle de Carnot est décrit dans le sens direct, τ, Q_1 et Q_2 sont des quantités positives. Si nous le décrivons dans le sens rétrograde, τ sera négatif; la quantité de chaleur Q_1 empruntée le long de BA et la quantité Q_2 cédée le long de DC seront également négatives. Nous avons d'ailleurs montré (§ 39) qu'il est possible de considérer la quantité Q_1 comme cédée à la source à température T_1 et la quantité Q_2 comme empruntée à la source dont la température est T_2.

114. Le coefficient économique d'un cycle de Carnot ne dépend que des températures des isothermes. — Revenons sur la démonstration du théorème de Carnot, en cherchant à nous affranchir d'une objection plus spécieuse que réellement grave. Dans cette démonstration, on suppose que les températures T_1 et T_2 des deux isothermes sont les mêmes que celles des deux sources; or, l'échange de chaleur ne peut se faire qu'entre deux corps dont la température est différente.

Un cycle de Carnot est entièrement déterminé quand on connaît les adiabatiques et les isothermes qui le forment. Lorsque la relation fondamentale du corps qui se transforme est donnée, les isothermes sont déterminées par leurs températures T_1 et T_2, les adiabatiques par les valeurs correspondantes d'une quelconque des variables indépendantes, les valeurs v_1 et v_2 du volume spécifique par exemple. Le coefficient économique d'un cycle de Carnot est donc une fonction de ces quatre quantités T_1, T_2, v_1, v_2 et du corps C qui se transforme, puisque de la nature de ce corps dépend la forme de la relation fondamentale. Posons donc

$$\frac{\tau}{Q_1} = f(T_1, T_2, v_1, v_2, C).$$

Cette fonction f est une fonction continue des quantités T_1, T_2, v_1, v_2, car, si l'on fait varier ces quantités d'une manière continue, le cycle se déforme de la même manière et les valeurs de τ et Q sont continues. Démontrons qu'elle ne dépend que des températures des isothermes.

115. Considérons deux corps C et C′ qui se transforment entre les mêmes sources de chaleur en décrivant des cycles K et K′, le premier dans le sens direct, le second dans le sens rétrograde. Pour que cela soit possible, il faut que les températures satisfassent à certaines inégalités: soient T_1 et T_2

les températures des deux sources chaude et froide, T'_1 et T'_2 celles des isothermes du premier cycle, T''_1 et T''_2 celles des isothermes du second cycle ; on doit avoir

$$T''_1 > T_1 > T'_1 > T'_2 > T_2 > T''_2.$$

Appelons τ le travail produit par le premier corps, Q_1 la quantité de chaleur qu'il emprunte à la source chaude, Q_2 celle qu'il cède à la source froide, et désignons par $-\tau'$, $-Q'_1$, $-Q'_2$ les valeurs des mêmes quantités qui correspondent au second cycle. Nous allons démontrer que l'on a

$$\frac{\tau}{Q_1} \leqq \frac{\tau}{Q'_1}.$$

Prenons une machine M fonctionnant dans le sens direct suivant le cycle K et associons-lui une machine M′ fonctionnant dans le sens rétrograde, suivant le cycle K′. Si m et m' sont les masses des corps C et C′ qui se transforment dans ces machines, nous aurons pour la chaleur empruntée à la source chaude par leur ensemble

$$mQ_1 - m'Q'_1.$$

Les quantités Q_1 et Q'_1 étant positives (**106**), nous pouvons prendre pour m et m' des valeurs telles que cette quantité soit nulle. Mais alors le travail produit par les deux machines $m\tau - m'\tau'$ ne peut être positif, car nous aurions production de travail avec une seule source de chaleur; il faut donc

$$m\tau - m'\tau' \leqq 0,$$

ou, en remplaçant m et m' par les quantités $\frac{1}{Q_1}$ et $\frac{1}{Q'_1}$ qui leur sont proportionnelles par suite de l'hypothèse que nous avons faite,

$$\frac{\tau}{Q_1} - \frac{\tau'}{Q'_1} \leqq 0.$$

Le coefficient d'un cycle décrit dans le sens direct est donc au plus égal à celui d'un cycle dans le sens rétrograde.

116. Considérons maintenant deux cycles de Carnot K et K' définis par les quantités T'_1, T'_2, v'_1, v'_2 pour le premier, T''_1, T''_2, v''_1, v''_2 pour le second. Faisons décrire au corps C le premier cycle dans le sens direct et au corps C' le cycle K' dans le sens rétrograde entre deux mêmes sources de chaleur dont les températures sont T_1 et T_2. Pour que cela soit possible nous devons avoir, comme nous l'avons déjà dit,

$$T'_1 < T_1, \qquad T'_2 > T_2, \qquad T''_1 > T_1, \qquad T''_2 < T_2,$$

et si ces conditions sont réalisées nous aurons, d'après le paragraphe précédent,

$$(1) \qquad f(T'_1, T'_2, v'_1, v'_2, C) \leqq f(T''_1, T''_2, v''_1, v''_2, C').$$

Si nous supposons que les températures des isothermes et des sources satisfont aux inégalités

$$T'_1 > T_1, \qquad T'_2 < T_2, \qquad T''_1 < T_1, \qquad T''_2 > T_2,$$

nous pouvons décrire le cycle K dans le sens rétrograde et le cycle K' dans le sens direct : par suite nous avons

$$(2) \qquad f(T'_1, T'_2, v'_1, v'_2, C) \geqq f(T''_1, T''_2, v''_1, v''_2, C'').$$

La fonction f étant continue, nous pouvons faire tendre T'_1 et T''_1 vers T_1 et T'_2 et T''_2 vers T_2 sans que les signes des inégalités (1) et (2) changent; nous aurons donc, à la limite,

$$f(T_1, T_2, v'_1, v'_2, C) \leqq f(T_1, T_2, v''_1, v''_2, C'),$$
$$f(T_1, T_2, v'_1, v'_2, C) \geqq f(T_1, T_2, v''_1, v''_2, C'),$$

inégalités qui ne peuvent être satisfaites simultanément que si l'on a

$$f(T_1, T_2, v'_1, v'_2, C) = f(T_1, T_2, v''_1, v''_2, C').$$

La valeur de la fonction f ne doit donc pas dépendre des valeurs de v_1 et de v_2, ni de la nature du corps C; en un mot, la fonction de Carnot ne dépend que des températures T_1 et T_2 des isothermes. Nous avons vu que Carnot était arrivé à cette conclusion bien qu'en s'appuyant sur des notions inexactes.

117. Le coefficient économique d'un cycle quelconque est au plus égal à celui d'un cycle de Carnot. — Soient K un cycle quelconque et K' un cycle de Carnot fonctionnant entre les mêmes sources. Nous pouvons décrire le cycle K' dans le sens rétrograde; il suffit pour cela que les températures T'_1 et T'_2 des isothermes de ce cycle comprennent entre elles les températures T_1 et T_2 des sources. D'après (**115**), le coefficient économique $\frac{\tau}{Q_1}$ du cycle K est au plus égal au coefficient $\frac{\tau'}{Q'_1}$ du cycle K'. Ce dernier est égal à la fonction de Carnot relative à ce cycle, fonction que nous pouvons écrire $f(T'_1, T'_2)$ puisqu'elle ne dépend que de T'_1 et T'_2; nous avons donc

$$\frac{\tau}{Q_1} \leqq f(T'_1, T'_2).$$

Mais nous pouvons considérer les températures des isothermes comme infiniment peu différentes de celles des sources; la fonction f étant continue, nous aurons à la limite

$$\frac{\tau}{Q_1} \leqq f(T_1, T_2).$$

Le coefficient économique d'un cycle quelconque est donc au plus égal à celui d'un cycle de Carnot dont les températures des isothermes sont celles des sources.

118. Expression de la fonction de Carnot. — Nous avons vu (**43**) que l'hypothèse de la conservation du calorique conduisait à considérer la fonction de Carnot comme la diffé-

Fig. 18.

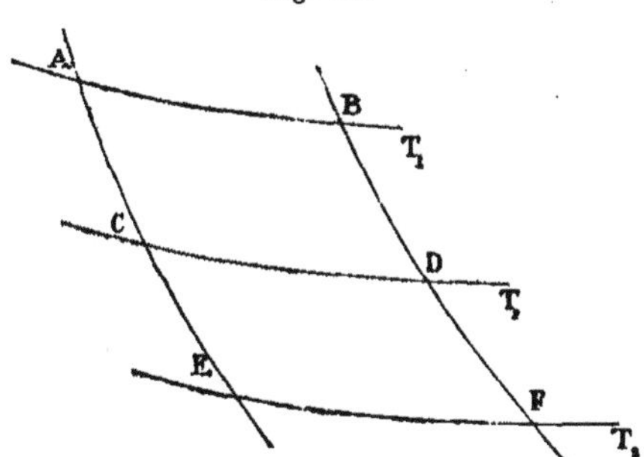

rence $f(T_1) - f(T_2)$ de deux fonctions d'une seule variable, et nous avons dit que cette conséquence était inexacte. Montrons-le et cherchons la valeur de cette fonction.

Considérons trois isothermes AB, CD, EF (*fig.* 18) correspondant aux températures T_1, T_2, T_3 et coupées par deux adiabatiques AE et BF. Soient

$$Q_1 = \int_A^B dQ, \qquad Q_2 = \int_C^D dQ, \qquad Q_3 = \int_E^F dQ$$

les quantités de chaleur qu'il faut fournir au corps qui se transforme quand son point figuratif décrit les arcs AB, CD, EF de ces isothermes. Pour le cycle de Carnot ABCD, nous avons

$$\frac{\tau}{Q_1} = f(T_1, T_2),$$

et, d'après le principe de l'équivalence,

$$Q_1 - Q_2 = A\tau.$$

De ces deux égalités nous tirons

$$\frac{Q_2}{Q_1} = 1 - A\frac{\tau}{Q_1} = 1 - A\,f(T_1, T_2).$$

Nous pouvons donc écrire

$$\frac{Q_2}{Q_1} = \varphi(T_1, T_2).$$

Pour les deux cycles CDFE et ABFE, nous aurons également

$$\frac{Q_2}{Q_3} = \varphi(T_2, T_3),$$

$$\frac{Q_1}{Q_3} = \varphi(T_1, T_3).$$

Ces trois dernières égalités nous donnent

$$\varphi(T_1, T_2) = \frac{\varphi(T_1, T_3)}{\varphi(T_2, T_3)},$$

ou, en regardant T_3 comme une constante,

$$\varphi(T_1, T_2) = \frac{\varphi(T_1)}{\varphi(T_2)}.$$

Nous avons donc, d'après la valeur de φ,

$$1 - Af(T_1, T_2) = \frac{1}{\varphi(T_1, T_2)} = \frac{\varphi(T_2)}{\varphi(T_1)},$$

et nous tirons de cette relation

$$Af(T_1, T_2) = \frac{\varphi(T_1) - \varphi(T_2)}{\varphi(T_1)}.$$

119. Définition de la température absolue. — Mais $f(T_1, T_2)$ est positif, puisque sa valeur est $\frac{\tau}{Q_1}$ et que les deux termes τ et Q_1 de ce rapport sont positifs ou négatifs en même temps. Par conséquent, $\varphi(T_1) - \varphi(T_2)$ est positif; en d'autres termes, $\varphi(T)$ est une fonction croissante en même temps que T. Or, nous avons fait remarquer (**17**) que la température d'un corps est aussi bien définie, soit par la mesure t au moyen d'un thermomètre quelconque, soit par la valeur d'une fonction $\theta(t)$ de cette température assujettie seulement à la condition d'être croissante en même temps que t. Nous pouvons donc évaluer les températures par les valeurs de la fonction $\varphi(T)$. Ce sera la fonction $\varphi(T)$ ainsi définie que nous appellerons la *température absolue*. C'est la définition que nous avions annoncée (**17**) et qui, on le voit, ne renferme plus rien d'arbitraire. Nous désignerons désormais cette température absolue par T, puisque la définition de T était restée jusqu'ici arbitraire. Nous verrons (**141**) comment la température absolue ainsi définie peut être déterminée expérimentalement. Nous aurons alors

$$Af(T_1, T_2) = \frac{T_1 - T_2}{T_1}$$

et par suite

$$f(T_1, T_2) = E\frac{T_1 - T_2}{T_1};$$

telle est l'expression rigoureuse de la fonction de Carnot. Il en résulte pour la valeur du rendement d'un cycle de Carnot

$$\frac{\tau}{Q_1} = E\frac{T_1 - T_2}{T_1}.$$

Si nous portons cette valeur de la fonction de Carnot dans la relation

$$Q_1 - Q_2 = A\tau$$

fournie par le principe de l'équivalence, nous obtenons

$$Q_1 - Q_2 = Q_1\frac{T_1 - T_2}{T_1},$$

et par conséquent

$$\frac{Q_1}{T_1} - \frac{Q_2}{T_2} = 0.$$

On peut exprimer ce résultat en disant que la valeur de l'intégrale $\int\frac{dQ}{T}$ prise le long d'un cycle de Carnot est nulle, dQ représentant la chaleur absorbée par le corps qui se transforme quand son point figuratif décrit un élément du cycle.

En effet, la température étant constante quand le point se meut sur une isotherme, nous aurons, pour l'isotherme AB,

$$\int\frac{dQ}{T} = \frac{1}{T_1}\int_A^B dQ = \frac{Q_1}{T_1},$$

et, pour l'isotherme DC,

$$\int \frac{dQ}{T} = \frac{1}{T_2} \int_D^C dQ = -\frac{1}{T_2} \int_C^D dQ = -\frac{Q_2}{T_2}.$$

Le long des adiabatiques dQ est nul; par conséquent, la valeur de l'intégrale pour le cycle de Carnot tout entier se réduit à la somme des valeurs précédentes; nous avons donc bien

$$\int \frac{dQ}{T} = \frac{Q_1}{T_1} - \frac{Q_2}{T_2} = 0.$$

120. Théorème de Clausius. — Clausius a montré que *l'intégrale* $\int \frac{dQ}{T}$ *est encore nulle lorsqu'un corps, dont l'état est complètement défini par deux variables p et v, décrit un cycle fermé quelconque.*

La chaleur absorbée par un corps dans une transformation élémentaire a pour expression (**25**)

$$dQ = C \frac{dT}{dv} dv + c \frac{dT}{dp} dp.$$

Nous avons donc pour l'intégrale considérée

$$\int \frac{dQ}{T} = \int \frac{C}{T} \frac{dT}{dv} dv + \frac{c}{T} \frac{dT}{dp} dp,$$

ou

$$(1) \qquad \int \frac{dQ}{T} = \int M\, dv + N\, dp,$$

en posant

$$M = \frac{C}{T} \frac{dT}{dv}, \qquad N = \frac{c}{T} \frac{dT}{dp}.$$

Mais on peut transformer l'intégrale curviligne qui forme le second membre de l'égalité (1) en une intégrale double étendue à l'aire limitée par le cycle fermé; nous obtenons en effectuant cette transformation

$$\int \frac{dQ}{T} = \int \left(\frac{dM}{dp} - \frac{dN}{dv} \right) dp\, dv.$$

Par conséquent, pour démontrer que l'intégrale $\int \frac{dQ}{T}$ est nulle, il suffit de faire voir que l'on a

$$\frac{dM}{dp} - \frac{dN}{dv} = 0 \tag{2}$$

en tout point intérieur au cycle fermé.

Admettons que, pour une certaine région intérieure à ce cycle, la différence précédente soit positive. Pour un cycle fermé entièrement compris dans cette région nous aurions $\int \frac{dQ}{T} > 0$, puisque tous les éléments de l'intégrale seraient positifs. Or, rien n'empêche d'admettre que ce cycle fermé est un cycle de Carnot. On peut toujours en effet construire un cycle de Carnot avec deux adiabatiques et deux isothermes assez rapprochées pour que le cycle soit tout entier contenu dans une région du plan si petite qu'elle soit. Nous arriverons alors à cette conclusion que l'intégrale $\int \frac{dQ}{T}$ peut être positive pour un cycle de Carnot; cette conclusion étant en contradiction avec la propriété démontrée dans le paragraphe précédent, la différence $\frac{dM}{dp} - \frac{dN}{dv}$ ne peut être positive. Elle ne peut non plus être négative, car le même raisonnement montrerait qu'alors l'intégrale

$\int \frac{dQ}{T}$ pourrait être négative pour un cycle de Carnot. L'égalité (2) doit donc être satisfaite dans toutes les régions du cycle si petites qu'elles soient et l'intégrale considérée est bien nulle.

121. Entropie. — Supposons toujours que le corps qui se transforme est tel que son état soit complètement défini par les deux variables p et v, et considérons deux états de

Fig. 19.

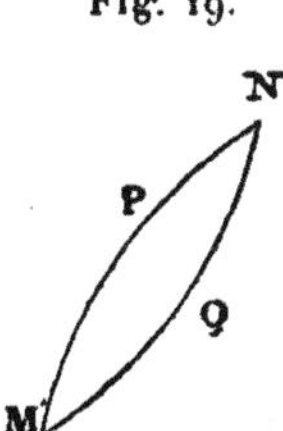

ce corps déterminés par les points M et N (*fig.* 19). Appelons a la valeur de l'intégrale $\int \frac{dQ}{T}$ lorsque le point représentatif passe de M en N en suivant le chemin de MPN, et b la valeur de cette intégrale lorsque le point représentatif suit le chemin MQN. Si l'on décrit ce dernier chemin en sens inverse, de N en M, la valeur de $\int \frac{dQ}{T}$ est $-b$, puisque le signe de dQ change avec le sens dans lequel est décrit l'élément correspondant. Nous avons donc pour le cycle fermé MPNQM, décrit dans le sens indiqué par les lettres,

$$\int \frac{dQ}{T} = a - b.$$

Or, d'après le théorème de Clausius, cette intégrale est nulle et l'on doit avoir $a = b$; la valeur de l'intégrale $\int \frac{dQ}{T}$ est donc indépendante des transformations subies par le corps pour passer d'un état à un autre, elle ne dépend que de ces états. En d'autres termes, cette intégrale est une fonction de p et v qui ne dépend que des valeurs des variables aux limites.

On a donné à cette fonction le nom d'*entropie* du corps; l'entropie S d'un corps n'est donc déterminée qu'à une constante près; sa différentielle est

$$dS = \frac{dQ}{T}.$$

Si nous introduisons cette fonction dans l'énoncé du théorème de Clausius, cet énoncé devient : *Lorsqu'un corps, dont l'état est complètement défini au moyen de deux variables, décrit un cycle fermé, la variation de son entropie est nulle.*

122. L'entropie d'un système isolé va constamment en croissant. — L'entropie S d'un système est la somme

$$S = S_1 + S_2 + S_3 + \ldots + S_n$$

des entropies des corps A_1, A_2, ..., A_n qui forment le système. Montrons que, lorsqu'un système isolé se transforme, son entropie va constamment en augmentant.

Quelles que soient les transformations du système, l'entropie de l'un des corps ne peut varier que s'il reçoit de la chaleur, soit que cette chaleur ait été produite par le frottement aux dépens de la force vive du système, soit qu'elle ait été empruntée par conductibilité ou rayonnement aux autres corps du système, puisque ce système est supposé isolé. La destruction de travail par frottement augmente l'entropie des corps qui frottent, car ces corps reçoivent ainsi de la chaleur et par conséquent $dS_i = \frac{dQ_i}{T_i}$ est une quantité positive pour ces corps. Supposons maintenant qu'un corps du système emprunte ou cède de la chaleur par conductibilité ou rayonnement; ce corps ne pourra en emprunter qu'à d'autres corps du système dont la température est plus élevée, ni en céder qu'à d'autres dont la température est plus basse. Il nous reste donc à montrer que l'entropie du système augmente quand il s'établit un transport de chaleur d'un corps chaud à un corps froid.

Soient T_1 la température de l'un des corps et dQ_1 la quantité de chaleur qu'il reçoit; soient T_2 et dQ_2 les valeurs des mêmes quantités pour l'autre corps. Supposons $T_1 > T_2$; alors dQ_1 est négatif et dQ_2 positif; d'ailleurs

$$dQ_1 = -dQ_2,$$

puisque le passage de chaleur s'accomplit sans production de travail. La variation de la somme des entropies des deux corps est

$$dS_1 + dS_2 = \frac{dQ_1}{T_1} + \frac{dQ_2}{T_2}$$

ou, en tenant compte de la relation entre dQ_1 et dQ_2,

$$dS_1 + dS_2 = dQ_2\left(\frac{1}{T_2} - \frac{1}{T_1}\right).$$

Or, d'après nos hypothèses, dQ_2 est positif; le facteur $\frac{1}{T_2} - \frac{1}{T_1}$ l'est aussi; par conséquent, il y a bien accroissement de l'entropie du système.

123. Le théorème de Clausius considéré comme second principe de la Thermodynamique. — Le théorème de Clausius peut être pris comme second principe de la Thermodynamique. Montrons en effet qu'il entraîne l'axiome de Clausius énoncé sous la seconde forme.

S'il était possible de produire du travail avec une seule source de chaleur, on pourrait concevoir qu'après une série de transformations tous les corps d'un système reprennent leur état primitif, sauf la source à laquelle on a emprunté de la chaleur. L'entropie de cette source diminuerait donc tandis que les entropies de tous les autres corps reprendraient leurs valeurs initiales; par suite, l'entropie totale du système diminuerait, ce qui ne peut avoir lieu d'après la conséquence que nous venons de déduire du théorème de Clausius. On ne peut donc produire du travail avec une seule source.

Ayant démontré que les deux formes de l'axiome de Clausius sont équivalentes et que l'énoncé de Carnot est une conséquence de l'une ou l'autre de ces formes, il résulte immédiatement de ce qui précède que l'énoncé primitif de Clausius et l'énoncé de Carnot peuvent être déduits du théorème de Clausius. Montrons directement que la proposition de Carnot est une conséquence du théorème de Clausius.

124. Considérons un cycle de Carnot. Soient Q_1 la quantité de chaleur empruntée à la source chaude dont la température T_1 est celle d'une isotherme du cycle, et Q_2 la quantité cédée à la source dont la température T_2 est celle de l'autre isotherme. D'après le théorème de Clausius nous aurons

$$\int \frac{dQ}{T} = \frac{Q_1}{T_1} - \frac{Q_2}{T_2} = 0,$$

et par conséquent

$$\frac{Q_1 - Q_2}{Q_1} = \frac{T_1 - T_2}{T_2}$$

ou

$$\frac{\tau}{Q_1} = \frac{1}{A} \frac{T_1 - T_2}{T_2};$$

le coefficient économique d'un cycle de Carnot ne dépend donc que des températures des isothermes, ce qui est conforme au théorème de Carnot.

Pour compléter la démonstration de ce théorème il nous faut montrer que le coefficient économique d'un cycle fermé quelconque ne peut être plus grand que celui d'un cycle de Carnot.

La quantité de chaleur dQ absorbée par le corps qui se transforme dans une transformation élémentaire peut être considérée comme la différence

$$dQ = dQ_1 - dQ_2$$

de la quantité de chaleur dQ_1 empruntée à la source chaude et de la quantité dQ_2 cédée à la source froide. Si nous supposons dQ_1 positif, la température T_1 de la source chaude doit être plus grande que la température T du corps qui emprunte la chaleur ; nous avons donc

$$dQ_1\left(\frac{1}{T}-\frac{1}{T_1}\right)>0.$$

Si nous supposons dQ_1 négatif, c'est-à-dire si nous admettons que le corps qui se transforme cède de la chaleur à la source chaude, la température T_1 de cette source doit être inférieure à la température T du corps ; les deux facteurs du premier membre de l'inégalité précédente sont donc tous deux négatifs et par conséquent cette inégalité est encore satisfaite. Nous en déduirons

$$\int\frac{dQ_1}{T}>\int\frac{dQ_1}{T_1}$$

ou, puisque la température T_1 de la source est constante,

$$\int\frac{dQ_1}{T}>\frac{Q_1}{T_1}, \tag{1}$$

Q_1 étant la quantité de chaleur totale empruntée à la source chaude lorsque le corps décrit le cycle entier.

Comme précédemment on verrait que, quel que soit le signe de dQ_2, on a

$$dQ_2\left(\frac{1}{T}-\frac{1}{T_2}\right)<0.$$

Nous en déduirons

$$\int\frac{dQ_2}{T}<\frac{Q_2}{T_2}. \tag{2}$$

Par conséquent, si dans l'égalité fournie par le théorème

de Clausius,

$$\int \frac{dQ}{T} = \int \frac{dQ_1}{T} - \int \frac{dQ_2}{T} = 0,$$

nous remplaçons les intégrales par les seconds membres des inégalités (1) et (2), nous aurons

$$\frac{Q_1}{T_1} - \frac{Q_2}{T_2} < 0.$$

De cette inégalité, il résulte

$$\frac{Q_1 - Q_2}{Q_1} < \frac{T_1 - T_2}{T_1}$$

ou

$$\frac{\tau}{Q_1} < \frac{1}{A} \frac{T_1 - T_2}{T_1},$$

ce qui démontre que le coefficient économique d'un cycle fermé quelconque est plus petit que celui d'un cycle de Carnot.

125. Fonctions caractéristiques de M. Massieu. — Le théorème de Clausius nous a conduit à l'introduction d'une nouvelle fonction de l'état d'un système : son entropie S.

Si donc nous prenons comme variables indépendantes définissant l'état du système la pression p et le volume spécifique v, nous aurons à considérer, dans les applications, trois fonctions de ces variables : la température T, l'énergie interne U et l'entropie S.

Les deux principes fondamentaux de la Thermodynamique fournissant deux relations entre U, S et les variables, il semble que la connaissance de l'une des fonctions T, U, S puisse permettre de déterminer les deux autres en fonction des variables. Mais, les deux relations fondamentales étant des équations aux dérivées partielles, une telle détermination est impossible.

M. Massieu a montré que, si l'on fait choix pour variables indépendantes de v et de T ou de p et de T, il existe une fonction, d'ailleurs inconnue, de laquelle les trois fonctions des variables, p, U et S dans le premier cas, v, U et S dans le second, peuvent se déduire facilement. M. Massieu a donné à cette fonction, dont la forme dépend du choix des variables, le nom de *fonction caractéristique*.

126. Prenons v et T comme variables indépendantes et cherchons la fonction caractéristique correspondante.

Le principe de l'équivalence nous donne la relation

$$dQ = dU + Ap\,dv;$$

le principe de Carnot,

$$\frac{dQ}{T} = dS.$$

Nous en déduisons

$$T\,dS - dU = Ap\,dv$$

ou

$$d(TS) - dU = S\,dT + Ap\,dv.$$

Si nous posons

$$H = TS - U,$$

cette relation devient

$$dH = S\,dT + Ap\,dv.$$

Nous aurons donc

$$S = \frac{dH}{dT},$$

$$Ap = \frac{dH}{dv},$$

$$U = TS - H = T\frac{dH}{dT} - H.$$

Ainsi la fonction H permet de déterminer les fonctions p, U, S des variables choisies : c'est donc la fonction caractéristique de M. Massieu.

127. Si l'on prend p et T pour variables indépendantes, la fonction caractéristique est

$$H' = H - Apv.$$

Nous aurons en effet

$$dH' = dH - Ap\,dv - Av\,dp,$$

ou, en remplaçant dH par la valeur trouvée précédemment,

$$dH' = S\,dT - Av\,dp,$$

d'où nous tirons pour les valeurs des fonctions S et v,

$$S = \frac{dH'}{dT}, \qquad Av = -\frac{dH'}{dp}.$$

Pour l'énergie interne nous aurons

$$U = TS - H = TS - H' - Apv$$

ou

$$U = T\frac{dH'}{dT} - H' + p\frac{dH'}{dp}.$$

Puisque des fonctions de M. Massieu on peut déduire les autres fonctions des variables, toutes les équations de la Thermodynamique pourront s'écrire de manière à ne plus renfermer que ces fonctions et leurs dérivées; il en résultera donc, dans certains cas, une grande simplification. Nous verrons bientôt une application importante de ces fonctions.

CHAPITRE IX.

ÉTUDE DES GAZ.

128. Des divers modes de détente des gaz. — Dans le Chapitre V, consacré à la vérification du principe de l'équivalence à l'aide des gaz, nous avons déjà indiqué quelques-unes des propriétés de ces fluides. Nous avons vu que, si l'on admet la loi de Mariotte et celle de Gay-Lussac, la détente isothermique d'un gaz est représentée par la courbe dont l'équation est

$$pv = \text{const.},$$

et que l'équation de la courbe représentative d'une détente adiabatique est

$$pv^{\frac{C}{c}} = \text{const.}$$

Remarquons que, pour une détente adiabatique, $\int \frac{dQ}{T}$ est nul, puisque dQ est nul pour chaque transformation élémentaire. L'entropie du gaz reste donc constante pendant une transformation adiabatique; aussi donne-t-on également le nom de *détente isentropique* à une telle transformation.

Nous avons aussi étudié un troisième mode de détente des gaz : la détente qui se produit dans l'expérience de Joule (**66**). Dans cette détente le gaz n'absorbe ni ne cède de chaleur à l'extérieur; elle se rapproche donc de la détente isentropique. Toutefois ces deux détentes ne peuvent être confondues, car nous avons fait observer (**68**) que l'expérience de Joule comprend deux phases : dans l'une le gaz se refroidit en communiquant de la force vive à ses molécules, dans l'autre cette augmentation de force vive est détruite avec production de chaleur. D'ailleurs la détente isentropique est réversible (**37**); au contraire, la détente des gaz dans l'expérience de Joule n'est pas réversible, puisque pendant cette détente le gaz ne produit pas de travail et que, pour ramener le gaz à son volume primitif, il faudrait le comprimer et par conséquent fournir un travail. Cela, d'ailleurs, devait se prévoir, puisque dans la deuxième phase de l'expérience les molécules frottent les unes sur les autres et que la production de la chaleur par frottement est un phénomène irréversible. Ce mode particulier de détente est appelé *détente isodynamique*. Aucun travail extérieur n'étant produit ou détruit pendant qu'elle s'effectue, l'énergie interne du gaz ne varie pas.

Ainsi les trois détentes que nous venons de considérer sont caractérisées respectivement par les trois égalités

$$T = \text{const.}, \qquad S = \text{const.}, \qquad U = \text{const.},$$

c'est-à-dire que leurs équations s'obtiennent en écrivant que les fonctions T, S, U des variables indépendantes p et v sont des constantes.

129. Lois caractéristiques des gaz parfaits. — Les gaz obéissent très approximativement aux trois lois suivantes : la loi de Mariotte, la loi de Joule, la loi de Gay-Lussac. On considère comme gaz *parfait* un fluide hypothétique obéissant exactement à ces lois.

Mais nous pouvons prendre pour définition d'un gaz parfait : *un gaz obéissant aux lois de Mariotte et de Joule.* Montrons que, si ces deux lois sont satisfaites, celle de Gay-Lussac l'est aussi.

La quantité de chaleur qu'il faut fournir à un corps dans une transformation élémentaire est, d'après le principe de l'équivalence,

$$dQ = dU + A p\, dv.$$

Nous avons donc, pour la variation d'entropie du corps,

$$(1) \qquad dS = \frac{dQ}{T} = \frac{dU}{T} + \frac{Ap}{T} dv.$$

D'après la loi de Joule, l'énergie interne d'un gaz n'est fonction que de sa température, $U = \varphi(T)$; par conséquent,

$$\frac{dU}{T} = \frac{\varphi'(T)}{T} dT$$

est une différentielle exacte. D'autre part dS est aussi une différentielle exacte. Il faut donc, d'après la relation (1), que $\frac{Ap}{T} dv$ soit également une différentielle exacte. Cette condition exige que $\frac{p}{T}$ soit une fonction de v seulement; posons donc

$$(2) \qquad p\,\psi(v) = T.$$

Or, puisque nous supposons que le gaz obéit à la loi de Mariotte, nous avons

$$pv = \chi(T). \tag{3}$$

Les deux relations (2) et (3) ne peuvent se concilier que si l'on a

$$\chi(T) = RT, \qquad \psi(v) = \frac{v}{R},$$

R étant une quantité constante ne dépendant que de la nature du gaz. S'il en est ainsi, nous avons

$$pv = RT.$$

Nous retrouvons donc la relation fondamentale à laquelle nous sommes parvenu (**21**) en admettant les lois de Mariotte et de Gay-Lussac. Elle nous montre qu'à pression constante le volume d'un gaz quelconque est proportionnel à sa température absolue; par suite, le coefficient de dilatation doit avoir la même valeur pour tous les gaz : c'est bien la loi de Gay-Lussac.

Si donc il existait un gaz parfait, un thermomètre construit avec ce gaz indiquerait rigoureusement la température absolue.

130. Réciproquement, un gaz qui obéit aux lois de Mariotte et de Gay-Lussac obéit également à celle de Joule. On a, en effet,

$$dS = \frac{dU}{T} + \frac{Ap}{T}dv = \frac{dU}{T} + \frac{AR\,dv}{v}.$$

Comme dS est une différentielle exacte, A et R des constantes, $\frac{dv}{v}$ une différentielle exacte, il faut que

$$\frac{dU}{T}$$

soit une différentielle exacte, c'est-à-dire que U soit une fonction de T, ce qui est la loi de Joule.

Nous avons

$$dQ = dU + Ap\,dv,$$

d'où, pour $v = \text{const.}$,

$$dQ = c\,dT = \frac{dU}{dT}dT$$

et

$$c = \frac{dU}{dT},$$

et, pour $p = \text{const.}$,

$$\frac{dv}{v} = \frac{dT}{T}, \qquad \frac{Ap\,dv}{T} = \frac{AR\,dv}{v} = \frac{AR\,dT}{T},$$

$$dQ = C\,dT = \frac{dU}{dT}dT + AR\,dT,$$

$$C = \frac{dU}{dT} + AR,$$

$$C - c = AR.$$

131. La loi de Joule n'est qu'approchée. — Les lois de Mariotte et de Gay-Lussac étant, d'après l'expérience, deux lois dont les gaz naturels s'approchent plus ou moins, il est à présumer que la loi de Joule n'est aussi qu'une loi approchée.

Les expériences de Regnault sur la compressibilité des gaz à diverses températures permettent de montrer que cette loi n'est pas applicable rigoureusement aux gaz naturels.

Si nous admettons la loi de Joule, nous devons avoir (**130**), en désignant par $\psi(v)$ une fonction de volume spécifique,

$$p\psi(v) = T.$$

Par conséquent, la relation entre la pression et le volume spécifique d'un gaz est, lorsque la température reste constante,

$$p\psi(v) = \text{const.}$$

Or, d'après les expériences de Regnault, tous les gaz, sauf l'hydrogène, se compriment plus que ne l'indique la loi de Mariotte aux températures ordinaires et tendent vers cette loi quand la température augmente. Par conséquent, puisque la loi de Mariotte est exprimée par $pv = \text{const.}$, ces expériences montrent que $\psi(v)$ varie avec la pression plus rapidement que v aux températures ordinaires et que $\psi(v)$ est sensiblement proportionnel à v aux températures élevées. La fonction $\psi(v)$ dépend donc de la température, ce qui implique l'inexactitude de la loi de Joule.

D'ailleurs des expériences directes, entreprises par Joule et sir W. Thomson, ont montré que les gaz réels ne suivent pas exactement cette loi. Avant de décrire ces expériences et d'en exposer les résultats, étudions l'écoulement des fluides gazeux ou liquides dans un canal.

132. Écoulement des fluides. — Considérons un fluide en mouvement dans un canal et supposons le régime permanent établi, c'est-à-dire supposons que les variables qui définissent l'état du fluide ne dépendent pas du temps. Soit ABCD (*fig.* 20) la position à l'instant t d'une certaine masse de fluide que nous supposerons égale à l'unité. Au

Fig. 20.

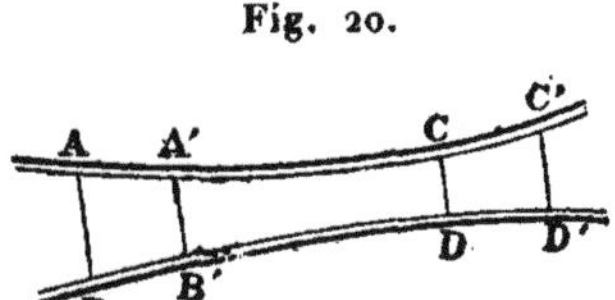

bout d'un intervalle de temps infiniment petit dt, cette masse occupe le volume A'B'C'D'.

Puisque nous avons supposé le régime permanent établi, les masses comprises dans les volumes ABA'B', CDC'D' ont la même valeur dm. Si nous désignons par φ_0 la vitesse du fluide en AB et par φ_1 sa valeur en CD, la distance des plans AB et A'B' est $\varphi_0 dt$, celle des plans CD et C'D' est $\varphi_1 dt$. En appelant ω_0 et ω_1 les surfaces des sections AB et CD, nous avons donc, pour les volumes ABA'B' et CDC'D',

$$\omega_0 \varphi_0 dt \quad \text{et} \quad \omega_1 \varphi_1 dt.$$

Par conséquent, si v_0 et v_1 sont les valeurs du volume spécifique du fluide qui occupe chacun de ces volumes, nous avons pour les masses

$$dm = \frac{\omega_0 \varphi_0 dt}{v_0} \quad \text{et} \quad dm = \frac{\omega_1 \varphi_1 dt}{v_1};$$

et, puisque ces masses sont égales,

$$\frac{\omega_0 \varphi_0}{v_0} = \frac{\omega_1 \varphi_1}{v_1},$$

ou, en désignant par ω, φ, v la section du canal, la vitesse du fluide et le volume spécifique en un point quelconque,

$$\frac{\omega\varphi}{v} = \text{const.}$$

C'est l'équation de continuité.

133. Une seconde équation est donnée par le principe de la conservation de l'énergie. Les forces extérieures se réduisent aux pressions qui s'exercent sur les surfaces du fluide ABCD et à la pesanteur. J'appelle $d\tau$ le travail de ces pressions et $-dV$ celui de la pesanteur. Il est clair que dV est une différentielle exacte. On a alors, en conservant aux lettres E, Q, U et W la même signification que dans les Chapitres précédents,

$$(1) \qquad E\,dQ + d\tau = E\,dU + dV + dW.$$

Évaluons chacune des quantités qui entrent dans cette relation.

La différentielle dV est donc égale à la variation de l'énergie potentielle due à la pesanteur. A l'instant t, cette énergie est la somme de l'énergie du fluide occupant le volume ABA′B′ et de celle du fluide occupant le volume A′B′CD; à l'instant $t + dt$ elle se compose de l'énergie du fluide occupant le volume A′B′CD et de celle du fluide occupant le volume CDC′D′. Si donc nous appelons z_0 la distance du centre de gravité de la masse ABA′B′ au-dessus d'un plan horizontal pris pour plan des xy et par z_1 la distance du centre de gravité du volume CDC′D′

au-dessus de ce même plan, nous avons

$$dV = g\,dm(z_1 - z_0).$$

La variation dW de la demi-force vive est

$$dW = dm\frac{\varphi_1^2}{2} - dm\frac{\varphi_0^2}{2}$$

ou

$$dW = \frac{dm}{2}(\varphi_1^2 - \varphi_0^2).$$

Quant à la variation de l'énergie interne, elle a pour expression

$$dU = dm(U_1 - U_0),$$

en appelant U_0 l'énergie interne rapportée à l'unité de masse du fluide occupant le volume ABA'B' et U_1 la valeur de la même quantité pour le fluide occupant le volume CDC'D'.

134. Évaluons le travail $d\tau$ des pressions extérieures. Les seules pressions qui produisent du travail sont celles qui s'exercent sur AB et sur CD. Si p_0 et p_1 sont les valeurs respectives de ces pressions par unité de surface, le travail résultant du déplacement de AB est

$$p_0\omega_0\varphi_0\,dt = p_0 v_0\,dm,$$

et celui qui résulte du déplacement de CD,

$$-p_1\omega_1\varphi_1\,dt = -p_1 v_1\,dm.$$

Nous avons donc

$$d\tau = (p_0 v_0 - p_1 v_1)\,dm.$$

Dans cette évaluation le travail provenant du frottement du fluide contre les parois du canal n'entre pas. Cependant nous pouvons en tenir compte. Il suffit de considérer le système formé par le fluide et le canal dans lequel il se meut. Les frottements sont alors intérieurs au système considéré et l'on ne doit pas en tenir compte dans l'expression du travail des forces extérieures. *Mais alors dQ représente la quantité de chaleur cédée au système du fluide et du canal, et non celle qui est cédée au fluide seulement.*

Si dans la relation (1) fournie par le principe de l'équivalence nous remplaçons $d\tau$, dU, dV et dW par les valeurs que nous venons de trouver, nous obtenons, en divisant par dm,

$$(2) \qquad E\frac{dQ}{dm} = E(U_1 - U_0) + g(z_1 - z_0) + \frac{1}{2}(\varphi_1^2 - \varphi_0^2) + (p_1 v_1 - p_0 v_0).$$

Il ne reste donc plus qu'à déterminer l'expression de $\frac{dQ}{dm}$. Cette différentielle peut s'écrire

$$\frac{dQ}{dm} = \frac{\frac{dQ}{dt}}{\frac{dm}{dt}}.$$

Par conséquent, $\frac{dQ}{dm}$ sera négligeable dans deux cas : si $\frac{dQ}{dt}$ est très petit, c'est-à-dire si les parois du canal sont peu conductrices de la chaleur; ou si $\frac{dm}{dt}$ est très grand, c'est-à-dire si l'écoulement du fluide est très rapide.

135. Remarque applicable aux liquides. — Les liquides sont supposés incompressibles; par suite, le volume spécifique v est constant. Il en résulte que la formule

$$dQ = A p dv + dU,$$

qui exprime, dans le cas d'un fluide quelconque, la quantité de chaleur qu'emprunte l'unité de masse de ce fluide, se réduit à

$$dQ = dU.$$

Mais cette quantité de chaleur est fournie en partie par des corps extérieurs au système, en partie par le frottement du fluide contre les parois; appelons dQ_0 la première portion et dQ_1 la seconde. Nous avons, en remplaçant la variation dU de l'énergie interne par sa valeur $dm(U_1 - U_0)$,

$$dQ_0 + dQ_1 = dm(U_1 - U_0).$$

Or la quantité dQ qui entre dans la relation (1) est la chaleur fournie au système par les corps extérieurs; c'est donc la même quantité que celle qui est désignée par dQ_0 dans la relation précédente. De cette relation tirons $\frac{dQ}{dm}$ et portons la valeur ainsi trouvée dans la relation (2); nous obtenons, après simplifications,

$$-E\frac{dQ_1}{dm} = g(z_1 - z_0) + \frac{1}{2}(\varphi_1^2 - \varphi_0^2) + v(p_1 - p_0).$$

C'est l'équation de Bernoulli. La quantité $E\frac{dQ_1}{dm}$ est ce qu'on appelle *la perte de charge due au frottement.*

136. Application aux gaz. — Dans le cas des gaz nous pouvons négliger l'action de la pesanteur et le terme $g(z_1 - z_0)$ disparaît de la relation (2). Étudions l'écoulement isotherme en supposant le gaz parfait et le frottement nul.

Décomposons le fluide occupant le volume ABCD en tranches ayant même masse dm. Au bout de chaque intervalle de temps dt chacune de ces tranches prendra la place de la suivante. La quantité de chaleur fournie à chacune de ces tranches pendant cet intervalle a pour valeur

$$dQ = dm(\mathrm{A}p\,dv + d\mathrm{U}).$$

L'écoulement étant isotherme, $d\mathrm{U}$ est nul, car, d'après la loi de Joule, U n'est fonction que de la température et par conséquent cette quantité conserve la même valeur quand la température reste constante. D'autre part, la relation fondamentale des gaz parfaits étant

$$pv = \mathrm{RT},$$

nous avons

$$p\,dv = \mathrm{RT}\frac{dv}{v}.$$

Par conséquent,

$$dq = dm\,\mathrm{ART}\frac{dv}{v},$$

et en intégrant pour le volume ABCD nous obtenons, pour la quantité de chaleur dQ fournie à l'unité de masse du gaz,

$$dQ = \int dm\,\mathrm{ART}\frac{dv}{v}.$$

Mais dm est constant ainsi que T; nous pouvons donc

écrire

$$\frac{dQ}{dm} = \text{ART}\int\frac{dv}{v} = \text{ART}(\log v_1 - \log v_2).$$

Portons cette valeur de $\frac{dQ}{dm}$ dans la relation (2), et remarquons que $U_1 - U_0 = 0$ d'après la loi de Joule et que $p_1 v_1 - p_0 v_0 = 0$ d'après la loi de Mariotte; il vient

$$\text{RT}(\log v_1 - \log v_2) = \frac{1}{2}(\varphi_1^2 - \varphi_0^2).$$

Telle est la relation qui lie le volume spécifique à la vitesse dans l'écoulement isotherme des gaz.

137. Considérons le cas où le gaz ne reçoit pas de chaleur de l'extérieur, le cas d'un écoulement adiabatique. La formule (2) donne alors, en faisant passer dans un même membre les quantités affectées d'un même indice,

$$\text{E}U_1 + \frac{\varphi_1^2}{2} + p_1 v_1 = \text{E}U_0 + \frac{\varphi_0^2}{2} + p_0 v_0$$

ou

$$\text{EU} + \frac{\varphi^2}{2} + pv = \text{const.} \tag{3}$$

Cette formule ne suppose pas que le frottement du gaz contre les parois du canal soit nul, ni que le gaz soit parfait. Faisons maintenant ces hypothèses.

Le gaz ne peut absorber de chaleur, puisqu'il n'en reçoit ni de l'extérieur ni par frottement; par conséquent, la transformation du gaz est adiabatique et nous avons (**70**)

$$pv^{\frac{C}{c}} = \text{const.}$$

De cette relation et de la relation fondamentale des gaz parfaits,

$$pv = \mathrm{RT},$$

nous tirons

$$\frac{p\mathrm{T}^{\frac{\mathrm{C}}{c}}}{p^{\frac{\mathrm{C}}{c}}} = \text{const.},$$

et par conséquent

$$\mathrm{T} = \mathrm{B}p^{\frac{\mathrm{C}-c}{\mathrm{C}}},$$

B désignant une constante.

Dans la relation (3) remplaçons U par sa valeur $c\mathrm{T}$ déduite de la loi de Joule (**130**), et pv par RT; nous avons

$$\mathrm{E}c\mathrm{T} + \frac{\varphi^2}{2} + \mathrm{RT} = \text{const.},$$

ou, en tenant compte de la valeur trouvée pour T,

$$(\mathrm{E}c + \mathrm{R})\mathrm{B}p^{\frac{\mathrm{C}-c}{\mathrm{C}}} + \frac{\varphi^2}{2} = \text{const.}$$

Mais

$$\mathrm{AR} = \mathrm{C} - c;$$

par conséquent, en éliminant R, il vient

$$\mathrm{ECB}p^{\frac{\mathrm{C}-c}{\mathrm{C}}} + \frac{\varphi^2}{2} = \text{const.}$$

C'est la formule de Zeuner.

138. Expériences de Joule et de sir W. Thomson. — Dans ces expériences, on rend le frottement très considérable en faisant passer le gaz à travers un tampon de bourre de soie c

comprimé entre deux rondelles métalliques a, a (*fig.* 21). Le tube, formé en cet endroit d'un cylindre de buis, est protégé contre tout effet thermique extérieur par un manchon *hh* rempli de bourre de soie et plongé dans de l'eau

Fig. 21.

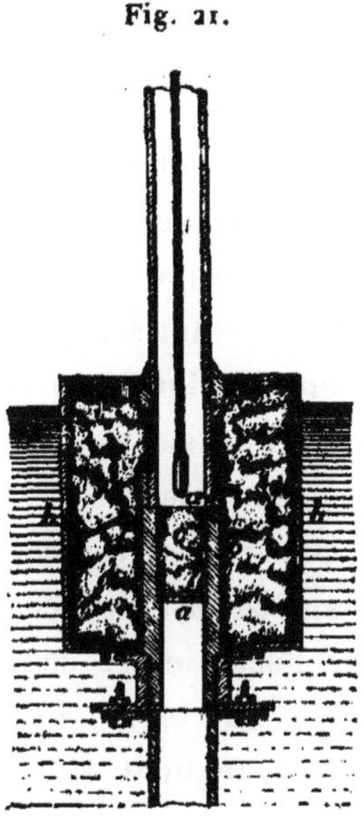

à température constante. Dans ces conditions la quantité de chaleur fournie par l'extérieur au système est nulle, et la formule (3) lui est applicable. D'ailleurs, à cause du frottement considérable qu'éprouve le gaz, l'écoulement peut être très lent, bien que la pression de part et d'autre du tampon puisse différer notablement; on peut donc négliger le carré de la vitesse φ, et cette formule se réduit à

$$EU + pv = \text{const.}$$

ou

$$(4) \qquad U + Apv = \text{const.}$$

Si le gaz est parfait, U, p et v ne dépendent que de la température T; par conséquent, le premier membre de la relation (4) ne dépend que de T. Puisqu'il est constant, la température d'un gaz parfait ne doit pas varier dans l'expérience de Joule et Thomson.

Or l'expérience a montré que, quel que soit le gaz employé, la température indiquée par le thermomètre placé au-dessus du tampon est toujours inférieure à la température que possédait le gaz avant son passage dans le tampon. Nous devons donc en conclure que l'une, au moins, des deux lois qui définissent un gaz parfait n'est pas rigoureusement suivie par les gaz réels.

Nous savons déjà, par les expériences de Regnault, que la loi de Mariotte est dans ce cas. Mais ces mêmes expériences nous apprennent que l'écart entre cette loi et la loi réelle de compressibilité n'a pas le même signe pour l'hydrogène et les autres gaz. Par conséquent, si la variation de température constatée dans les expériences de Joule et Thomson provenait uniquement de ce que le produit pv n'est pas uniquement fonction de la température, cette variation devrait avoir un signe différent pour l'hydrogène et pour les autres gaz. Comme cette variation est toujours négative, même avec l'hydrogène, c'est qu'elle est due en partie au terme U. L'énergie interne d'un gaz n'est donc pas uniquement fonction de la température; en d'autres termes, les gaz naturels n'obéissent pas rigoureusement à la loi de Joule. Telle est la conclusion importante des expériences de Joule et Thomson, conclusion que ne pouvaient mettre en évidence les premières expériences de Joule (**66**), beaucoup moins précises que les précédentes.

139. Expression de l'énergie interne d'un gaz. — Joule et sir W. Thomson ont constaté que la diminution de température indiquée par le thermomètre est inversement proportionnelle à la différence des pressions de part et d'autre du tampon, et inversement proportionnelle au carré de la température absolue du gaz. On a donc, en désignant par dT la variation de température et par dp la variation de pression,

$$dT = \frac{K\,dp}{T^2}, \tag{5}$$

K étant une constante positive dépendant de la nature du gaz. Ces résultats permettent de trouver une expression très approchée de l'énergie interne du gaz.

Prenons p et T comme variables indépendantes et différentions la relation (4); nous obtenons

$$\frac{d(U + Apv)}{dp}\,dp + \frac{d(U + Apv)}{dT}\,dT = 0. \tag{6}$$

Si nous supposons le gaz parfait, on a $U = cT$ d'après la loi de Joule, $pv = RT$ d'après les lois de Mariotte et de Gay-Lussac, et enfin $AR = C - c$ d'après le principe de l'équivalence; par conséquent,

$$U + Apv = CT,$$

et par suite

$$\frac{d(U + Apv)}{dT} = C.$$

Cette expression n'est pas rigoureusement applicable aux gaz réels; portons-la néanmoins dans la relation (1); nous obtiendrons

$$\frac{d(\mathrm{U}+\mathrm{A}pv)}{dp}\,dp = -\,\mathrm{C}\,d\mathrm{T},$$

et, en remplaçant $d\mathrm{T}$ par sa valeur (5) déduite des expériences de Joule et Thomson,

$$\frac{d(\mathrm{U}+\mathrm{A}pv)}{dp} = -\,\frac{\mathrm{KC}}{\mathrm{T}^2}.$$

Si nous intégrons, nous avons

$$\mathrm{U}+\mathrm{A}pv = -\,\frac{\mathrm{KC}p}{\mathrm{T}^2} + f(\mathrm{T}),$$

relation qui détermine U.

Si nous prenions v et T comme variables indépendantes, nous obtiendrions l'expression approchée de $\mathrm{U}+\mathrm{A}pv$ en remplaçant p par sa valeur tirée de la relation $pv = \mathrm{RT}$; il vient

$$\mathrm{U}+\mathrm{A}pv = \frac{\mathrm{KCR}}{\mathrm{T}v} + f(\mathrm{T}). \tag{7}$$

140. Détermination de l'équivalent mécanique de la chaleur. — Différentions la relation (4) en prenant pour variables indépendantes p et v; nous avons

$$d\mathrm{U} + \mathrm{A}p\,dv + \mathrm{A}v\,dp = 0.$$

Mais, d'après le principe de l'équivalence,

$$d\mathrm{U} + \mathrm{A}p\,dv = d\mathrm{Q};$$

par conséquent,

$$(8) \qquad dQ + Av\,dp = 0.$$

La quantité de chaleur fournie dans une transformation élémentaire est

$$dQ = C\frac{dT}{dv}dv + c\frac{dT}{dp}dp,$$

ou, en ajoutant et retranchant au second membre $C\frac{dT}{dp}dp$,

$$dQ = C\,dT - (C - c)\frac{dT}{dp}dp.$$

Si nous désignons par β le coefficient de dilatation du gaz sous volume constant, nous avons, pour la variation de pression dp résultant d'un accroissement dT de la température sans changement de volume,

$$dp = \beta p\,dT,$$

et par conséquent, pour la dérivée partielle de la température par rapport à la pression,

$$\frac{dT}{dp} = \frac{1}{\beta p}.$$

Portons cette valeur dans l'expression de dQ; il vient

$$dQ = C\,dT - \frac{C - c}{\beta p}dp,$$

et par suite, en remplaçant dQ par cette expression dans la relation (8),

$$C\,dT - \frac{C - c}{\beta p}dp + Av\,dp = 0.$$

Mais, d'après les expériences de Joule et Thomson,

$$dT = m\,dp,$$

m désignant, pour simplifier, le facteur $\frac{K}{T^2}$ de la relation (5). L'égalité précédente peut donc s'écrire

$$Cm - \frac{C-c}{\beta p} + Av = 0,$$

d'où nous tirons

$$A = \frac{C-c}{\beta pv} - \frac{Cm}{v},$$

expression différente de celle que nous avons obtenue au paragraphe **65** en supposant les gaz parfaits.

141. Évaluation des températures absolues à l'aide des gaz. — Si un gaz satisfait à la loi de Joule, sans être obligé de suivre la loi de Mariotte, nous aurions entre les quantités p, v, T la relation (**129**)

$$p\psi(v) = T.$$

La pression du gaz serait proportionnelle à la température absolue lorsque le volume reste constant; un thermomètre à volume constant indiquerait donc la température absolue. Mais, la loi de Joule n'étant qu'approchée, la détermination de la température absolue n'est pas aussi simple. Montrons qu'il est cependant possible d'arriver à cette détermination au moyen des gaz.

La quantité de chaleur absorbée par un gaz dans une transformation élémentaire est

$$dQ = dU + Ap\,dv,$$

ou, en prenant v et T comme variables indépendantes,

$$(9) \qquad dQ = \left(\frac{dU}{dv} + Ap\right) dv + \frac{dU}{dT} dT.$$

D'après le principe de Carnot $\frac{dQ}{T}$ doit être une différentielle exacte; nous avons donc, en appliquant ce principe,

$$\frac{d}{dT}\left(\frac{1}{T}\frac{dU}{dv} + \frac{Ap}{T}\right) = \frac{d}{dv}\left(\frac{1}{T}\frac{dU}{dT}\right).$$

De cette égalité nous tirons

$$\frac{A}{T}\frac{dp}{dT} - \frac{Ap}{T^2} = \frac{1}{T^2}\frac{dU}{dv}.$$

Mais nous avons, pour l'augmentation de pression dp résultant d'une élévation de température dT à volume constant,

$$dp = \beta p \, dT,$$

et par suite, pour la dérivée partielle de la pression par rapport à la température,

$$\frac{dp}{dT} = \beta p.$$

Portons cette valeur dans la relation précédente; nous obtenons

$$(10) \qquad A\beta p - \frac{Ap}{T} = \frac{1}{T}\frac{dU}{dv}.$$

Il nous faut donc calculer $\frac{dU}{dv}$ pour pouvoir déterminer T au moyen de cette relation.

Pour cela remarquons que l'on a

$$dQ = C\frac{dT}{dv}dv + c\frac{dT}{dp}dp,$$

ou, en ajoutant et retranchant au second membre $c\frac{dT}{dv}dv$,

$$dQ = (C - c)\frac{dT}{dv}dv + c\,dT.$$

Cette expression doit être identique à l'expression (9), puisque les variables sont les mêmes; par conséquent,

$$\frac{dU}{dv} + Ap = (C - c)\frac{dT}{dv}.$$

Si nous appelons α le coefficient de la dilatation à pression constante, nous avons, pour la variation dv du volume v résultant d'une augmentation dT de température sans changement de pression,

$$dv = \alpha v\,dT,$$

et par conséquent, pour la dérivée partielle de la température par rapport au volume,

$$\frac{dT}{dv} = \frac{1}{\alpha v}.$$

Nous avons donc

$$\frac{dU}{dv} + Ap = \frac{C - c}{\alpha v}.$$

Portons cette valeur de $\frac{dU}{dv}$ dans la relation (10); nous obtenons

$$A\beta pT = \frac{C - c}{\alpha v}$$

d'où

$$T = \frac{E(C-c)}{\alpha\beta p v}.$$

Telle est la valeur de la température absolue.

142. Nouvelles expressions de l'énergie interne des gaz. — On peut évaluer l'énergie interne d'un gaz en suivant une voie tout à fait différente de celle que nous avons employée (**139**). Il est donc intéressant, quelque précaires que soient des conclusions fondées sur des calculs qui portent sur des formules empiriques, de comparer l'expression obtenue dans ce paragraphe pour l'énergie interne à celle que l'on obtient au moyen des considérations que nous allons exposer. M. Amagat a fait sur les gaz un grand nombre d'expériences dans lesquelles il mesurait le volume occupé par une même masse gazeuse à des températures et des pressions variables. Il a proposé, pour représenter ses expériences, diverses formules de la forme

$$p = Tf(v) + \varphi(v).$$

M. van der Waals est parvenu à relier les résultats de ces expériences par une formule

$$p = \frac{RT}{v-\alpha} + \frac{\mu}{v^2}$$

qui rentre dans le type proposé par M. Amagat.

M. Sarrau a montré que la formule de Clausius

$$p = \frac{RT}{v-\alpha} - \frac{\mu}{T(v+\beta)^2}$$

convient également bien pour représenter les expériences de M. Amagat, quoique cette formule diffère de celles proposées par M. Amagat et M. van der Waals, par l'introduction de la température absolue dans le second terme du second membre. Dans ces formules, α, β, μ désignent des constantes très petites.

143. Prenons d'abord le type de formule proposé par M. Amagat; nous pouvons l'écrire, en changeant les notations pour simplifier ce qui va suivre,

$$\mathrm{A}p = \mathrm{T}f'(v) + \varphi(v).$$

Or nous avons vu (**126**) que, si l'on prend pour variables v et T, on a, pour la dérivée partielle par rapport à v de la fonction caractéristique H de M. Massieu,

$$\frac{d\mathrm{H}}{dv} = \mathrm{A}p.$$

Nous avons donc, avec la formule de M. Amagat,

$$\frac{d\mathrm{H}}{dv} = \mathrm{T}f'(v) + \varphi'(v),$$

et par suite

$$\mathrm{H} = \mathrm{T}f(v) + \varphi(v) + \psi(\mathrm{T}),$$

ψ étant une fonction arbitraire.

Nous déduisons de là

$$\mathrm{S} = \frac{d\mathrm{H}}{d\mathrm{T}} = f(v) + \psi'(\mathrm{T}),$$

et par conséquent

$$U = TS - H = T\psi'(T) - \psi(T) - \varphi(v).$$

Ajoutons à U le produit

$$Apv = Tvf'(v) + v\varphi'(v),$$

il vient

$$U + Apv = T\psi'(T) - \psi(T) - \varphi(v) + v\varphi'(v) + Tvf'(v).$$

Si nous comparons le second membre de cette égalité au second membre de l'égalité (7),

$$U + Apv = \frac{KCR}{Tv} + f(T),$$

déduite des expériences de Joule et Thomson, nous ne constatons aucune analogie, la première relation contenant des fonctions dépendant uniquement de v et la seconde n'en contenant pas. Il ne faut pas cependant attacher trop d'importance à cette contradiction et mettre en doute l'exactitude soit des résultats des expériences de Joule et Thomson, soit l'exactitude des résultats des expériences de M. Amagat, car les formules proposées par ce dernier physicien pour représenter ses expériences ne peuvent être vérifiées que dans des limites assez rapprochées; elles peuvent donc être en défaut au delà de ces limites et par conséquent ne pas exprimer la relation générale qui lie p, v et T.

144. Faisons un calcul analogue pour la formule vérifiée par M. Sarrau,

$$p = \frac{RT}{v - \alpha} - \frac{\mu}{T(v + \beta)^2}.$$

Dans les expériences de Joule et Thomson, le volume v est relativement grand, la pression du gaz n'étant jamais très forte; nous pouvons donc négliger α et β par rapport à v, et la formule précédente devient alors

$$p = \frac{RT}{v} - \frac{\mu}{Tv^2}.$$

Nous avons donc, en introduisant la fonction caractéristique de M. Massieu,

$$\frac{dH}{dv} = Ap = \frac{ART}{v} - \frac{A\mu}{Tv^2},$$

et par suite

$$H = ART \log v + \frac{A\mu}{Tv} + \psi(T).$$

Nous en déduisons

$$S = \frac{dH}{dT} = AR \log v - \frac{A\mu}{T^2 v} + \psi'(T)$$

et

$$U = TS - H = -\frac{2A\mu}{Tv} + T\psi'(T) - \psi(T).$$

Ajoutons

$$Apv = ART - \frac{A\mu}{Tv};$$

nous obtenons

$$U + Apv = -\frac{3A\mu}{Tv} + T\psi'(T) - \psi(T) + ART.$$

La comparaison de cette formule et de la formule (7)

montre que ces formules sont identiques si

$$3A\mu = KCR,$$

ce qui est possible. La formule de M. Sarrau concorde donc avec les conséquences des résultats obtenus par Joule et sir W. Thomson. Mais il ne faut voir là, jusqu'à nouvel ordre, qu'un exercice intéressant de calcul.

CHAPITRE X.

LIQUIDES ET SOLIDES.

145. Entropie et énergie interne d'un liquide parfait. — Dans un liquide parfait la compressibilité est supposée nulle. Le volume spécifique n'est donc fonction que de la température, et nous pouvons poser

$$v = f(T).$$

Prenons p et T comme variables indépendantes. La fonction caractéristique de M. Massieu est alors (**127**)

$$H' = TS - U - Apv,$$

et l'on a

$$\frac{dH'}{dp} = -Av \quad \text{et} \quad \frac{dH'}{dT} = S.$$

Par conséquent, pour un liquide parfait,

$$\frac{dH'}{dp} = -Af(T);$$

nous en tirons

$$H' = -Apf(T) + \psi(T),$$

ψ étant une fonction arbitraire. Il en résulte

$$(1) \qquad S = \frac{dH'}{dT} = -Apf'(T) + \psi'(T),$$

et par conséquent

$$(2) \quad \begin{cases} U = TS - H' - Apv \\ \quad = -ApTf'(T) + T\psi'(T) - 2Apf(T) - \psi(T). \end{cases}$$

146. Si nous supposons constant le coefficient de dilatation α du liquide, nous aurons

$$v = v_0[1 + \alpha(T - T_0)],$$

T_0 étant égal à 273° C. Par conséquent,

$$f(T) = v_0[1 + \alpha(T - T_0]$$

et

$$f'(T) = \alpha v_0.$$

Il en résulte, pour l'expression de l'entropie,

$$S = -Ap\alpha v_0 + \psi'(T).$$

Dans une transformation à pression constante la variation dS de l'entropie a pour valeur

$$dS = \psi''(T)\,dT.$$

Or, par définition,

$$dS = \frac{dQ}{T},$$

et, si nous appelons C la chaleur spécifique du liquide sous pression constante,

$$dQ = C\,dT.$$

Nous avons donc

$$\psi''(T) = \frac{C}{T}.$$

Admettons que C ne dépende pas de la température; nous avons alors, en intégrant les deux membres de l'égalité précédente,

$$\psi'(T) = C \log T.$$

Par conséquent, nous avons, pour l'entropie d'un liquide incompressible pour lequel le coefficient de dilatation et la chaleur spécifique ne dépendent pas de la température,

$$S = -Ap\alpha v_0 + C \log T. \tag{3}$$

147. Cherchons, en faisant les mêmes hypothèses, quelle est l'expression de l'énergie interne.

L'expression (2) de U, trouvée (**145**), peut s'écrire

$$U = -ApT\alpha v_0 - 2Apv + T\psi'(T) - \psi(T). \tag{4}$$

Lorsque la pression est nulle, elle se réduit à

$$U = T\psi'(T) - \psi(T). \tag{5}$$

Mais nous avons en général

$$dU = dQ - Ap\,dv;$$

si donc p est égal à zéro, il vient

$$dU = dQ.$$

Or la chaleur fournie dQ a pour valeur, lorsque la pression reste nulle et, par conséquent, constante,

$$dQ = C\,dT;$$

nous avons donc

$$dU = C\,dT.$$

En intégrant et égalant la valeur de U ainsi trouvée à celle qui est donnée par l'égalité (5), nous obtenons

$$CT = T\psi'(T) - \psi(T).$$

Par conséquent, l'expression (4) de U devient

$$U = -ApT\alpha v_0 - 2Apv + ACT.$$

148. Transformation adiabatique d'un liquide compressible. — Supposons qu'un liquide compressible subisse une transformation adiabatique, qu'il éprouve, par exemple, une compression ou une détente brusque.

La transformation étant adiabatique, dQ est nul pour chaque élément de la courbe représentative, et par conséquent l'entropie S reste constante; nous avons donc

$$(1) \qquad dS = \frac{dS}{dp}dp + \frac{dS}{dT}dT = 0.$$

Cherchons l'expression des deux dérivées partielles qui entrent dans cette relation. Si nous supposons la pression constante, nous avons

$$dS = \frac{dQ}{T} = \frac{C\,dT}{T},$$

et par suite

$$\frac{dS}{dT} = \frac{C}{T}.$$

Les variables étant p et T, les propriétés de la fonction

caractéristique de **H'** de **M.** Massieu nous donnent

$$\frac{d\mathrm{H}'}{d\mathrm{T}} = \mathrm{S} \quad \text{et} \quad \frac{d\mathrm{H}'}{dp} = -\mathrm{A}v.$$

Dérivons la première de ces expressions par rapport à p, la seconde par rapport à T; nous obtenons

$$\frac{d^2\mathrm{H}'}{dp\,d\mathrm{T}} = \frac{d\mathrm{S}}{dp}, \qquad \frac{d^2\mathrm{H}'}{dp\,d\mathrm{T}} = -\mathrm{A}\frac{dv}{d\mathrm{T}};$$

par conséquent,

$$\frac{d\mathrm{S}}{dp} = -\mathrm{A}\frac{dv}{d\mathrm{T}}.$$

Si nous remplaçons dans la relation (1) les dérivées partielles de l'entropie par les valeurs que nous venons de trouver pour ces dérivées, nous avons

$$\mathrm{A}\frac{dv}{d\mathrm{T}}dp - \frac{\mathrm{C}}{\mathrm{T}}d\mathrm{T} = 0.$$

149. Formule de Clapeyron. — Cette relation sera encore vraie si les variations de la pression et de la température sont finies, mais petites; nous aurons donc, en appelant δp et $\delta\mathrm{T}$ ces variations finies,

$$\mathrm{A}\frac{dv}{d\mathrm{T}}\delta p - \frac{\mathrm{C}}{\mathrm{T}}\delta\mathrm{T} = 0;$$

cette formule est due à Clapeyron.

Elle nous montre que, si $\frac{dv}{d\mathrm{T}}$ est positif, c'est-à-dire si le liquide se dilate par la chaleur, une compression échauffe ce liquide; au contraire, pour les liquides qui diminuent de volume quand la température augmente, à une compression correspond un refroidissement.

Cette formule a été vérifiée expérimentalement pour un certain nombre de liquides. Joule a opéré sur l'eau; il a constaté que, conformément à cette formule, ce liquide s'échauffe par compression lorsque sa température est plus élevée que 4°, tandis qu'il se refroidit lorsque sa température est inférieure à 4°. Les variations de température étaient mesurées à l'aide d'une pince thermo-électrique dont l'une des soudures était plongée dans le liquide et l'autre maintenue à température constante. Les nombres ainsi trouvés sont excessivement voisins de ceux que donne la formule par le calcul; la vérification est donc bonne. Joule a également expérimenté avec l'huile de baleine; pour ce corps l'écart entre la variation de température observée et la variation calculée est un peu plus grand que pour l'eau; néanmoins la vérification de la formule de Clapeyron est encore très satisfaisante.

Remarquons que cette formule convient également aux solides, car dans le raisonnement qui nous y a conduit nous n'avons fait aucune hypothèse restrictive. Quelques expériences de vérification ont été tentées avec ces corps; elles présentent de grandes difficultés, la formule supposant la pression p uniforme dans tout le corps, condition presque impossible à réaliser dans le cas des solides.

150. Remarques sur les corps présentant un maximum de densité. — Généralement le volume d'un corps augmente d'une manière continue en même temps que la température; ceux pour lesquels il en est autrement sont des exceptions peu nombreuses; aussi était-il naturel de laisser de côté, comme nous l'avons fait, ces exceptions pour ne considérer que le cas général. Dans l'étude des liquides, le cas des corps présentant un maximum de densité prend une importance exceptionnelle, l'eau, le plus répandu des liquides, jouissant de cette propriété. Examinons donc quelles conséquences découlent de l'existence d'un maximum de densité.

En premier lieu, l'état d'un tel corps n'est plus complètement défini par des variables p et v, puisque à des valeurs déterminées de l'une et l'autre de ces variables peuvent correspondre deux valeurs de la température. La méthode graphique de Clapeyron ne peut donc être employée pour représenter les transformations que subit ce corps.

On peut néanmoins représenter encore graphiquement l'état du corps au moyen d'un point de l'espace dont les coordonnées sont les valeurs de p, v et T correspondant à l'état considéré. Si

$$f(p, v, T) = 0 \tag{1}$$

est la relation fondamentale du corps, le point représentatif est situé sur la surface Σ représentée par cette équation. Lorsque le corps se transforme en revenant à son état initial, le point représentatif décrit une courbe fermée sur cette surface. La projection de cette courbe sur le plan des pv, le plan horizontal par exemple, est évidemment la courbe que l'on obtiendrait en appliquant le mode de représentation de Clapeyron.

151. Quand le corps passe par son maximum de densité, la dérivée du volume par rapport à la température est nulle :

$$\frac{dv}{dT} = 0.$$

En dérivant par rapport à T la relation fondamentale (1), nous avons

$$\frac{df}{dT} + \frac{df}{dv}\frac{dv}{dT} = 0.$$

Par conséquent, au point correspondant au maximum de densité on a

$$\frac{df}{dT} = 0.$$

Le plan tangent à la surface Σ en ce point est donc parallèle à l'axe des T, c'est-à-dire vertical. Le lieu MN des points de contact de ces plans tangents, pour des valeurs diverses de p et de v, sépare donc la surface Σ en deux portions R et R′ (*fig.* 22) qui se projettent l'une sur l'autre sur le plan

Fig. 22.

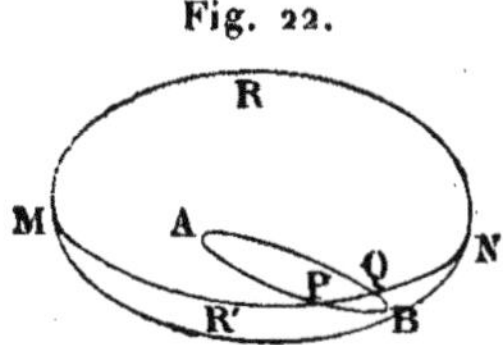

des pv. Il peut donc arriver que les projections de deux isothermes se coupent, quoique ces isothermes ne se coupent pas sur la surface Σ.

De plus, certaines isothermes et certaines adiabatiques pourront être tangentes entre elles. En effet toute ligne, telle que APB, qui coupe la courbe MN, se projette suivant une ligne tangente à la projection de MN. Par conséquent, l'adiabatique et l'isotherme qui passent par le point P sont tangentes au même point de la projection de MN et, par suite, sont tangentes entre elles dans le mode de représentation de Clapeyron.

152. Nous ne pouvons plus démontrer qu'une adiabatique et une isotherme ne se coupent qu'en un point. La démonstration de cette proposition faite au paragraphe **107** est en défaut dans le cas qui nous occupe.

Le travail correspondant à une transformation élémentaire étant $p\,dv$, le travail accompli par le corps, lorsque son point figuratif décrit une courbe fermée AQPB sur la surface Σ, est égal à l'aire de la projection de cette courbe prise avec le signe + ou le signe —, suivant le sens du mouvement du point figuratif sur la projection. Or, si la courbe fermée est coupée par la ligne MN, elle donne en projection deux courbes fermées *apca* et *cbqc* (*fig.* 23)

Fig. 23.

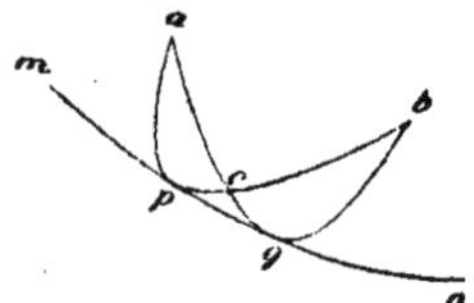

décrites l'une dans le sens direct, l'autre dans le sens rétrograde. Le travail accompli par le corps pendant la transformation est alors la différence des aires limitées par ces courbes. Il peut être nul et le raisonnement du paragraphe **107** qui suppose ce travail positif n'est plus applicable. Une adiabatique et une isotherme peuvent donc, dans certains cas, se couper en plusieurs points.

153. Les propriétés démontrées aux paragraphes **107** et suivants n'étant pas toujours vraies dans le cas où le corps considéré présente un maximum de densité, la démonstration du théorème de Clausius donnée dans le Chapitre VII se trouve en défaut. Montrons que ce théorème est encore applicable.

Si nous supposons que le corps considéré accomplisse une transformation dont la courbe représentative soit entièrement contenue dans l'une ou l'autre des portions R ou R′ de la surface Σ, la projection de cette courbe sur le plan des dv ne présente aucun point singulier. Les propriétés des isothermes et des adiabatiques sont alors les mêmes que dans le cas où la représentation graphique de Clapeyron est possible, et, par conséquent, le théorème de Clausius est applicable à un cycle fermé, entièrement contenu dans R ou R′.

Lorsque le cycle fermé AQBP (*fig.* 22) coupe la ligne MN, on peut le considérer comme formé des cycles AQPA et BPQB. Le premier est tout entier contenu dans la portion R de la surface Σ; le second, dans la portion R′. Par suite, l'intégrale $\int \frac{dQ}{T}$ est nulle lorsqu'on la prend le long de chacun de ces cycles. Elle doit donc être encore nulle lorsqu'on la prend le long du cycle AQBP formé par leur réunion.

154. Cas des solides. — Cette extension du théorème de Clausius montre que ce théorème peut être appliqué à tout corps remplissant les conditions suivantes :

1° Il existe une relation

$$f(p, v, T) = 0$$

entre les trois variables qui définissent l'état du corps; T représente ici la température absolue; mais p et v peuvent représenter d'autres variables que la pression et le volume spécifique que ces lettres désignent d'ordinaire. Notre seule hypothèse est que ces deux variables, jointes à T, déterminent entièrement l'état du corps.

2° Le travail extérieur élémentaire produit par l'unité de masse du corps a pour expression $p\,dv$.

Ces conditions sont remplies par un fil fixé par l'une de ses extrémités et soumis à une traction.

En effet, si m est la masse du fil et si nous désignons par mv sa longueur, v représente la longueur d'une portion de fil dont la masse est l'unité; v peut donc être appelé la *longueur spécifique* du fil. Désignons par $-p$ la force de traction exercée sur le fil. Il existe évidemment une relation entre la température du fil, sa longueur et le poids tenseur, et par conséquent entre T, v et p; la première condition est donc remplie.

D'autre part, pour un accroissement $m\,dv$ de la longueur du fil, le travail du poids tenseur est $-pm\,dv$; par suite, le travail de la réaction du fil est $pm\,dv$. Le travail extérieur produit par unité de masse est donc $p\,dv$, et la seconde condition est également satisfaite.

155. Application de la formule de Clapeyron. — Le théorème de Clausius étant applicable, les conséquences de ce théorème le sont aussi.

Prenons la formule de Clapeyron

$$A \frac{dv}{dT} \delta p - \frac{C}{T} \delta T = o.$$

La plupart des substances s'allongent quand on les chauffe; $\frac{dv}{dT}$ est donc généralement positif. Il résulte alors de la formule précédente qu'en général

$$\frac{\delta T}{\delta p} > o.$$

Lorsqu'on tend brusquement le fil, la variation de p est négative, puisque nous avons représenté la tension par une quantité négative; il faut donc que δT soit aussi négatif, c'est-à-dire que le fil se refroidisse quand on l'étire. C'est ce qu'il est facile de vérifier expérimentalement au moyen d'un fil métallique.

Si, au contraire, un fil s'échauffe lorsqu'on le tend brusquement, il résulte de la formule de Clapeyron que

$$\frac{dv}{dT} < o.$$

La matière du fil doit donc se contracter lorsqu'on la chauffe et, par conséquent, la longueur du fil doit diminuer.

Gough, vers 1810, a observé que la température d'un tube de caoutchouc noir, fortement tendu, s'élève quand on l'étire davantage. Conformément à la conclusion précédente, Joule a constaté qu'un fil formé de cette variété de caoutchouc se raccourcit quand on le chauffe. Il est d'ailleurs facile de montrer cette curieuse propriété : on attache en B, à un levier OC (*fig.* 24), un tube de caoutchouc noir dont l'autre extrémité est fixée en A; un poids P tend ce

Fig. 24.

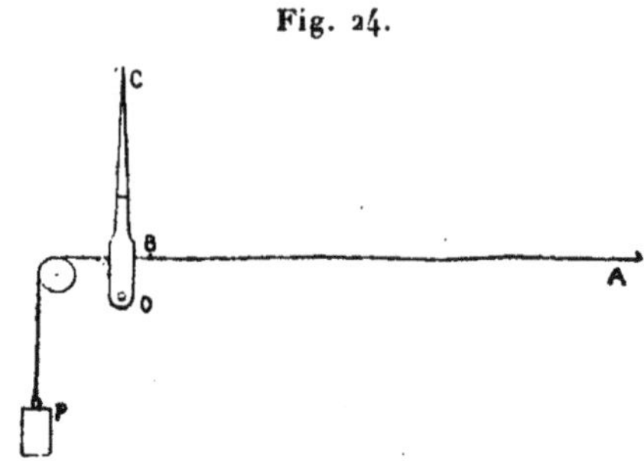

tube. Lorsqu'on le chauffe, on voit le levier se déplacer dans le sens qui indique une diminution de longueur.

156. Représentation du cycle de l'expérience d'Edlund. — Lorsqu'on prend pour variables indépendantes le poids tenseur $-p$ et la longueur spécifique v, les transformations d'une barre solide, soumise à une tension, peuvent se représenter graphiquement. Comme application, considérons l'expérience d'Edlund (**85**).

Pendant la première phase de l'expérience, celle où l'on tend le fil, le point représentatif de l'état de ce fil décrit la courbe AB (*fig.* 25), située dans la portion du plan correspondant aux valeurs négatives de p et aux valeurs positives de v. Quand on détache brusquement le poids tenseur, le point figuratif décrit une courbe BC. Cette courbe coupe l'axe des v en un point C plus éloigné que le point A de l'origine O, car, la température finale étant plus élevée que la température initiale, la longueur spécifique du fil a augmenté. Si on laisse le fil reprendre sa valeur initiale, le point figuratif se déplace de C en A et le cycle est fermé.

Fig. 25.

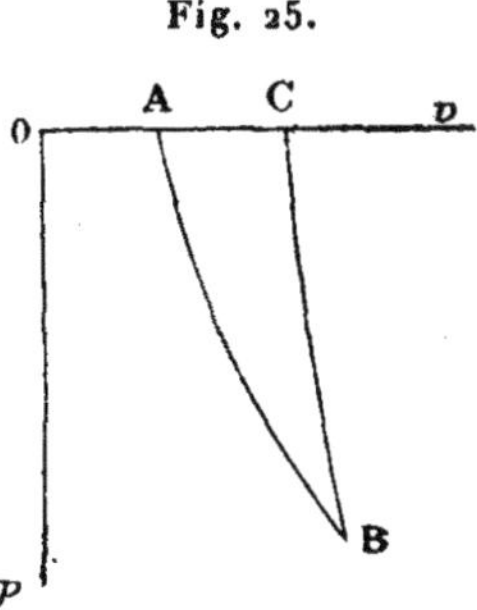

Le fil reprenant son état primitif, la variation de son énergie est nulle. Par conséquent, de la relation du paragraphe **60**

$$dW + dU = d\tau + E\,dQ,$$

qui exprime le principe de l'équivalence, nous déduisons

$$\int d\tau + E\int dQ = 0.$$

Les deux premières phases de l'expérience représentées par les courbes AB et BC étant très courtes, le fil n'emprunte et ne cède pas de chaleur à l'extérieur; mais il y a une différence importante à signaler entre ces deux phases. Dans la phase AB, le poids tenseur agit, il y a travail extérieur; la courbe AB est une adiabatique; dans la phase BC, il ne se produit aucun travail extérieur; on se trouve donc placé dans des conditions analogues à celles de l'expérience de Joule, où les gaz se détendent sans produire de travail extérieur et sans échange de chaleur avec le calorimètre.

En d'autres termes, BC est une courbe isodynamique. Quand on détache brusquement le poids tenseur, le fil se raccourcit brusquement, ses diverses molécules acquièrent des mouvements rapides qui sont promptement détruits et transformés de nouveau en chaleur par une sorte de frottement intérieur.

Le travail fourni pendant la phase AB par les forces extérieures a pour expression $-\int p\,dv$, et, puisque p est négatif, ce travail a une valeur positive τ. Suivant CA, le fil cède à l'extérieur une quantité de chaleur $C\,\delta T$, C étant la chaleur spécifique sous pression constante de la matière formant le fil et δT l'abaissement de température quand le point figuratif passe de C en A; nous avons donc pour la quantité de chaleur fournie au fil $-C\,\delta T$, et la relation précédente devient

$$\tau - EC\,\delta T = 0.$$

Cette égalité n'est autre que le quotient par la masse m du fil de l'égalité obtenue au paragraphe **85**. En effet, $m\tau$ est le travail total accompli par les forces extérieures, c'est-à-dire $p\varepsilon$, ε étant l'allongement du fil; de plus, mC est la capacité calorifique a du fil.

CHAPITRE XI.

VAPEURS SATURÉES.

157. Vapeurs saturées. — Considérons l'unité de masse d'un liquide enfermé dans un espace clos par un piston; si nous soulevons ce piston, une partie du liquide se vaporise, et, si l'on maintient la température constante, la pression de la vapeur conserve la même valeur, pourvu toutefois que le liquide ne soit pas complètement transformé en vapeur, en d'autres termes, pourvu que la vapeur reste *saturée*. Quand la température varie la pression change, mais pour chaque température elle prend une valeur constante quel que soit le volume v occupé par le système formé du liquide et de la vapeur. Cette pression, qu'on nomme *tension maxima,* est donc uniquement fonction de la température. Si nous négligeons l'action de la pesanteur, elle aura la même valeur en tout point du liquide et de la vapeur, et la relation fondamentale du système se réduit à

$$p = f(\mathrm{T}).$$

L'existence de cette relation permet de représenter complètement l'état du système au moyen de deux des variables p, v, T. D'autre part, le travail extérieur accompli par le système quand le volume augmente de dv est évidemment $-p\,dv$. Par conséquent, les principes fondamentaux de la Thermodynamique et les relations qui s'en déduisent sont applicables au système formé par un liquide et sa vapeur.

158. Expression de l'entropie d'un système formé par un liquide et sa vapeur. — Considérons toujours l'unité de masse du système; si nous appelons m la masse de la vapeur formée, $1-m$ est celle du liquide. Désignons par λ le volume spécifique de ce liquide et par σ celui de sa vapeur. Nous avons, entre ces quantités et le volume v occupé par l'unité de masse du système, la relation

$$v = m\sigma + (1-m)\lambda,$$

d'où nous tirons

$$v - \lambda = m(\sigma - \lambda). \tag{1}$$

Prenons v et T comme variables indépendantes. L'expression de la fonction caractéristique de M. Massieu (**126**) est alors

$$\mathbf{H} = \mathbf{TS} - \mathbf{U},$$

et, d'après les propriétés de cette fonction, on a

$$\frac{d\mathbf{H}}{dv} = \mathbf{A}\,p.$$

Mais, p étant, dans le cas qui nous occupe, uniquement fonction de la température, l'intégration des deux membres de cette égalité donne

$$H = Apv + \psi(T).$$

D'ailleurs, la fonction $\psi(T)$ introduite par cette intégration étant absolument arbitraire, il est permis d'ajouter au second membre de l'expression précédente une fonction quelconque de la température, par exemple $-Ap\lambda$, puisque le volume spécifique du liquide λ dépend de T et non de v; nous pouvons donc écrire

$$H = Apv + \psi(T) - Ap\lambda$$

ou

$$H = Ap(v - \lambda) + \psi(T).$$

De cette expression de H il est facile de déduire celle de l'entropie S, puisque cette dernière fonction est la dérivée de H par rapport à T; nous avons

$$S = \frac{dH}{dT} = Ap'(v - \lambda) - Ap\lambda' + \psi'(T),$$

ou, en tenant compte de la relation (1),

$$S = Ap'm(\sigma - \lambda) - Ap\lambda' + \psi'(T), \tag{2}$$

les lettres accentuées représentant les dérivées par rapport à la température des quantités correspondantes.

159. Chaleur latente de vaporisation d'un liquide. — Si $dQ = L\,dm$ est la quantité de chaleur nécessaire pour transformer en vapeur une masse dm de liquide, la vapeur restant saturée et la température conservant la même valeur, le facteur L est, par définition, la *chaleur latente de* *vaporisation* du liquide. L'expression (2) de l'entropie, bien qu'elle contienne une fonction arbitraire, permet d'en déterminer la valeur.

Nous avons, en effet, pour la variation d'entropie qui se produit pendant la transformation,

$$dS = \frac{dQ}{T} = \frac{L\,dm}{T}.$$

La température restant constante, dS est la variation de l'entropie correspondant à une variation dv de la variable v. Or, des quantités qui figurent dans l'expression (2) m est la seule qui ne dépende pas uniquement de la température. C'est donc la seule qui varie lorsque la température reste constante; par suite, nous avons

$$dS = A\,p'(\sigma - \lambda)\,dm,$$

et, en égalant les deux valeurs de dS, il vient

$$L = A p' T(\sigma - \lambda). \tag{3}$$

Cette formule est souvent désignée sous le nom de *formule de Clapeyron*.

160. Vérifications expérimentales de la formule de Clapeyron. — La vérification expérimentale de cette formule constitue une vérification, indirecte mais néanmoins très probante, des principes fondamentaux de la Thermodynamique qui ont servi à l'établir; à ce titre ces vérifications sont très importantes.

La plus simple consiste à mesurer séparément chacune

des quantités L, A, T, σ, λ et p; connaissant les valeurs de p pour diverses températures, on déduit la fonction qui lie p et T, et par dérivation on a p'; il ne reste plus qu'à vérifier l'égalité des valeurs numériques des deux membres de la formule.

La plus délicate des mesures à effectuer est celle du volume spécifique σ de la vapeur saturée. En 1861, MM. Fairbain et Tate [1] ont opéré sur l'eau; tout récemment, et par deux méthodes très bonnes, M. Pérot [2] a déterminé le volume spécifique de la vapeur d'eau et de la vapeur d'éther saturées. Ce dernier savant se servait de la formule (3) pour calculer l'équivalent mécanique de la chaleur; les nombres qu'il a obtenus sont voisins de 424. En déterminant les diverses quantités qui entrent dans la formule sur le même échantillon d'éther, il a trouvé 424,67. La faible différence entre ce nombre et ceux donnés par les dernières expériences de M. Joule et de M. Rowland confirme l'exactitude de Clapeyron.

MM. Cailletet et Mathias [3] ayant déterminé la densité de l'éthylène, du protoxyde d'azote, de l'acide carbonique et de l'acide sulfureux à l'état liquide et à l'état de vapeur saturée, λ et σ étaient connus. M. Mathias [4] a complété ces recherches en mesurant la chaleur latente de vaporisation des trois derniers corps, et il a trouvé le plus complet accord entre les résultats de ces mesures et les nombres fournis par la formule de Clapeyron.

---

(1) *Ann. de Chim. et de Phys.*, 3e série, t. LXII, p. 249.
(2) *Ann. de Chim. et de Phys.*, 6e série, t. XIII, 1888, p. 145.
(3) *Journ. de Phys.*, 2e série, t. V, 1886, p. 549, et t. VI, 1887, p. 414.
(4) *Ann. de Chim. et de Phys.*, 6e série, t. XXI, 1890, p. 69.

161. M. Bertrand a fait usage d'un autre mode de vérification dont voici le principe.

Si, dans la formule de Clapeyron, nous négligeons le volume spécifique λ du liquide par rapport au volume spécifique σ de sa vapeur saturée, qui est toujours beaucoup plus grand que λ quand le liquide n'est pas dans le voisinage du point critique, il vient

$$L = A p' T \sigma.$$

Nous en tirons

$$\frac{p'}{p} = \frac{1}{AT} \frac{L}{p\sigma}. \tag{4}$$

Par conséquent, si nous pouvons connaître L et $p\sigma$ en fonction de T, l'égalité précédente nous donnera, par intégration, la valeur de Log$p$ en fonction de T. Un simple calcul permettra alors de trouver les valeurs de la pression correspondant à diverses températures. Leur comparaison avec les résultats obtenus par la mesure directe des tensions maxima des vapeurs servira de vérification à la formule de Clapeyron.

162. M. Bertrand a vérifié que pour la vapeur d'eau [1] le quotient

$$\frac{p\sigma}{T + 127}$$

est sensiblement constant et égal à 2,47. On peut donc

---

[1] BERTRAND, *Thermodynamique*, p. 155.

écrire pour cette vapeur

$$p\sigma = R(T + \mu),$$

R et μ étant des constantes.

D'autre part, d'après les expériences de Regnault, la quantité de chaleur qu'il faut fournir à 1^{kg} d'eau pris à la température de la glace fondante pour le transformer complètement en vapeur à la température t du thermomètre centigrade est

$$606,5 + 0,305\,t.$$

Si de cette quantité nous retranchons celle qui a servi à faire passer l'eau liquide de 0° à t°, nous obtenons

$$L = 606,5 - 0,695\,t,$$

ou, en introduisant la température absolue,

$$L = 606,5 - 0,695(T - 273),$$

ou, en désignant les constantes numériques par des lettres,

$$L = \alpha - \beta T.$$

Portons ces expressions de $p\sigma$ et de L dans la relation (4); il vient

$$\frac{p'}{p} = \frac{\alpha - \beta T}{ART(T + \mu)}.$$

Le second membre de cette égalité, étant une fraction rationnelle, peut se décomposer en une somme de fractions simples :

$$\frac{p'}{p} = \frac{\gamma}{T} - \frac{\delta}{T + \mu}.$$

Par intégration, nous obtenons

$$\operatorname{Log} p = \gamma \operatorname{Log} T - \delta \operatorname{Log}(T + \mu) + \operatorname{Log} G,$$

et, en passant des logarithmes aux nombres,

$$p = \frac{GT^{\gamma}}{(T + \mu)^{\delta}},$$

G étant une constante.

Les valeurs de p données par cette formule concordent parfaitement avec les valeurs trouvées par Regnault.

163. M. Bertrand a également constaté [1] que pour tous les corps sur lesquels on a fait des déterminations le rapport $\frac{p\sigma}{L}$ est une fonction linéaire de T:

$$\frac{p\sigma}{L} = R(T - \mu).$$

La relation (4) devient alors

$$\frac{p'}{p} = \frac{1}{ART(T - \mu)} = \frac{\delta}{T - \mu} - \frac{\delta}{T},$$

où

$$\delta = \frac{1}{AR\mu}.$$

Nous en tirons

$$\operatorname{Log} p = \delta \operatorname{Log}(T - \mu) - \delta \operatorname{Log} T + \operatorname{Log} G$$

et

$$p = G\left(\frac{T - \mu}{T}\right)^{\delta}. \tag{5}$$

---

(1) BERTRAND, *loc. cit.*, p. 163.

Les nombres déduits de cette formule présentent avec ceux qui résultent des mesures directes un accord très satisfaisant.

164. Pour un même corps on peut donner à δ des valeurs très différentes sans que la formule précédente cesse de s'accorder avec l'expérience. M. Bertrand a donné l'explication de ce fait singulier.

Remarquons que la valeur de l'expression

$$\left(1-\frac{x}{m}\right)^m,$$

pour m infini, est e^x. Par conséquent, à partir d'une valeur de m suffisamment grande, les valeurs de cette expression différeront excessivement peu quand on fera croître m. Or le second membre de la formule (5) peut s'écrire

$$G\left(1-\frac{\frac{\mu\delta}{T}}{\delta}\right)^\delta,$$

ou, d'après la valeur de δ,

$$G\left(1-\frac{\frac{AR}{T}}{\delta}\right)^\delta.$$

D'ailleurs, A étant petit, R l'étant aussi, la quantité δ doit être grande. Il résulte donc de ce qui précède qu'il est possible de prendre pour δ deux valeurs très différentes, pourvu qu'elles soient grandes, sans que les valeurs correspondantes de p cessent d'avoir un grand nombre de décimales communes et, par suite, d'être d'accord avec l'expérience.

165. Pour l'acide carbonique, l'alcool et le mercure, le rapport $\frac{p\delta}{L}$ est très sensiblement constant entre certaines limites de température. Dans ce cas,

$$\frac{p'}{p} = \frac{\delta}{T},$$

δ étant une constante, et l'on a pour la pression

$$p = GT^{\delta}.$$

M. Bertrand a vérifié que, dans les limites de température pour lesquelles elle a été établie, cette formule concorde avec l'expérience.

166. Détermination de la fonction arbitraire entrant dans l'expression de l'entropie. — L'étude des vapeurs saturées conduit à d'autres vérifications des principes fondamentaux de la Thermodynamique. Ces vérifications exigeant la connaissance de la fonction ψ qui figure dans l'expression (2) de l'entropie, déterminons d'abord cette fonction.

Supposons une masse de liquide égale à l'unité sous une pression égale à celle de sa vapeur saturée, à la même température T. Faisons croître la température de dT et en même temps faisons varier le volume v occupé par le liquide de telle façon que la pression devienne celle de la vapeur saturée à la température $T + dT$. Dans ces conditions aucune portion du liquide ne se vaporise.

La quantité de chaleur fournie au liquide pendant cette

opération a pour valeur

$$dQ = T\,ds,$$

ds étant la variation de l'entropie du liquide. Or il est évident que nous obtiendrons s en faisant $m = 0$ dans l'expression (2) de l'entropie S d'un système formé d'une masse m de vapeur saturée et d'une masse $1 - m$ de liquide; nous avons donc

$$s = -A p \lambda' + \psi'(T),$$

et, par conséquent, puisque p et ψ' ne sont fonctions que de T,

$$ds = -A p' \lambda'\,dT + \psi''(T)\,dT - A p\,d\lambda'.$$

Mais, les liquides étant très peu compressibles, la variation qu'éprouve un certain volume de ces corps quand on fait varier simultanément la température et la pression peut être confondue avec celle qu'il éprouverait si la température variait seule. Par conséquent, λ', qui est la dérivée du volume spécifique λ par rapport à T, la pression étant variable, peut être considérée comme proportionnelle au coefficient de dilatation du liquide sous pression constante. Ce coefficient variant excessivement peu avec la température, il en est de même de λ'; nous pouvons donc négliger le terme de ds qui contient en facteur la différentielle $d\lambda'$ de cette quantité. Il vient alors

$$ds = -A p' \lambda'\,dT + \psi''(T)\,dT.$$

Portons cette expression dans dQ; nous obtenons

$$dQ = -A p' \lambda' T\,dT + \psi''(T) T\,dT.$$

Si nous posons

$$dQ = k\,dT,$$

le coefficient k sera la chaleur spécifique du liquide sous la pression de sa vapeur saturée, et nous aurons

$$k = -\,A p' \lambda' T + T\psi''(T). \tag{6}$$

167. Cherchons une autre expression de k.

Nous avons, en général, en prenant p et T comme variables,

$$ds = \frac{ds}{dT}\,dT + \frac{ds}{dp}\,dp,$$

et, par suite,

$$k\,dT = dQ = T\,ds = T\frac{ds}{dT}\,dT + T\frac{ds}{dp}\,dp.$$

De cette expression de dQ il résulte que $T\frac{ds}{dT}\,dT$ est la quantité de chaleur nécessaire pour élever de dT la température de l'unité de masse du liquide, la pression ne variant pas; $T\frac{ds}{dT}$ est donc la chaleur spécifique C du liquide sous pression constante; nous pouvons donc écrire

$$k\,dT = C\,dT + T\frac{ds}{dp}\,dp.$$

Mais nous avons fait remarquer (**148**) que les propriétés de la fonction H' de M. Massieu conduisent à l'égalité

$$\frac{dS}{dp} = -\,A\frac{dv}{dT};$$

par conséquent, nous aurons ici, l'entropie étant désignée

par s et le volume spécifique par λ,

$$\frac{ds}{dp} = -\mathrm{A}\frac{dv}{d\mathrm{T}}.$$

Pour les raisons indiquées dans le paragraphe précédent, la dérivée $\frac{d\lambda}{d\mathrm{T}}$, qui est rigoureusement proportionnelle au coefficient de dilatation du liquide sous pression constante, peut être confondue avec λ'; nous avons alors

$$\frac{ds}{dp} = -\mathrm{A}\lambda',$$

et, par suite,

$$k\,d\mathrm{T} = \mathrm{C}\,d\mathrm{T} - \mathrm{A}\mathrm{T}\lambda'\,dp.$$

Reprenons les variables v et T. dp est une différentielle totale; mais, comme la pression ne dépend que de la température dans les conditions où nous nous sommes placés, nous avons simplement

$$dp = \frac{dp}{d\mathrm{T}}\,d\mathrm{T} = p'\,d\mathrm{T}.$$

Portant cette valeur dans $k\,d\mathrm{T}$, puis divisant les deux membres de l'égalité obtenue par $d\mathrm{T}$, il vient

$$k = \mathrm{C} - \mathrm{A}\mathrm{T}p'\lambda'.$$

168. Pour avoir la relation qui détermine ψ, il ne reste plus qu'à égaler cette valeur de k à la valeur (6) précédemment trouvée; nous obtenons, après suppression du terme $\mathrm{A}\mathrm{T}p'\lambda'$ qui figure dans les deux valeurs de k,

$$\mathrm{C} = \mathrm{T}\psi''(\mathrm{T}),$$

d'où

$$\psi''(T) = \frac{C}{T}.$$

Si nous admettons que C ne dépende pas de la température, hypothèse réalisée à très peu près par les liquides, nous avons, par intégration des deux membres de l'égalité précédente,

$$\psi' = C \operatorname{Log} T,$$

et, par une nouvelle intégration,

$$\psi = C(T \operatorname{Log} T - T).$$

169. Expressions approchées des fonctions H, H', S et U. — Remplaçons ψ par cette valeur dans l'expression trouvée au paragraphe **158** pour la fonction H; nous obtenons

$$H = Ap(v - \lambda) + C(T \operatorname{Log} T - T),$$

ou, en tenant compte de la relation (1),

$$H = Apm(\sigma - \lambda) + C(T \operatorname{Log} T - T). \tag{7}$$

Pour l'entropie, nous avons

$$S = Ap'm(\sigma - \lambda) - Ap\lambda' + C \operatorname{Log} T.$$

Mais, λ' étant toujours petit, le terme qui renferme cette quantité en facteur peut être souvent négligé par rapport aux autres; en faisant cette approximation il vient

$$S = Ap'm(\sigma - \lambda) + C \operatorname{Log} T,$$

ou encore

$$S = \frac{L}{T} m + C \operatorname{Log} T, \tag{8}$$

puisque, d'après la formule de Clapeyron,

$$\frac{L}{T} = Ap'(\sigma - \lambda).$$

Les fonctions **H** et **S** étant connues, l'énergie interne du système se déduit de la relation

$$H = TS - U,$$

qui sert de définition à la fonction caractéristique **H**(**126**); nous avons donc

$$U = Lm + CT\,\text{Log}\,T - Apm(\sigma - \lambda) - C(T\,\text{Log}\,T - T),$$

ou

$$U = Lm + CT - Apm(\sigma - \lambda).$$

Dans certaines applications le choix des variables p et T s'impose; alors il est utile de connaître la fonction caractéristique **H'**:

$$H' = H - Apv.$$

Or, d'après la relation (1) du paragraphe **158**, nous avons

$$v = m(\sigma - \lambda) + \lambda;$$

par conséquent, en remplaçant v par cette valeur et **H** par l'expression (7), nous obtenons

$$H' = Apm(\sigma - \lambda) + C(T\,\text{Log}\,T - T) - Apm(\sigma - \lambda) - Apv\lambda,$$

ou, en simplifiant,

$$H' = -Apv\lambda + C(T\,\text{Log}\,T - T).$$

170. Détente adiabatique d'une vapeur saturée. — Lorsqu'on augmente brusquement le volume d'un espace contenant un liquide et sa vapeur saturée, la pression diminue. C'est là un fait d'expérience, car *a priori* il n'est pas invraisemblable que la pression puisse augmenter; en tout cas, pour aucune vapeur il n'a été constaté d'accroissement de pression.

La pression d'une vapeur étant une fonction croissante de la température, la température doit décroître en même temps que la pression. Cet abaissement de température tend à produire une condensation de la vapeur; au contraire, la diminution de pression tend à la production d'une nouvelle quantité de vapeur. Lequel de ces deux effets inverses se produira ? Y aura-t-il condensation ou vaporisation ? C'est ce qu'il est possible de prévoir à l'aide des relations précédemment trouvées.

L'augmentation de volume étant supposée s'effectuer brusquement, la transformation peut être considérée comme adiabatique. L'entropie du système demeure alors constante et, d'après l'expression (8) de cette fonction, nous avons

$$\frac{L}{T} m + C \operatorname{Log} T = \text{const.}$$

De cette relation nous tirons par différentiation

$$\frac{L}{T} dm + m \frac{d}{dT}\left(\frac{L}{T}\right) dT + C \frac{dT}{T} = 0.$$

La variation dT de la température est négative d'après ce que nous venons de dire. Le coefficient $\frac{L}{T}$ de dm est positif.

Par conséquent, dm a le signe du coefficient de $d\mathrm{T}$; en d'autres termes, il y a vaporisation ou condensation suivant que

$$\frac{\mathrm{C}}{\mathrm{T}}+m\frac{d}{d\mathrm{T}}\left(\frac{\mathrm{L}}{\mathrm{T}}\right)$$

est positif ou négatif.

Le premier terme de cette somme est essentiellement positif. La chaleur latente de vaporisation L peut généralement se représenter par une formule de la forme

$$\mathrm{L}=\alpha-\beta\mathrm{T},$$

où α est une constante positive et β une constante positive ou négative. De cette formule nous tirons

$$\frac{\mathrm{L}}{\mathrm{T}}=\frac{\alpha}{\mathrm{T}}-\beta$$

et, par suite,

$$\frac{d}{d\mathrm{T}}\left(\frac{\mathrm{L}}{\mathrm{T}}\right)=-\frac{\alpha}{\mathrm{T}^2}.$$

La somme considérée est donc la différence

$$(9)\qquad \frac{\mathrm{C}}{\mathrm{T}}-\frac{\alpha m}{\mathrm{T}^2}$$

de deux quantités positives; par suite elle peut, suivant la nature du liquide, être positive ou négative.

171. Dans le cas où l'unité de masse du corps considéré est à l'état de vapeur saturée, il faut faire $m=1$ dans nos formules. La différence précédente devient alors

$$\frac{\mathrm{C}}{\mathrm{T}}-\frac{\alpha}{\mathrm{T}^2}.$$

Si l'on effectue le calcul pour la vapeur d'eau on trouve une valeur négative; la vapeur d'eau à l'état de saturation doit donc se condenser par détente. C'est ce que Hirn ([1]) a constaté expérimentalement.

Pour la vapeur d'éther cette différence est, au contraire, positive; par conséquent, lorsqu'on augmente le volume occupé par de la vapeur d'éther saturée, cette vapeur cesse d'être saturée; elle est *surchauffée*.

Cette conséquence ne serait pas facile à vérifier par l'expérience. Mais il est facile de voir, en reprenant le raisonnement du paragraphe précédent, que, si une vapeur se surchauffe par détente, elle doit se condenser par compression. Hirn ([2]) a montré qu'il en était bien ainsi.

Lorsque la vapeur saturée est en contact avec le liquide qui l'a produite, la valeur de m intervient dans le signe de la différence (9). Il serait donc possible, avec les corps qui, comme la vapeur d'eau, se condensent par détente lorsque $m = 1$, d'obtenir une condensation par compression pour une valeur de m inférieure à

$$m = \frac{CT}{\alpha},$$

valeur qui annule la différence considérée.

Pour des raisons analogues la température doit influer sur la manière dont se produit la condensation. On a pu calculer pour quelques vapeurs la température à laquelle il y a inversion dans les phénomènes résultant d'une com-

([1]) *Bull. de la Société industr. de Mulhouse*, n° 133.

([2]) *Cosmos* du 10 avril 1863.

pression ou d'une détente. Mais jusqu'ici aucun travail expérimental n'a été fait sur ce sujet.

Quoi qu'il en soit de l'exactitude de ces dernières conséquences, les expériences de Hirn sur la vapeur d'eau et la vapeur d'éther sont de nouvelles preuves de l'exactitude des principes qui nous ont permis d'en prévoir les résultats.

CHAPITRE XII.

EXTENSION DU THÉORÈME DE CLAUSIUS.

172. Deux définitions de la réversibilité. — Lorsqu'un système Σ est en présence de sources de chaleur, une transformation amenant ce système d'un état A à un état B est réversible quand les conditions suivantes sont remplies :

1° Le système peut revenir de B en A en passant par tous les états intermédiaires qu'il a pris pour aller de A en B ;

2° Dans cette transformation inverse, la quantité de chaleur empruntée par le système à chacune des sources est égale et de signe contraire à celle qui est empruntée à la *même* source pendant la transformation directe.

Comme nous l'avons vu (37), les transformations adiabatiques et les transformations isothermiques, pour lesquelles la température est celle d'une des sources de chaleur, sont les seules qui satisfont à ces conditions; ce sont donc les seules transformations réversibles.

Mais, dans un grand nombre d'applications, on ne tient pas compte des sources de chaleur avec lesquelles le système échange de la chaleur, et l'on nomme *transformation réversible* toute transformation satisfaisant à la première condition; il convient donc de distinguer ces deux modes de réversibilité.

Nous appellerons transformation *complètement réversible* celle qui satisfait aux deux conditions énoncées ; si la première de ces conditions est seule remplie, nous dirons que la transformation est *réversible par rapport au système lui-même.*

173. Nouvel énoncé du théorème de Clausius. — Dans tous les cas qui ont été examinés dans les Chapitres précédents, l'état du système est complètement défini quand on connaît la pression p et le volume spécifique v (ou deux variables analogues). Une transformation quelconque correspondant à une variation quelconque de p et de v est toujours possible, à la condition d'emprunter de la chaleur à une source chaude ou d'en céder à une source froide. Un cycle quelconque peut donc être parcouru dans un sens ou l'autre, pourvu que les échanges de chaleur puissent se faire avec des sources de température convenable. Dans ces conditions, un cycle quelconque est réversible par rapport au système lui-même ; au contraire, les cycles de Carnot sont les seuls cycles complètement réversibles (c'est-à-dire réversibles au sens que nous avons donné à ce mot jusqu'ici).

Nous avons énoncé plus haut le théorème de Clausius (**120**) d'après lequel l'intégrale

$$\int \frac{dQ}{T}$$

étendue à un cycle fermé quelconque doit être nulle. Mais,

d'après ce que je viens de dire, nous n'avons envisagé jusqu'ici que des cycles réversibles par rapport au système lui-même.

Aussi énonce-t-on souvent le théorème de Clausius : *Pour tout cycle fermé réversible, l'intégrale* $\int \frac{dQ}{T}$ *est nulle.*

174. Extension du théorème de Clausius. — Mais dans un grand nombre de phénomènes, tels que la dissociation, les phénomènes électriques, deux variables indépendantes ne suffisent pas pour fixer l'état du système. Pour certains corps, les fluides en mouvement et les solides, par exemple, la pression p n'a pas la même valeur en tout point et sa valeur en chaque point est différente suivant la direction considérée. Dans d'autres cas, la température T du système n'est pas uniforme et l'intégrale du théorème de Clausius n'a plus de signification précise. Enfin, on peut concevoir des phénomènes non réversibles par rapport au système lui-même : ainsi, si l'on provoque la solidification du soufre en surfusion en y projetant un cristal de ce corps, le phénomène est évidemment irréversible, car il est impossible de faire fondre le soufre à la température à laquelle on a provoqué sa solidification et, par conséquent, de ramener le soufre à son état initial en le faisant passer par ses états intermédiaires.

Que devient donc le théorème de Clausius dans ces divers cas auxquels ne s'applique pas la démonstration du Chapitre VIII ? Clausius a démontré que : *Pour tout cycle fermé réversible, l'intégrale* $\int \frac{dQ}{T}$ *est nulle; pour tout cycle fermé irréversible, cette intégrale est négative.* Bien entendu, dans la seconde partie de cet énoncé, l'irréversibilité provient non seulement des échanges de chaleur avec les sources, mais aussi du système lui-même.

175. Difficultés soulevées par l'extension du théorème de Clausius. — Mais la démonstration de Clausius, comme celle des savants qui ont abordé cette question délicate, soulève plusieurs objections que M. Bertrand, avec sa grande autorité, a nettement formulées dans son Ouvrage sur la Thermodynamique (1).

La plus grave est celle qui est relative à la température, car, si la température du système n'est pas uniforme, l'intégrale de Clausius n'a plus, ainsi que nous l'avons fait précédemment observer, de signification précise.

La seconde provient de ce que la quantité désignée par p, généralement la pression, cesse d'avoir un sens défini quand cette quantité n'a pas la même valeur en tout point du système et pour toute direction autour de ce point.

Cependant, il est possible de donner une démonstration générale du théorème de Clausius à l'abri de ces objections. Pour faire disparaître la première, nous devrons d'abord prendre soin de bien définir ce qu'il faut entendre par $\int \frac{dQ}{T}$. Quant à la seconde, notre démonstration n'y pourra donner prise, car nous ne ferons aucune hypothèse restrictive sur la variable p, *qui n'interviendra pas dans cette démonstration.*

(1) Chap. XII, p. 265.

176. Signification de l'intégrale de Clausius. — Supposons d'abord que le système considéré Σ soit formé de n systèmes $\Sigma_1, \Sigma_2, \ldots, \Sigma_n$ pour chacun desquels la température est uniforme. Soient $T_1, T_2, \ldots, T_n$ leurs températures respectives, et $dQ_1, dQ_2, \ldots, dQ_n$ les quantités de chaleur qu'ils absorbent pendant une transformation élémentaire. Le plus naturel pour généraliser le théorème de Clausius est de prendre pour $\int \frac{dQ}{T}$ la somme

$$\int \frac{dQ_1}{T_1} + \int \frac{dQ_2}{T_2} + \ldots + \int \frac{dQ_n}{T_n}$$

des intégrales relatives aux systèmes $\Sigma_1, \Sigma_2, \ldots, \Sigma_n$ dont la réunion forme le système Σ.

Toutefois, cette somme peut s'interpréter de deux manières différentes. En effet, la quantité de chaleur absorbée par le système Σ_1 peut être tout entière fournie par des sources extérieures au système total Σ ou bien empruntée en partie à des sources de ce genre et en partie aux autres systèmes $\Sigma_2, \ldots, \Sigma_n$ qui composent Σ. Dans ce dernier cas, il faut donc préciser si dQ_1 représente la totalité de la chaleur absorbée par le système Σ_1 ou bien la portion de cette chaleur qui est fournie par les corps extérieurs au système Σ. Mais nous verrons que, quelle que soit l'interprétation adoptée, le théorème de Clausius est exact.

Passons maintenant au cas d'un système dans lequel la température varie d'une manière continue d'un point à un autre. Si nous décomposons ce système en une infinité de systèmes infiniment petits, nous pouvons considérer la température comme uniforme dans chacun des systèmes composants et nous sommes ramenés au cas précédent. Pour chacun de ces systèmes élémentaires, nous prendrons $\int \frac{dQ}{T}$ pour le cycle fermé qu'il accomplit et nous ferons la sommation de toutes ces intégrales pour le système tout entier. Nous pouvons donc représenter l'intégrale de Clausius par

$$\int\int \frac{dQ}{T},$$

indiquant ainsi qu'il faut faire deux intégrations, l'une étendue à tous les éléments du cycle de chaque système élémentaire, l'autre étendue à tous les éléments du système total.

Deux interprétations, ainsi que nous l'avons dit plus haut, sont encore possibles pour la valeur dQ ; dans l'une et l'autre, le résultat est le même.

177. Lemme. — Un lemme nous est nécessaire pour la démonstration que nous avons en vue.

Considérons un système Σ isolé au point de vue thermique et composé de $n + p$ systèmes partiels différents. L'état de n d'entre eux $A_1, A_2, \ldots, A_n$ est supposé ne dépendre que des deux variables p et v; et, par conséquent, ces systèmes sont de la nature de ceux que nous avons considérés jusqu'ici. Les théorèmes démontrés leur sont donc applicables et chacun d'eux possède une entropie. Quant aux p autres systèmes $B_1, B_2, \ldots, B_p$, nous les supposerons d'une nature différente et, par suite, nous ne pouvons parler de leur entropie.

Soient $S_1, S_2, \ldots, S_n$ les valeurs de l'entropie des systèmes

A à un certain moment t. Faisons subir au système Σ une transformation telle qu'à l'instant t' les systèmes B reprennent le même état qu'à l'instant t et que les entropies des systèmes A soient S'_1, S'_2, ..., S'_n.

Je dis que l'on a

$$S'_1 + S'_2 + \ldots + S'_n > S_1 + S_2 + \ldots + S_n.$$

L'inégalité serait évidente si les systèmes B n'éprouvaient aucune transformation, car on pourrait alors ne considérer que le système Σ' formé par les systèmes A, et il a été démontré (122) que, pour un tel système, l'entropie va constamment en croissant. Montrons qu'elle n'est pas renversée dans le cas général.

178. Représentons l'état du système A_1 par un point dont les coordonnées sont T_1 et v_1; soient M et M' (*fig.* 26) les

Fig. 26.

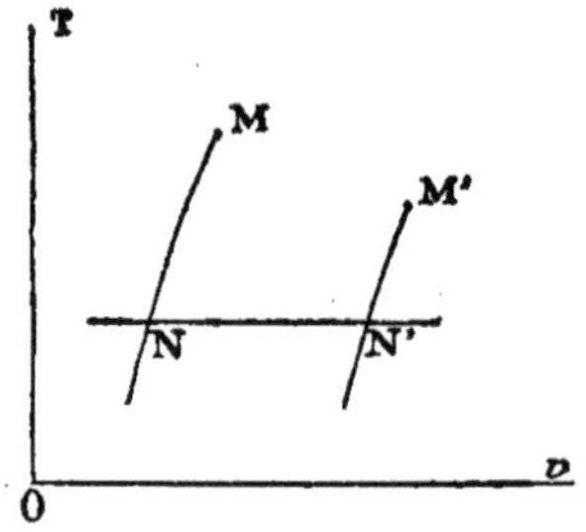

positions de ce point à l'instant t et à l'instant t'. Menons par ces points deux adiabatiques MN et M'N' et coupons-les par un isotherme NN'. Nous pouvons ramener le système A_1 à son état initial par une suite de transformations telles que son point figuratif décrive le chemin M'N'NM. Ces transformations étant adiabatiques ou isothermes sont réversibles, et pour chaque transformation élémentaire nous avons

$$dS_1 = \frac{dQ_1}{T_1}.$$

Comme les échanges de chaleur ne se font que de N′ en N, la variation d'entropie résultant de l'ensemble des transformations est $\frac{Q_1}{T_1}$, T_0 étant la température de l'isotherme et Q_1 la quantité de chaleur qu'absorbe A_1 quand son point figuratif se meut sur cette ligne, chaleur que l'on peut supposer fournie par une source α à la température T_0. Mais, l'état de A_1 étant défini par deux variables, la variation de son entropie, lorsque ce système passe d'un état à un autre, ne dépend pas de la manière dont s'effectue le passage. L'entropie étant S'_1 dans l'état final et S_1 dans l'état initial, la variation d'entropie est $S_1 - S'_1$ quand on ramène A_1 de l'état final à l'état initial, quelles que soient les transformations effectuées dans ce but. Nous avons donc

$$\frac{Q_1}{T_0} = S_1 - S'_1,$$

et, par suite,

$$Q_1 = T_0 (S_1 - S'_1).$$

179. Nous pouvons, par des transformations du même genre, ramener à leur état initial tous les systèmes A. Comme la température T_0 de l'isotherme est absolument arbitraire, elle peut être supposée la même pour tous les systèmes. En un mot, on peut admettre que les quantités de chaleur nécessaires pour ramener tous les systèmes A à leur état primitif sont empruntées à la même source α; la quantité de chaleur fournie par cette source est

$$(1)\quad Q = \sum Q_1 = T_0 (S_1 + S_2 + S_3 + \ldots + S_n - S'_1 - S'_2 - \ldots - S_n).$$

Les systèmes A étant ramenés à leur état initial, le système Σ tout entier l'est aussi, puisque, par hypothèse, les systèmes B sont dans le même état aux instants t et t'. Si donc nous considérons les transformations accomplies pendant l'intervalle de temps $t' - t$ et celles que nous avons effectuées pour ramener les systèmes A à leur état initial, leur ensemble fera décrire à tous les corps du système Σ un cycle fermé. Par suite, l'énergie interne de ces corps ne varie pas et le principe de l'équivalence appliqué à ce cycle nous fournit la relation

$$(2)\qquad EQ + \tau = 0,$$

Q étant la chaleur empruntée à l'extérieur et τ le travail des forces extérieures au système Σ pendant l'ensemble des transformations.

Notre cycle se compose de deux parties. La première partie est parcourue par le système dans l'intervalle de temps qui est compris entre les époques t et t'; à la fin de cette première partie, les systèmes B sont revenus à leur état primitif, mais non les systèmes A. Dans la seconde partie du cycle, les systèmes B ne subissent aucune transformation.

Pendant la première partie du cycle, le système Σ est supposé isolé au point de vue thermique et n'emprunte ni ne cède de chaleur à l'extérieur. La quantité Q, qui figure dans la relation (2), se réduit donc à la chaleur empruntée à l'extérieur pendant la seconde partie du cycle et qui est définie par la relation (1).

Or, cette chaleur est empruntée à une seule source; par conséquent, d'après l'un des énoncés du principe de Carnot (**101**), il ne peut y avoir production de travail extérieur. Le travail τ fourni au système ne peut donc avoir une valeur négative; elle est positive ou nulle. D'après la relation (2), la quantité Q ne peut donc être positive. Nous avons alors

$$S_1 + S_2 + \ldots + S_n - S'_1 - S'_2 - \ldots - S'_n \leqq 0$$

et, par suite,

$$S'_1 + S'_2 + \ldots + S'_n \geqq S_1 + S_2 + \ldots + S_n.$$

180. Théorème de MM. Potier et Pellat. — Ce lemme permet de démontrer immédiatement une modification du théorème de Clausius proposée par MM. Potier et Pellat : *Lorsqu'un système de corps C subit des transformations réversibles ou irréversibles qui le ramènent à son état primitif, on a*

$$\frac{Q_1}{T_1} + \frac{Q_2}{T_2} + \ldots + \frac{Q_n}{T_n} \leqq 0,$$

$Q_1, Q_2, \ldots, Q_n$ *étant les quantités de chaleur cédées au système par les sources* $\alpha_1, \alpha_2, \ldots, \alpha_n$ *avec lesquelles il est mis en rapport, et* $T_1, T_2, \ldots, T_n$ *désignant les températures de ces sources.*

En effet, nous pouvons regarder les sources de chaleur comme étant de même nature que les systèmes A du lemme et nous avons, en appelant $S_1, S_2, \ldots, S_n, S'_1, S'_2, \ldots, S'_n$ les valeurs de l'entropie de chacune d'elles à l'instant initial et à l'instant final,

$$S_1 + S_2 + \ldots + S_n - S'_1 - S'_2 - \ldots - S'_n \leqq 0.$$

Or, quand le système C emprunte une quantité de chaleur dQ_1 à la source α_1, cette source reçoit une quantité négative $-dQ_1$; sa variation d'entropie est donc

$$dS_1 = -\frac{dQ_1}{T_1}.$$

Pour la transformation entière du système, la quantité de chaleur absorbée par cette source est $-Q_1$ et, par conséquent, sa variation d'entropie est

$$S'_1 - S_1 = -\frac{Q_1}{T_1},$$

car, d'après les hypothèses qu'on fait d'ordinaire au sujet des sources de chaleur, la température d'une de ces sources peut être regardée comme constante.

Nous aurons des expressions analogues pour les variations de l'entropie des diverses sources, et, si nous les portons dans l'inégalité précédente, nous obtenons

$$\frac{Q_1}{T_1} + \frac{Q_2}{T_2} + \ldots + \frac{Q_n}{T_n} \leqq 0;$$

c'est ce qu'il s'agissait de démontrer.

On peut d'ailleurs écrire cette inégalité

$$\int \frac{dQ}{T} \leqq 0,$$

dQ représentant la quantité de chaleur cédée au système

par l'une des sources pendant une transformation élémentaire et T désignant la température de cette source.

181. Théorème. — *Considérons un système dont la température n'est pas uniforme et varie avec le temps. A un instant déterminé les températures des divers points sont comprises entre deux valeurs* T' *et* T'' $(T' > T'')$, *d'ailleurs variables avec le temps. Pendant l'intervalle de temps infiniment petit qui suit cet instant le système emprunte une quantité de chaleur* dQ' *à certaines sources et en cède une quantité* dQ'' *à d'autres sources.* Démontrons que, quand le système décrit un cycle fermé, on a

$$\int \frac{dQ'}{T'} - \int \frac{dQ''}{T''} \leqq 0.$$

Pour cela supposons qu'on ait n sources de chaleur $\alpha_1, \alpha_2, \ldots, \alpha_n$ dont les températures $T_1, T_2, \ldots, T_n$ forment une progression arithmétique croissante dont la raison est ε. La température maximum T' à l'instant considéré est comprise entre deux des termes de cette progression ; en appelant T_i l'un d'eux, nous aurons

$$T_i > T' > T_{i-1}.$$

De même, la température minimum T'' au même instant sera comprise entre deux termes T_k et T_{k+1} et nous aurons

$$T_k < T'' < T_{k+1}.$$

La quantité de chaleur dQ' empruntée par le système pendant l'intervalle de temps infiniment petit qui suit l'instant considéré peut être supposée fournie par la source α_i dont la température T_i est plus grande que celle d'un point quelconque du système. Nous pouvons également admettre que la quantité de chaleur dQ'' cédée par le système pendant le même intervalle est absorbée par la source α_k dont la température T_k est plus petite que celle d'un point quelconque du système. Par conséquent, si nous désignons par dQ_m la quantité de chaleur fournie au système par la source α_m, nous avons

$$dQ_i = dQ', \qquad dQ_k = -dQ'',$$
$$dQ_1 = dQ_2 = \ldots = dQ_{i-1} = dQ_{i+1} = \ldots = dQ_n = 0,$$

et, par suite,

$$\frac{dQ_1}{T_1} + \frac{dQ_2}{T_2} + \ldots + \frac{dQ_i}{T_i} + \ldots + \frac{dQ_n}{T_n} = \frac{dQ'}{T_i} - \frac{dQ''}{T_k}.$$

Or, T' étant compris entre T_i et T_{i-1}, nous avons

$$T' > T_i - \varepsilon;$$

de même

$$T'' < T_k - \varepsilon.$$

De ces inégalités nous tirons

$$T_i < T' + \varepsilon \qquad \text{et} \qquad T_k > T'' + \varepsilon.$$

Par conséquent, si nous remplaçons dans le second membre de la dernière égalité T_i par $T' + \varepsilon$ et T_k par $T'' - \varepsilon$, nous diminuons la valeur du terme positif et nous augmentons celle du terme négatif. Pour ces deux raisons le second membre devient plus petit et nous pouvons écrire

$$\frac{dQ_1}{T_1} + \frac{dQ_2}{T_2} + \ldots + \frac{dQ_n}{T_n} > \frac{dQ'}{T' + \varepsilon} - \frac{dQ''}{T'' - \varepsilon}.$$

Si maintenant nous intégrons pour le cycle tout entier, nous obtenons

$$\frac{Q_1}{T_1}+\frac{Q_2}{T_2}+\ldots+\frac{Q_n}{T_n}>\int\frac{dQ'}{T'+\varepsilon}-\int\frac{dQ''}{T''-\varepsilon}.$$

Mais, d'après le théorème de MM. Potier et Pellat, le premier membre de cette inégalité est négatif ou nul; par conséquent, il faut nécessairement que l'on ait

$$\int\frac{dQ'}{T'+\varepsilon}-\int\frac{dQ''}{T''-\varepsilon}<0.$$

D'ailleurs, comme la raison ε de la progression formée par les valeurs des températures des sources est absolument arbitraire, nous pouvons la supposer aussi petite que nous le désirons et par suite la négliger; nous aurons donc à la limite

$$\int\frac{dQ'}{T'}-\int\frac{dQ''}{T''}\leqq 0.$$

182. Faisons observer que dans la démonstration de cette inégalité nous n'avons fait que deux hypothèses :

1° La température en un point donné du système est, à chaque instant, parfaitement déterminée;

2° Si un phénomène s'effectue en empruntant de la chaleur à des sources, il est également possible lorsque l'emprunt de chaleur est fait à une source quelconque *assujettie seulement à la condition d'être à une température plus élevée qu'un point quelconque du système.*

On ne saurait évidemment concevoir un système pour lequel la première hypothèse ne serait pas satisfaite. Quant à la seconde, elle est moins évidente, et, quoiqu'il n'existe aucun exemple où elle se trouve en défaut, il serait téméraire d'affirmer qu'elle est toujours remplie.

Si la chaleur est transmise de la source au système Σ par conductibilité, il est difficile d'admettre que la température de cette source puisse avoir une influence quelconque, puisque le système Σ n'emprunte pas la chaleur directement à la source, mais bien aux molécules superficielles du corps conducteur à travers lequel la chaleur est transmise. Or, la température de ces molécules superficielles ne peut différer sensiblement de celle des parties du système Σ avec lesquelles elles sont en contact. Si au contraire la transmission se fait par rayonnement, l'exactitude de la seconde hypothèse est moins évidente. Certaines réactions se produisent sous l'influence de la lumière. Il n'est pas absurde de supposer qu'elles ne se produiraient plus si la chaleur qu'elles absorbent, au lieu d'être empruntée à une source très chaude comme le soleil, l'était à une source dont la température serait seulement un peu supérieure à celle des corps réagissants. S'il en était ainsi, le théorème du paragraphe précédent ne pourrait s'y appliquer.

Le mécanisme des actions de ce genre nous est absolument inconnu.

M. Berthelot a fait voir récemment [1] que les réactions photographiques sont probablement exothermiques. Mais il pourrait y avoir des phénomènes analogues qui absorberaient de la chaleur et pour lesquels, par conséquent, l'objection précédente conserverait toute sa valeur. Dans le

---

[1] *Comptes rendus de l'Académie des Sciences*, t. CXII, 9 février 1891, p. 329.

doute, il faut donc éviter d'étendre le théorème qui précède aux phénomènes où la lumière ou la chaleur rayonnante jouent un rôle nécessaire.

183. Théorème de Clausius. — Si nous supposons la température uniforme, à chaque instant, dans le système considéré précédemment, T′ devient égal à T″ et nous avons, en désignant par T leur valeur commune,

$$\int \frac{dQ'}{T'} - \int \frac{dQ''}{T''} = \int \frac{dQ' - dQ''}{T} \leqq 0.$$

Mais $dQ' - dQ''$ est la chaleur dQ absorbée par le système pendant une transformation élémentaire ; nous pouvons donc écrire

$$\int \frac{dQ}{T} \leqq 0.$$

Quand la température du système n'est pas uniforme on décompose ce système en une infinité de systèmes infiniment petits. Dans chacun de ceux-ci la température peut être considérée comme uniforme. Or, tous ces systèmes décrivent un cycle fermé quand le système total décrit un tel cycle. Par conséquent, pour un quelconque des systèmes élémentaires, on a

$$\int \frac{dQ}{T} \leqq 0,$$

et pour l'ensemble de ces systèmes, c'est-à-dire pour le système total,

$$\int \int \frac{dQ}{T} \leqq 0,$$

la seconde intégration étant étendue à tous les éléments du système.

L'inégalité de Clausius est donc démontrée dans toute sa généralité.

184. Mais dans cette intégrale dQ représente la quantité de chaleur qu'un système élémentaire emprunte tant à l'extérieur qu'aux autres systèmes élémentaires qui constituent le système total. Démontrons que l'inégalité est encore vraie quand on ne considère que la chaleur empruntée à l'extérieur.

Posons

$$dQ = dQ_e + dQ_i,$$

dQ_e représentant la chaleur absorbée par le système et provenant des échanges extérieurs au système total, dQ_i celle qui résulte des échanges intérieurs; nous aurons

$$\int\int \frac{dQ}{T} = \int\int \frac{dQ_e}{T} + \int\int \frac{dQ_i}{T} \leqq 0.$$

Par conséquent, nous prouverons que $\int \frac{dQ_e}{T}$ est négatif si nous démontrons que $\int \frac{dQ_i}{T}$ est positif.

Pour démontrer ce dernier point, considérons deux systèmes élémentaires dont les températures uniformes ont pour valeurs T_1 et T_2; nous supposerons $T_1 > T_2$. Le premier système cédera au second une quantité de chaleur dq. Par suite, la chaleur absorbée par le premier est $-dq$, celle qui est absorbée par le second est dq. Ces systèmes fournissent donc à l'intégrale considérée la différence

$$-\frac{dq}{T_1}+\frac{dq}{T_2}=dq\left(\frac{1}{T_2}-\frac{1}{T_1}\right),$$

qui est nécessairement positive, d'après l'hypothèse faite sur T_1 et T_2. Comme il en est de même pour tous les échanges de chaleur qui se produisent entre les divers systèmes élémentaires, nous devons avoir

$$\int\int\frac{dq_i}{T}=\int\int dq\left(\frac{1}{T_2}-\frac{1}{T_1}\right)>0,$$

et, par suite,

$$\int\int\frac{dQ_e}{T}\leqq 0.$$

185. Lorsque le système décrit un cycle réversible, sa température doit être uniforme, car les échanges de chaleur se font nécessairement alors entre des corps à la même température. Les températures T_1 et T_2 prennent donc une même valeur T et chaque élément

$$dq\left(\frac{1}{T_2}-\frac{1}{T_1}\right)$$

de l'intégrale $\int\int\frac{dQ_i}{T}$ devient nul. Par suite, cette intégrale est nulle et nous avons

$$\int\int\frac{dQ}{T}=\int\frac{dQ_e}{T}.$$

D'ailleurs, la valeur commune de ces intégrales est zéro. En effet, le cycle étant réversible, nous pouvons le décrire en sens inverse, ce qui change le signe des quantités dQ; nous avons donc

$$\int\int \frac{-dQ}{T} \leqq 0,$$

ou

$$\int\int \frac{dQ}{T} \geqq 0.$$

Mais, puisque nous avons

$$\int\int \frac{dQ}{T} \leqq 0$$

quand le cycle est décrit dans le sens direct, il faut nécessairement que

$$\int\int \frac{dQ}{T} = 0.$$

Ainsi, en résumé, *l'intégrale de Clausius est nulle pour tout cycle fermé réversible; elle est négative pour un cycle fermé non réversible : ce théorème sera applicable* (pourvu, bien entendu, qu'on admette l'axiome de Clausius) *toutes les fois que les hypothèses du paragraphe* **182** *seront satisfaites.*

186. Entropie d'un système. — Supposons qu'un système parte d'un état A, pour lequel nous attribuerons par convention à l'entropie une valeur arbitraire S_0, et arrive à un autre état B. Admettons, en outre, qu'on puisse passer de l'état initial à l'état final par une série de transformations réversibles que nous représenterons schématiquement par la courbe AMB (*fig.* 27), quoique généralement la représentation graphique ne soit pas applicable. Nous appellerons *entropie du système dans l'état* B la quantité S_1 définie par la relation

$$S_1 - S_0 = \int\int \frac{dQ}{T},$$

l'intégrale étant étendue à tous les éléments du chemin AMB.

Pour que cette définition soit acceptable il faut qu'elle conduise à la même valeur de S_1, quelle que soit la série

Fig. 27.

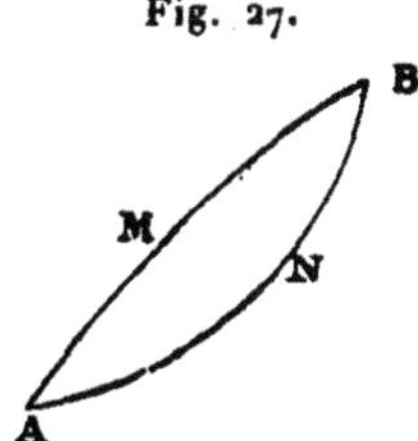

des transformations réversibles effectuées, quand plusieurs séries de transformations de ce genre permettent de passer de l'état A à l'état B. Justifions qu'il en est ainsi.

Représentons par ANB, toujours schématiquement, l'un des cycles réversibles qui amènent le système de A en B. Ce cycle peut être décrit dans le sens inverse BNA et par conséquent former avec le cycle AMB un cycle fermé. D'après le théorème de Clausius, nous avons pour ce cycle fermé réversible

$$\int\int \frac{dQ}{T} = 0,$$

ou, en décomposant les intégrales en deux parties,

$$\int\int_{AMB} \frac{dQ}{T} + \int\int_{BNA} \frac{dQ}{T} = 0,$$

ou encore

$$\int\int_{AMB}\frac{dQ}{T}=\int\int_{ANB}\frac{dQ}{T}.$$

L'intégrale qui figure dans la relation définissant S_1 a, par conséquent, la même valeur pour tous les chemins réversibles que l'on peut suivre.

La variation d'entropie d'un système pendant son passage d'un état à un autre est donc parfaitement définie, pourvu qu'il existe un chemin réversible permettant d'amener le système de l'état initial à l'état final.

187. Supposons maintenant qu'il n'existe pas de chemin réversible pour passer de l'état initial à l'état final. Alors dans la plupart des cas, sinon dans tous, il est possible de trouver la variation d'entropie au moyen d'un système auxiliaire. Éclaircissons ce point par un exemple.

Considérons deux sphères égales s et s' respectivement chargées des quantités $+m$ et $-n$ d'électricité. Si nous les mettons en communication par un conducteur métallique, elles reviennent toutes deux à l'état neutre. Le passage du premier état A au second B a donné lieu à un phénomène irréversible : l'échauffement du fil de communication par le courant qui l'a traversé; et, si les deux sphères et le fil conducteur étaient les seuls corps qui existassent dans l'univers, il n'y aurait aucun moyen de restituer à ces sphères leurs charges primitives, c'est-à-dire de les ramener de l'état final B à l'état initial A.

Mais considérons un système auxiliaire formé d'un conducteur C chargé négativement et d'un conducteur C' chargé positivement, ces deux conducteurs étant à une distance très grande des sphères.

Les sphères ne possédant aucune charge électrique dans l'état B, nous pouvons les mettre en communication avec le sol sans qu'il se produise de courant et par conséquent d'échauffement du fil conducteur ou aucun autre phénomène irréversible.

En approchant la sphère s du conducteur C cette sphère se charge positivement; si ce mouvement s'opère lentement, l'intensité du courant sera très faible et l'échauffement du fil, qui est proportionnel au carré de cette intensité, sera négligeable, de sorte que le phénomène pourra encore être regardé comme réversible; quand la distance est telle que la charge est $+m$, rompons la communication avec la terre et éloignons la sphère du conducteur C de façon que ce dernier n'exerce plus d'influence. Nous pouvons, à l'aide du conducteur C', charger la sphère s' d'une quantité $-m'$ d'électricité, et le système formé par les sphères est alors ramené à son état initial A.

Or, les opérations que nous avons effectuées sont réversibles. Par conséquent, la variation d'entropie résultant du passage de l'état B à l'état A est égale à $\int\int\frac{dQ}{T}\cdot$ Mais, comme tous les phénomènes se sont produits sans dégager ni absorber de chaleur, dQ est nul et, par suite, la variation d'entropie est aussi nulle. L'entropie a donc la même valeur pour l'état A et pour l'état B. En résumé, si un système ne peut pas passer d'un état A à l'état B *directement*, c'est-à-dire sans faire intervenir un système auxiliaire, il peut arriver qu'il puisse passer de l'état A à l'état B *indirectement*, c'est-à-dire grâce à l'intervention d'un système auxiliaire convenable, *revenant finalement à son état initial*. Il peut arriver que, si on veut le faire passer de A à B *d'une façon réversible,* cela ne soit pas possible *directement,* mais que cela soit possible *indirectement.*

188. Il ne paraît pas y avoir d'exemple où l'on ne puisse employer ce procédé; s'il en existait on ne pourrait avoir la valeur exacte de la variation d'entropie, mais on pourrait en trouver une limite inférieure.

S'il existait un chemin réversible AMB (*fig.* 27) amenant le système de A en B, nous aurions pour la variation d'entropie

$$S_1 - S_0 = \int\int_{AMB} \frac{dQ}{T}.$$

Si le chemin est réversible, c'est que les échanges de chaleur intérieurs ne se font qu'entre éléments à la même température, d'où

$$\int\int \frac{dQ_i}{T} = 0$$

et, par conséquent,

$$S_1 - S_0 = \int\int_{AMB} \frac{dQ_e}{T}.$$

Soit ANB un chemin irréversible qui fait également passer le système de A en B. Le cycle fermé irréversible ANBMA nous donne, d'après le n° **184**,

$$\int\int \frac{dQ_e}{T} < 0,$$

ou

$$\int\int_{\text{ANB}} \frac{dQ_e}{T} + (S_0 - S_1) < 0,$$

ou encore

$$S_1 - S_0 > \int\int_{\text{ANB}} \frac{dQ_e}{T}.$$

On a donc une limite inférieure de la variation d'entropie en calculant la valeur de l'intégrale $\int\int \frac{dQ_e}{T}$ pour un des cycles irréversibles.

189. Nous pouvons également généraliser le théorème déjà démontré (122) pour un système de corps dont l'état est défini par deux variables : *l'entropie d'un système isolé va toujours en augmentant.*

En effet, si le système est isolé, il ne reçoit rien de l'extérieur et $dQ_e = 0$. Par conséquent, l'inégalité

$$S_1 - S_0 > \int\int \frac{dQ_e}{T}$$

donne

$$S_1 - S_0 > 0.$$

190. Condition de possibilité d'une transformation. — Si l'on suppose uniforme la température du système l'intégrale $\int\int \frac{dQ}{T}$ se réduit à $\int \frac{dQ}{T}$, cette intégrale étant étendue à tous les éléments du cycle décrit par le système ; par suite, l'inégalité du paragraphe précédent devient

$$S_1 - S_0 > \int \frac{dQ}{T}.$$

Pour une transformation infiniment petite nous avons donc

$$\frac{dQ}{T} < dS \qquad \text{ou} \qquad dQ < T\,dS.$$

C'est une condition que doit nécessairement remplir un phénomène pour qu'il soit possible. Dans le cas où le phénomène est réversible cette condition de possibilité devient

$$dQ = T\,dS.$$

191. Théorème de Gibbs. — Cette condition peut être exprimée au moyen de fonctions caractéristiques de M. Massieu. Mais les nouvelles conditions obtenues s'appliquent à un moins grand nombre de phénomènes, car l'introduction des fonctions de M. Massieu exige que la température T et la pression p soient uniformes.

Prenons la fonction

$$H = TS - U.$$

Nous en déduisons

$$dH = T\,dS + S\,dT - dU$$

et par suite, en remplaçant $T\,dS$ par dQ,

$$dH > dQ + S\,dT - dU.$$

Or, d'après le principe de l'équivalence,

$$dQ = dU + Ap\,dv.$$

Il vient donc, en portant cette valeur de dQ dans l'inégalité précédente,

$$dH > S\,dT + Ap\,dv.$$

Telle est la nouvelle condition de possibilité d'un phénomène.

Si nous supposons constante la température T et le volume spécifique v, nous avons

$$dT = dv = 0$$

et, par suite,

$$dH > 0$$

pour la condition de possibilité d'un phénomène. Si ce phénomène est réversible, dH est nul et alors H conserve la même valeur.

MM. Gibbs, von Helmholtz, Duhem ont fait usage de cette fonction H en y supposant T et v constants. M. von Helmholtz l'a appelée *énergie libre* et a proposé également de lui donner le nom de *potentiel kinétique;* M. Duhem la nomme *potentiel thermodynamique à volume constant;* c'est la dénomination la mieux justifiée.

192. Prenons maintenant la fonction

$$H' = TS - U - Apv = H - Apv.$$

Nous en tirons

$$dH' = dH - Ap\,dv - Av\,dp.$$

Si nous remplaçons dH par $S\,dT + Ap\,dv$, il vient

$$dH' > S\,dT - Av\,dp.$$

Cette nouvelle condition de possibilité d'un phénomène se réduit à

$$dH' > 0$$

quand la température et la pression demeurent constantes.

La fonction H' croît donc pour un phénomène irréversible où T et p conservent la même valeur; elle ne varie pas quand le phénomène est réversible. M. Duhem appelle cette fonction : *potentiel thermodynamique à pression constante.*

193. Ainsi des inégalités démontrées aux paragraphes **189**, **191** et **192** il résulte que :

1° Quand le système est isolé l'entropie S va constamment en croissant;

2° Quand le système non isolé est tel que T et v restent constants, c'est la fonction H qui croît;

3° Quand T et p restent constants, le système n'étant pas isolé, la fonction H' augmente.

193 *a*. Remarque sur les cycles représentables géométriquement. — Si parmi les variables qui définissent l'état d'un système se trouvent le volume spécifique v et la pression p, et si cette dernière quantité possède la même valeur en tout point du système, on peut représenter les transformations du système par une courbe dont chaque point a pour coordonnées p et v. Évidemment cette courbe ne définit pas complètement la manière dont s'opère la transformation puisque les autres variables peuvent, pour tout point de la courbe, avoir des valeurs arbitraires. Mais si, ce qui a lieu dans un grand nombre de cas, le travail extérieur produit par le système a pour expression $\int p\,dv$, ce travail est, pour un cycle fermé, représenté par l'aire de ce cycle.

Supposons ces conditions remplies et admettons que le système décrive une isotherme fermée et qu'un tel cycle soit réversible, nous avons

$$\int \frac{dQ}{T} = 0$$

ou, puisque T est constant,

$$Q = \int dQ = 0,$$

or, d'après le principe de l'équivalence, le travail extérieur produit par un système décrivant un cycle fermé est EQ. Il est donc nul dans le cas qui nous occupe. Par conséquent l'aire limitée par l'isotherme est nulle.

193 *b*. Deuxième méthode. — Nous allons obtenir les mêmes résultats par une deuxième méthode qui, je l'espère, contribuera à nous faire comprendre la nature des raisonnements thermodynamiques.

Le schéma de ces raisonnements est toujours le même. Un postulat nous apprend qu'il est impossible de passer de l'état A à l'état B (par exemple de faire passer de la chaleur d'un corps froid sur un corps chaud). D'autre part, l'expérience nous apprend que l'on peut passer de l'état A à l'état C et de l'état D à l'état B, nous en concluons qu'il est impossible de passer de l'état C à l'état D. Notre conclusion vaut donc ce que valent nos prémisses qui sont d'une part un postulat (celui de Clausius), d'autre part deux faits expérimentaux vérifiés avec une exactitude plus ou moins grande.

193 c. On pourrait arriver aux mêmes résultats par une autre voie, même sans faire appel aux raisonnements du Chapitre VII. Je me bornerai, à ce sujet, à une rapide esquisse. Considérons un système Σ dont la situation soit définie par un certain nombre de variables

$$x_1, \quad x_2, \quad \ldots, \quad x_n, \quad x_{n+1}.$$

Soit U l'énergie interne de ce système. S'il est isolé (ou si les autres systèmes qui ont pu agir sur lui reviennent à leur état primitif), on aura l'équation de l'énergie

$$U = \text{const.}$$

Si l'on se donne la valeur de U, on pourra s'en servir pour éliminer l'une des variables x et conserver seulement les n premières $(x_1, x_2, \ldots, x_n)$.

Cela posé, pour tous les systèmes que l'on a à étudier, on peut montrer que, étant donnés deux changements infinitésimaux inverses, le premier faisant passer le système de la situation

$$x_1, \quad x_2, \quad \ldots, \quad x_n$$

à la situation

$$x_1 + dx_1, \quad x_2 + dx_2, \quad \ldots, \quad x_n + dx_n,$$

le second faisant passer Σ de la seconde situation à la première; ces deux changements étant d'ailleurs compatibles avec l'équation de l'énergie, l'un de ces deux changements est possible, soit directement, soit indirectement (au sens du **187**), l'autre changement, au contraire, est impossible, au moins directement.

Le premier changement pourra être caractérisé par

l'inégalité

$$(1) \qquad X_1\,dx_1 + X_2\,dx_2 + \ldots + X_n\,dx_n > 0$$

(où X_1, X_2, ..., X_n sont des fonctions convenablement choisies des x), et l'autre changement par l'inégalité inverse.

Nous pourrons appeler dS le premier membre de cette inégalité, sans préjuger si cette expression différentielle est bien une différentielle exacte.

193 *d*. Considérons les variables x comme les coordonnées d'un point dans l'espace à n dimensions. Si l'on considère les vecteurs infiniment petits qui vont du point $(x_1, x_2, \ldots, x_n)$ au point $(x_1 + dx_1, \ldots, x_n + dx_n)$, l'ensemble de ceux de ces vecteurs qui satisfont à l'égalité $dS = 0$ formera un élément infiniment petit de surface dont le centre sera au point $(x_1, x_2, \ldots, x_n)$. Chacun des points de l'espace sera le centre d'un semblable élément que j'appellerai un *élément* E.

Chaque point de l'espace représentera ainsi un des états du système et les états successifs seront représentés par une certaine trajectoire. En vertu de l'inégalité (1), ces trajectoires ne pourront traverser les éléments E *que dans un sens*.

Un élément E ayant son centre en A pourra être regardé comme plan; j'appellerai P(A) le plan indéfini correspondant.

Si dS est une différentielle exacte, ces éléments E pourront s'assembler de façon à constituer un faisceau de surfaces, qui seront les surfaces $S = \text{const.}$ Il en est de même si l'on a

$$dS = F\,dT,$$

F étant une fonction quelconque et dT une différentielle exacte.

Dans ces conditions, il passera par chaque point A de l'espace une surface ayant pour plan tangent P(A).

Mais il peut se faire également qu'il existe une ou plusieurs surfaces *isolées*, telles qu'en chaque point A de ces surfaces le plan tangent soit P(A), satisfaisant, par conséquent, à l'équation $dS = 0$; c'est ce qui arriverait, par exemple, si l'on avait

$$dS = d\Psi + \Psi\,dV,$$

Ψ étant une fonction quelconque et dV une expression différentielle *non exacte*. Pour $\Psi = 0$, on aurait

$$dS = d\Psi,$$

et la surface $\Psi = 0$ satisferait à l'équation $dS = 0$.

193 *e*. Cela posé, supposons que l'on sache d'une manière quelconque qu'il est impossible d'aller du point A au point infiniment voisin B, et cela soit directement, soit indirectement. C'est ce qui arrivera par exemple en vertu de l'axiome de Clausius. Je dis alors que par le point A passera une surface satisfaisant à l'équation $dS = 0$. Et, en effet, parmi les points de l'espace, il y en aura où l'on peut aller en partant du point A et d'autres où l'on ne pourra pas aller. Ces points détermineront deux régions de l'espace, qui seront séparées par une certaine surface. Comme il y a dans une des régions, comme dans l'autre, des points infiniment voisins de A (par exemple B), cette surface devra passer par le point A. Il est clair, d'ailleurs, que le plan tangent à cette surface ne peut être que P(A).

193 *f*. Pour aller plus loin, il faut envisager deux systèmes Σ_1 et Σ_2, et le système Σ formé par leur ensemble. Soient $x_1, x_2, \ldots, x_n$ les variables qui définissent l'état de Σ_1, et $y_1, y_2, \ldots, y_p$ celles qui définissent l'état de Σ_2.

L'état de Σ_1 sera représenté par un certain point A_1 de l'espace R_n à n dimensions $(x_1, x_2, \ldots, x_n)$; celui de Σ_2 par un certain point A_2 de l'espace R_p à p dimensions $(y_1, y_2, \ldots, y_p)$ et celui de Σ par le point correspondant $A_1 A_2$ de l'espace R_{n+p} à $n+p$ dimensions $(x_1, x_2, \ldots, x_n; y_1, y_2, \ldots, y_p)$.

Nous supposerons que les deux systèmes sont *indépendants*, c'est-à-dire que, si l'un d'eux varie sans que l'autre varie, les lois des variations du premier ne dépendront pas de l'état du second. Cette condition est pratiquement réalisée dans un très grand nombre de cas.

On aura alors

$$dS = F_1\,dS_1 + F_2\,dS_2,$$

dS, dS_1, dS_2 sont les premiers membres de l'inégalité (1), en ce qui concerne respectivement Σ, Σ_1, Σ_2; quant à F_1 et F_2, ce sont deux fonctions quelconques positives.

Cela posé, le système Σ_1 sera un système donné quelconque et le point A_1 correspondra à un état donné quelconque de ce système. Je choisirai le système auxiliaire Σ_2 et le point A_2, de telle façon qu'il y ait un point B_2 très voisin de A_2 et où l'on ne puisse aller de A_2, quand le système Σ_2 est isolé (il suffira par exemple, en vertu de l'axiome de Clausius, de constituer le système Σ_2 avec deux corps de température différente).

Alors on ne pourra aller du point A_1A_2 au point A_1B_2, et, en vertu du paragraphe précédent, il y aura dans l'espace R_{n+p} une surface Φ passant par le point A_1A_2 et satisfaisant à l'équation $dS = 0$.

On en conclut qu'il existe dans l'espace R_n une surface Φ_1 passant par le point A_1 et satisfaisant à l'équation $dS_1 = 0$. Il suffit, en effet, pour trouver l'équation de la surface Φ_1, de faire dans celle de la surface Φ

$$y_1 = \text{const.}, \qquad y_2 = \text{const.}, \qquad \ldots, \qquad y_p = \text{const.}$$

Mais le point A_1 est un point quelconque; donc, par tous les points de l'espace R_n passe une surface satisfaisant à $dS_1 = 0$. Cela veut dire que dS_1 est une différentielle exacte, ou tout au moins que l'on a

$$dS_1 = F_1\, dT_1,$$

dT_1 étant une différentielle exacte, et la fonction F_1 étant positive dans la région envisagée. Alors on peut remplacer l'inégalité

$$dS_1 > 0$$

par l'inégalité

$$dT_1 > 0,$$

c'est-à-dire faire jouer à T_1 le rôle de S_1; en d'autres termes, on peut, sans restreindre la généralité, supposer que dS_1 est une différentielle exacte.

Dans ce raisonnement, l'hypothèse de la *possibilité* de certains changements joue un rôle essentiel conformément à la remarque du paragraphe **193** *b*. Le raisonnement serait en défaut, en effet, si l'on ne supposait pas que de deux changements inverses portant sur le système total Σ, l'un est toujours possible directement ou indirectement.

193 *g*. Nous venons de voir que l'on peut toujours regarder dS comme une différentielle exacte, et la fonction S est alors ce qu'on appelle *l'entropie*. Mais cela ne suffit pas encore pour définir l'entropie. En effet, on pourrait remplacer S par une fonction quelconque $\varphi(S)$ pourvu qu'elle fût *croissante;* car l'inégalité

$$d\varphi = \varphi'(S)\,dS > 0$$

équivaut évidemment à

$$dS > 0.$$

Pour compléter la définition de l'entropie, il faut envisager un système total Σ formé de trois systèmes partiels indépendants (au sens de **193** *f*) Σ_1, Σ_2, Σ_3; on a alors

$$dS = F_1\,dS_1 + F_2\,dS_2 + F_3\,dS_3,$$

S, S_1, S_2, S_3 étant les entropies des quatre systèmes, F_1, F_2 et F_3 des fonctions quelconques positives.

Comme dS, dS_1, dS_2, dS_3 doivent être des différentielles exactes, on aura

$$S = \varphi(S_1, S_2, S_3),$$

$$F_1 = \frac{d\varphi}{dS_1}, \qquad F_2 = \frac{d\varphi}{dS_2}, \qquad F_3 = \frac{d\varphi}{dS_3}.$$

Supposons maintenant que le système Σ_3 demeure invariable, de sorte que $dS_3 = 0$.

L'inégalité (*1*) s'écrit alors

$$F_1\,dS_1 + F_2\,dS_2 > 0.$$

Comme, en vertu de l'indépendance des systèmes, les propriétés du système $\Sigma_1 - \Sigma_2$ ne doivent pas dépendre de l'état du système Σ_3, le rapport $\frac{F_1}{F_2}$ ne dépendra pas de S_3.

Posons alors

$$\frac{F_1}{F_2} = e^{X_3}, \qquad \frac{F_2}{F_3} = e^{X_1}, \qquad \frac{F_3}{F_1} = e^{X_2};$$

X_1, X_2, X_3 seront des fonctions de S_1, S_2, S_3 qui devront satisfaire à l'équation

$$X_1 + X_2 + X_3 = 0, \tag{2}$$

et, puisque $\frac{F_1}{F_2}$, par exemple, est indépendant de S_3, aux conditions

$$\frac{dX_1}{dS_1} = \frac{dX_2}{dS_2} = \frac{dX_3}{dS_3} = 0. \tag{3}$$

En différentiant (2) par rapport à S_1 et à S_2 et tenant compte de (3), il vient

$$\frac{d^2X_3}{dS_1\,dS_2} = 0$$

et de même

$$\frac{d^2X_1}{dS_2\,dS_3} = \frac{d^2X_2}{dS_3\,dS_1} = 0,$$

ce qui nous permet d'écrire

$$\left\{\begin{aligned} X_1 &= \psi_2(S_2) - \theta_3(S_3),\\ X_2 &= \psi_3(S_3) - \theta_1(S_1),\\ X_3 &= \psi_1(S_1) - \theta_3(S_2). \end{aligned}\right. \tag{4}$$

Substituant dans (2), on voit que l'on doit avoir

$$\psi_1 = \theta_1, \quad \psi_2 = \theta_2, \quad \psi_3 = \theta_3.$$

Si dans les équations (4) nous remplaçons les X par leurs valeurs et les θ par les ψ, elles peuvent s'écrire

$$\log F_1 - \psi_1 = \log F_2 - \psi_2 = \log F_3 - \psi_3,$$

de sorte qu'on a finalement

$$dS = \Theta(e^{\psi_1} dS_1 + e^{\psi_2} dS_2 + e^{\psi_3} dS_3),$$

Θ étant une fonction quelconque positive.

Comme ψ_1, ψ_2, ψ_3 ne dépendent respectivement que de S_1, S_2, S_3, nous pourrons poser

$$S'_1 = \int e^{\psi_1} dS_1, \quad S'_2 = \int e^{\psi_2} dS_2, \quad S'_3 = \int e^{\psi_3} dS_3,$$

$$dS' = \Theta\, dS.$$

On aura alors

$$S' = S'_1 + S'_2 + S'_3.$$

Comme les inégalités

$$dS > 0, \quad dS_1 > 0, \quad dS_2 > 0, \quad dS_3 > 0$$

sont respectivement équivalentes aux inégalités

$$dS' > 0, \quad dS'_1 > 0, \quad dS'_2 > 0, \quad dS'_3 > 0,$$

on peut faire jouer le rôle d'entropie à S', S'_1, S'_2, S'_3.

On peut donc particulariser la définition de l'entropie de telle façon que l'entropie du système total soit la somme des entropies des systèmes partiels toutes les fois que ces systèmes sont indépendants.

Ainsi se trouve complétée la définition de l'entropie et l'on voit que ce complément se rattache à la possibilité d'associer un système quelconque à d'autres systèmes indépendants.

193 h. Nous appellerons *source* un système dont l'état ne dépend que d'une seule variable et dont la masse est assez grande pour qu'il n'éprouve jamais que de petites variations.

Supposons que le système total Σ comprenne, associés à un système quelconque Σ_1, d'autres systèmes partiels Σ_2, Σ_3 qui puissent être regardés comme des sources. Soient alors U_2, U_3 les énergies internes des systèmes Σ_2, Σ_3, et S_2, S_3 leurs entropies; nous poserons

$$dS_2 = -\frac{dU_2}{T_2}, \qquad dS_3 = -\frac{dU_3}{T_3},$$

$-dU_2$ et $-dU_3$ représentent évidemment les quantités de chaleur empruntées aux deux sources que nous appellerons dQ_2 et dQ_3, de sorte que

$$dS_2 = \frac{dQ_2}{T_2}, \qquad dS_3 = \frac{dQ_3}{T_3}.$$

On aura alors

$$dS = dS_1 + \frac{dQ_2}{T_2} + \frac{dQ_3}{T_3}.$$

Supposons que le système Σ_1 ne varie pas; alors l'inégalité $dS > 0$ deviendra

$$\frac{dQ_2}{T_2} + \frac{dQ_3}{T_3} > 0,$$

ce qui veut dire que la condition pour que le système Σ_2 puisse céder de la chaleur à Σ_3, c'est que

$$T_2 > T_3.$$

Cela nous apprend que T_2 et T_3 ne sont autre chose que la température des deux sources Σ_2 et Σ_3.

193 *i*. Supposons maintenant que le système Σ_1 revienne à son état primitif après avoir parcouru un cycle complet; comme S devra avoir augmenté et que S_1 sera revenu à sa valeur première, on devra avoir

$$\frac{Q_2}{T_2} + \frac{Q_3}{T_3} > 0,$$

et s'il y a plus de deux sources

$$\frac{Q_2}{T_2} + \frac{Q_3}{T_3} + \ldots + \frac{Q_n}{T_n} > 0.$$

C'est le théorème du paragraphe **180**; on continuerait le raisonnement comme aux paragraphes **181** et suivants.

Il ne sera peut-être pas inutile d'avoir ainsi présenté sous deux formes différentes les considérations exposées dans ce Chapitre; on comprendra mieux ainsi la véritable nature des raisonnements thermodynamiques, et la portée des hypothèses sur lesquelles ils reposent.

193 *j*. *Quelle est la dépense minima de travail à faire pour amener un corps ou un système d'un état* A *dans un autre état* B; *par exemple, pour transformer l'air gazeux en air liquide, ou pour séparer l'azote et l'oxygène de l'air?*

Soient δS l'accroissement de l'entropie et δU l'accroissement de l'énergie interne du corps ou du système considéré quand il passe de l'état A à l'état B.

Supposons que l'on dispose d'une source chaude à la température T_1 et d'une source froide à la température T_2. Soient Q_1 la quantité de chaleur empruntée à la source chaude et Q_2 celle qui est cédée à la source froide. Il s'agit de calculer le minimum de Q_1.

Nous aurons d'abord

$$Q_1 - Q_2 = \tau + \delta U,$$

τ représentant le travail produit (tout est supposé exprimé en joules); τ doit être positif, sans quoi, il faudrait une dépense supplémentaire de travail, outre la dépense de chaleur Q_1; on a donc

$$Q_1 - Q_2 > \delta U.$$

D'autre part, l'équation de l'entropie nous donne

$$\frac{Q_1}{T_1} - \frac{Q_2}{T_2} < \delta S.$$

On tire de là

$$Q_1\left(\frac{1}{T_2} - \frac{1}{T_1}\right) > \frac{\delta U}{T_2} + \delta S,$$

ce qui donne le minimum de Q_1.

Supposons que, au lieu d'une source chaude, on dispose d'une certaine provision de travail sous la forme mécanique; on pourra considérer cette provision comme équivalent à une source chaude de température infinie. Il suffit donc de faire $T_1 = \infty$ et de regarder Q_1 comme représentant la dépense de travail; il vient ainsi

$$Q_1 > \delta U + T_2 dS.$$

Si l'on veut appliquer cette formule aux deux exemples que nous citions tout à l'heure, il faut calculer pour ces exemples δU et δS. S'il s'agit de faire passer l'air de la température ordinaire à une température voisine de celle de l'air liquide, on trouvera le calcul au Chapitre IX; si l'on veut examiner le cas de la liquéfaction de l'air, on emploiera des formules analogues à celles du Chapitre XI. S'il s'agit de séparer les éléments d'un mélange gazeux, on trouvera le calcul plus loin, au Chapitre XV, et particulièrement aux numéros **259**, **265** et suivants.

CHAPITRE XIII.

CHANGEMENTS D'ÉTAT.

194. Changements d'état d'un corps. — La fusion et la vaporisation d'un corps, ainsi que les phénomènes inverses, peuvent s'effectuer d'une manière réversible ou d'une manière irréversible.

La transformation d'un corps solide en un corps liquide, à la température de fusion de ce corps dans les conditions de l'expérience, est un phénomène réversible. Il en résulte nécessairement que la solidification du liquide, à cette même température, est aussi un phénomène réversible. Mais si, le liquide étant amené à l'état de *surfusion,* on provoque sa solidification immédiate par un moyen quelconque, la transformation cesse d'être réversible; il est en effet impossible d'effectuer la transformation inverse en faisant passer le corps par tous les états intermédiaires qu'il a pris dans sa solidification, puisqu'on ne peut fondre un solide à une température inférieure à celle de sa fusion normale. On pourrait concevoir qu'un corps, restant solide au-dessus de son point de fusion, passe brusquement de cet état solide instable à l'état liquide; ce serait encore un phénomène irréversible.

Le passage de l'état liquide à l'état vapeur est réversible si la pression de la vapeur qui surmonte le liquide possède la valeur maximum qu'elle peut prendre à la température de la transformation. Il est irréversible si le liquide étant amené à une température supérieure à celle qui correspond à la pression qui le surmonte on en provoque la vaporisation. C'est ce qui a lieu quand, au moyen d'une bulle de gaz, on produit la vaporisation d'un liquide surchauffé.

Quand on enlève de la chaleur à une vapeur saturée, généralement celle-ci se condense sans que la pression ni la température varient; la transformation est alors réversible. Mais quand la vapeur est parfaitement dépouillée de poussières solides il arrive quelquefois que la température s'abaisse sans que la pression varie et sans que la vapeur saturée se condense; la pression de la vapeur est alors plus grande que la pression maximum correspondant à sa température. Cette vapeur se trouve donc dans un état instable, et elle se condense brusquement par diverses causes. Dans ces conditions le phénomène de la liquéfaction est irréversible.

Le passage immédiat de l'état solide à l'état de vapeur est réversible; il en est de même du passage inverse. Mais, comme dans la vaporisation des liquides et la liquéfaction des vapeurs, on pourrait concevoir des conditions telles que ce changement d'état soit irréversible.

195. Application des principes de la Thermodynamique. — Considérons un quelconque de ces changements d'état et, uniquement pour fixer les idées, car nos raisonnements s'appliquent à tous, admettons qu'il s'agisse de la transformation d'un liquide en vapeur.

L'état de la vapeur et celui du liquide, considérés isolément, sont définis par trois éléments p, v et T entre lesquels existe une relation. D'ailleurs, le liquide et la vapeur étant au contact, leur température et leur pression ont la même valeur; la pression et la température du système sont donc uniformes. Les volumes spécifiques de la vapeur et du liquide ont, au contraire, des valeurs différentes; appelons v_1 le volume spécifique de la vapeur et v_2 celui du liquide. Si nous supposons que la masse totale du système formé par le corps est égale à l'unité et que m soit la masse de la vapeur, celle du liquide est $1-m$, et nous avons la relation

$$(1) \qquad v = mv_1 + (1-m)v_2.$$

Deux variables indépendantes suffisant pour définir complètement l'état du liquide et celui de la vapeur considérés séparément, ces corps sont de la nature de ceux auxquels s'appliquent les théorèmes du Chapitre VIII; l'énergie interne et l'entropie du liquide sont donc parfaitement définies, du moins à une constante près. Appelons U_1 et S_1 ces quantités lorsqu'il s'agit de la vapeur, et désignons-les par U_2 et S_2 lorsque nous considérons le liquide. Si dQ_1 est la quantité de chaleur qu'absorbe l'unité de masse de la vapeur dans une transformation élémentaire et dQ_2 celle qu'absorbe l'unité de masse du liquide dans une transformation élémentaire quelconque, nous aurons, d'après le principe de l'équivalence et celui de Carnot : pour la vapeur,

$$dU_1 = dQ_1 - Ap\,dv_1, \qquad dS_1 = \frac{dQ_1}{T},$$

et pour le liquide,

$$dU_2 = dQ_2 - Ap\,dv_2, \qquad dS_2 = \frac{dQ_2}{T}.$$

196. Énergie interne du système formé par un corps sous deux états. — Il paraît naturel d'admettre que l'énergie interne U du système formé par la vapeur et le liquide est égale à la somme des énergies internes des masses de vapeur et de liquide. Nous avons, en faisant cette hypothèse,

$$U = mU_1 + (1 - m)U_2.$$

Mais, quoique naturelle, cette hypothèse a besoin d'être confirmée. Cherchons donc directement l'expression de l'énergie interne du système.

L'état de ce système dépend de quatre quantités p, v, T et m. Mais, par suite des relations fondamentales qui lient v_1 et v_2 à p et à T, et de la relation (1) qui donne v en fonction de v_1 et de v_2, trois d'entre elles suffisent pour déterminer complètement l'état du système. Choisissons p, T et m.

Si, dans une transformation élémentaire, ces trois quantités varient en même temps, la quantité de chaleur absorbée par le système se composera : 1° de la quantité $m\,dQ_1$, absorbée par la vapeur quand p et T varient, m restant constant; 2° de la quantité $(1 - m)\,dQ_2$ absorbée par le liquide dans les mêmes conditions; 3° de la quantité nécessaire pour vaporiser une masse dm de liquide, quantité ayant pour valeur $L\,dm$, L désignant la chaleur latente de vaporisation. Nous avons donc

$$(2) \qquad dQ = m\,dQ_1 + (1-m)\,dQ_2 + L\,dm,$$

ou, en remplaçant dQ_1 et dQ_2 par les valeurs tirées des relations qui donnent les différentielles des énergies internes de la vapeur et du liquide,

$$dQ = m(dU_1 + Ap\,dv_1) + (1-m)(dU_2 + Ap\,av_2) + L\,dm.$$

Il en résulte pour l'expression de la différentielle dU de l'énergie interne du système,

$$dU = dQ - Ap\,dv = m\,dU_1 + (1-m)\,dU_2 + L\,dm$$
$$+ Ap[m\,dv_1 + (1-m)\,dv_2 - dv].$$

Mais d'après la relation (1),

$$dv = m\,dv_1 + (1-m)\,dv_2 + dm(v_1 - v_2);$$

par conséquent,

$$(3) \qquad dU = m\,dU_1 + (1-m)\,dU_2 + L\,dm - Ap\,dm(v_1 - v_2).$$

197. Dans les cas où m reste constant, cette égalité se réduit à

$$dU = m\,dU_1 + (1-m)\,dU_2.$$

Nous en tirons par intégration,

$$U = m\,U_1 + (1-m)\,U_2 + \varphi(m),$$

$\varphi(m)$ désignant une fonction quelconque de m, introduite par l'intégration, et dont nous allons chercher la valeur.

Pour cela, supposons qu'on fasse varier simultanément

les trois variables de manière que l'énergie interne U_1 de la vapeur et l'énergie interne U_2 du liquide demeurent constantes. Alors, d'après la dernière expression de U, la variation de cette fonction est

$$dU = \varphi'(m)\,dm.$$

D'après l'expression (3) cette variation est

$$dU = [L - A\,p(v_1 - v_2)]\,dm.$$

Par conséquent

$$\varphi'(m) = L - A\,p(v_1 - v_2).$$

Or il est naturel d'admettre que L ne dépend pas de m, c'est-à-dire de la quantité de vapeur qui se trouve au-dessus du liquide. S'il en est ainsi la fonction $\varphi'(m)$ est indépendante de m, et, par suite, la fonction $\varphi(m)$ est de la forme

$$\varphi(m) = \alpha m + \beta,$$

ou, en écrivant le second membre d'une autre manière,

$$\varphi(m) = (\alpha + \beta)m + \beta(1 - m).$$

Portons cette valeur de $\varphi(m)$ dans l'expression de U; nous obtenons

$$U = m(U_1 + \alpha + \beta) + (1 - m)(U_2 + \beta),$$

ou plus simplement, puisque U_1 et U_2 ne sont connus qu'à une constante près,

$$U = m\,U_1 + (1 - m)U_2. \tag{4}$$

L'hypothèse faite en commençant était donc exacte.

198. Entropie du système. — On démontre d'une manière analogue que l'entropie S du système est la somme de l'entropie mS_1 de la vapeur et de l'entropie $(1-m)S_2$ du liquide qui constituent le système.

Dans l'expression (2) de dQ, remplaçons dQ_1 et dQ_2 par les valeurs $T\,dS_1$ et $T\,dS_2$ déduites des relations qui définissent les entropies S_1 et S_2; nous obtenons

$$dQ = mT\,dS_1 + (1-m)T\,dS_2 + L\,dm,$$

et par suite :

$$dS = \frac{dQ}{T} = m\,dS_1 + (1-m)\,dS_2 + \frac{L\,dm}{T}. \qquad (5)$$

Pour une transformation s'effectuant sans variation de m, il vient

$$dS = m\,dS_1 + (1-m)\,dS_2,$$

d'où nous tirons par intégration

$$S = mS_1 + (1-m)S_2 + \varphi(m).$$

D'après cette expression la variation d'entropie, résultant d'une transformation pour laquelle S_1 et S_2 demeurent constants, est

$$dS = \varphi'(m)\,dm;$$

d'après la relation (5) elle a aussi pour valeur

$$dS = \frac{L\,dm}{T},$$

nous avons donc :

$$\varphi'(m) = \frac{L}{T}.$$

La chaleur latente de vaporisation étant supposée indépendante de m, la fonction $\varphi(m)$ est de la forme

$$\varphi(m) = \alpha m + \beta = (\alpha + \beta)m + \beta(1 - m).$$

Si nous portons cette valeur dans l'expression de S, nous obtenons, S_1 et S_2 n'étant connus qu'à une constante près,

$$S = mS_1 + (1 - m)S_2. \tag{6}$$

199. Expression des fonctions caractéristiques de M. Massieu. — Considérons la première

$$H = TS - U.$$

Si nous remplaçons U et S par leurs valeurs (4) et (6), nous avons

$$H = m(TS_1 - U_1) + (1 - m)(TS_2 - U_2).$$

Or pour la vapeur et le liquide les fonctions caractéristiques sont

$$H_1 = TS_1 - U_1, \qquad H_2 = TS_2 - U_2;$$

par conséquent nous pouvons écrire

$$H = mH_1 + (1 - m)H_2.$$

Nous verrions aussi facilement que la fonction

$$H' = TS - U - Apv$$

se déduit de la même façon des fonctions H'_1 et H'_2 de la vapeur et du liquide, on a

$$H' = mH'_1 + (1 - m)H'_2.$$

200. Condition de possibilité d'un changement d'état. — Au numéro **191**, nous avons montré que, si l'on considère la fonction H', la condition de possibilité d'une transformation est exprimée par l'inégalité

$$dH' > S\,dT - Av\,dp;$$

s'il y a égalité la transformation peut s'effectuer d'une manière réversible.

Nous avons ici

$$dH' = m\,dH'_1 + (1 - m)\,dH'_2 + dm(H'_1 - H'_2).$$

Si nous remplaçons dH'_1 et dH'_2 par leurs valeurs,

$$dH'_1 = S_1\,dT - Av_1\,dp, \qquad dH'_2 = S_2\,dT - Av_2\,dp,$$

nous obtenons

$$dH' = [mS_1 + (1 - m)S_2]\,dT - A[mv_1 + (1 - m)v_2]\,dp + dm(H'_1 - H'_2),$$

ou, en tenant compte des relations (1) et (6),

$$dH' = S\,dT - Av\,dp + dm(H'_1 - H'_2).$$

La condition de possibilité devient donc

$$S\,dT - Ap\,dv + dm(H'_1 - H'_2) > S\,dT - Ap\,dv,$$

ou

$$dm(H'_1 - H'_2) > 0.$$

Quand il y a vaporisation du liquide, dm est positif; par conséquent pour que cette transformation puisse s'effectuer il faut que H'_1 soit plus grand que H'_2. Si, au contraire, cette dernière quantité était plus grande que la première c'est une condensation de la vapeur qui se produirait, puisque la condition de possibilité ne serait alors satisfaite que pour dm négatif.

Pour que la transformation soit réversible H'_1 et H'_2 doivent être égaux.

201. Théorème du triple point. — Les fonctions caractéristiques H'_1 et H'_2 étant fonction de p et T, la condition de réversibilité

$$H'_1 = H'_2 \tag{7}$$

donne une relation entre ces variables. Comme la transformation d'un liquide en vapeur n'est réversible que si la vapeur possède la tension maximum correspondant à la température T, la valeur de p qui entre dans la relation est précisément cette tension maximum. Par suite la relation $H'_1 = H'_2$ n'est autre que celle qui donne la tension maximum d'une vapeur en fonction de la température.

Les formules établies précédemment étant applicables à tous les changements d'état, la condition de réversibilité des phénomènes de fusion est

$$H'_2 = H'_3, \tag{8}$$

H'_3 désignant la fonction caractéristique H' pour le corps solide; elle représente la fonction qui lie la température de fusion et la pression.

Pour les mêmes raisons la condition de réversibilité de la transformation qui amène un corps de l'état solide à l'état de vapeur est

(9) $$H'_1 = H'_3;$$

elle fournit la relation qui lie la température à la tension de vapeur du solide.

Il existe en général un système de valeurs de p et T satisfaisant aux relations (7) et (9); pour ce système on a donc

$$H'_1 = H'_2 = H'_3;$$

par conséquent la relation (8) est en même temps satisfaite. Si nous représentons ces relations par des courbes en prenant p et T pour coordonnées, ces trois courbes se coupent en un même point. Ainsi *les courbes des tensions de vapeurs d'un même corps à l'état solide et à l'état liquide se coupent en un point de la ligne de fusion.* C'est le théorème du triple point.

202. Inégalité des tensions de la vapeur émise à la même température à l'état solide et à l'état liquide. — Les relations (7) et (9) permettent de démontrer facilement qu'un même corps à l'état solide et à l'état de liquide surfondu à la même température, a des tensions de vapeur différentes.

En effet si l'égalité avait lieu, les deux relations (7) et (9) se confondraient et l'on aurait

$$H'_1 = H'_2 = H'_3.$$

La relation (8) se trouverait donc satisfaite pour les mêmes valeurs des variables et, par suite, les trois courbes représentant ces relations se confondraient. Or il est prouvé expérimentalement que la courbe des tensions de vapeur d'un liquide est différente de la courbe de fusion de ce corps.

203. Influence de la pression sur la température à laquelle s'effectue un changement d'état réversible. — Supposons, par exemple, que la transformation considérée soit la vaporisation d'un liquide sous la pression de sa vapeur saturée. La transformation étant réversible, on a

$$H'_1 = H'_2,$$

et par suite

$$dH'_1 = dH'_2,$$

ou, en remplaçant ces différentielles par leurs valeurs,

$$S_1\,dT - A v_1\,dp = S_2\,dT - A v_2\,dp.$$

De cette relation nous tirons

$$\frac{dT}{dp} = A\frac{v_1 - v_2}{S_1 - S_2}.$$

Cherchons $S_1 - S_2$. De la valeur

$$S = mS_1 + (1 - m)S_2$$

de l'entropie du système nous déduisons

$$dS = m\,dS_1 + (1 - m)\,dS_2 + dm(S_1 - S_2).$$

Or, nous avons trouvé (**198**)

$$dS = m\,dS_1 + (1 - m)\,dS_2 + \frac{L\,dm}{T}.$$

Nous avons donc par identification

$$S_1 - S_2 = \frac{L}{T}.$$

Il en résulte pour la valeur de $\frac{dT}{dp}$,

$$\frac{dT}{dp} = A(v_1 - v_2)\frac{T}{L}.$$

204. Le volume spécifique v_1 de la vapeur étant plus grand que le volume spécifique v_2 du liquide, le second membre de cette égalité est positif. La température d'ébullition d'un liquide doit donc croître avec la pression.

La même formule est applicable au phénomène de la fusion; la signification des lettres est seule changée, L est alors la chaleur latente de fusion, v_1 le volume spécifique du liquide, v_2 celui du solide. La densité d'un corps à l'état liquide étant généralement plus petite que l'état solide, v_1 est plus grand que v_2 et la température de fusion doit s'élever quand on augmente la pression. Pour l'eau et les quelques corps qui diminuent de volume en fondant, v_1 est plus petit que v_2 et ces corps doivent fondre à une température d'autant plus basse que la pression est plus élevée.

L'expérience a confirmé ces diverses conséquences. La tension maximum de la vapeur émise par un liquide ou un solide augmente avec la température. M. Bunsen a constaté que la température de fusion du blanc de baleine et de la paraffine, qui augmentent de volume en fondant, croît en même temps que la pression. L'abaissement de la température de fusion de la glace quand on élève la pression a été mise en évidence par M. James Thomson et par M. Mousson. M. James Thomson est même parvenu à déterminer la valeur de cette température pour diverses pressions; les nombres qu'il a trouvés présentent un accord très satisfaisant avec ceux déduits de la formule : ainsi l'expérience a donné $-0^\circ,059$ et $-0^\circ,129$ pour les températures de fusion sous les pressions de 8^{atm}, et de $16^{\text{atm}},8$; la formule conduit aux valeurs $-0^\circ,061$ et $-0^\circ,126$ pour les mêmes pressions.

205. Remarque sur la relation qui lie la température et la pression dans un changement d'état réversible. — Puisque la température et la pression sont, dans un changement d'état réversible, liées par l'une des relations (7), (8) ou (9), il semble qu'il serait facile de vérifier leur exactitude en les comparant avec les relations données par l'expérience, en comparant la relation (7), par exemple, avec celles qui, d'après les expériences de Regnault, donnent la tension maximum d'une vapeur en fonction de la température. En réalité, cette comparaison est impossible.

En effet l'entropie et l'énergie interne d'une vapeur, qui figurent dans l'expression de la fonction H'_1, ne sont connues qu'à une constante arbitraire près. Si donc S_1 et U_1 représentent ces quantités, $S_1 + \alpha_1$ et $U_1 + \beta_1$ les représenteront également bien, α_1 et β_1 étant deux constantes arbitraires. La fonction H'_1 ayant pour expression

$$H'_1 = TS_1 - U_1 - Apv,$$

elle devient

$$H'_1 + \alpha_1 T - \beta_1$$

lorsqu'on prend les dernières expressions de l'entropie et

de l'énergie interne du liquide. Pour des raisons semblables la fonction H'_2 contient deux constantes arbitraires et nous pouvons l'écrire

$$H'_2 + \alpha_2 T - \beta_2.$$

La relation (7) devient alors

$$H'_1 + \alpha_1 T - \beta_1 = H'_2 + \alpha_2 T - \beta_2$$

ou

$$H'_1 + \alpha T - \beta = H'_2,$$

en posant

$$\alpha_1 - \alpha_2 = \alpha \qquad \text{et} \qquad \beta_1 - \beta_2 = \beta.$$

Cette nouvelle relation contenant deux constantes arbitraires ne peut donc donner la loi de la variation des tensions de vapeurs avec la température. L'expérience seule permet de trouver cette loi.

206. Formule de Clausius. — Toutefois, M. Van der Walls et, un peu plus tard, Clausius ont pu, en modifiant les hypothèses de Bernoulli sur la constitution moléculaire des gaz, trouver dans ce cas la signification de ces constantes. De ces recherches, ces savants ont déduit la relation qui lie les variables p, v et T dans le cas des gaz. La relation donnée par Clausius est

$$p = \frac{RT}{v - \alpha} - \frac{\mu}{T(v + \beta)^2}.$$

Nous avons déjà dit que, d'après les calculs de M. Sarrau, elle rend parfaitement compte des résultats expérimentaux fournis par l'étude de la compressibilité et de la dilatation des gaz, et nous avons montré qu'elle s'accorde avec les conséquences des expériences de Joule et sir W. Thomson.

Mais certaines expériences semblent prouver que les changements d'état sont des transformations continues, qu'il y a, en particulier, continuité dans les phénomènes qui font passer un corps de l'état liquide à l'état de vapeur. Clausius suppose qu'il en est bien ainsi et admet que cette continuité se retrouve dans les relations qui expriment les propriétés physiques du corps sous ses divers états. De là, il résulte que la formule précédente, applicable aux gaz et aux vapeurs, doit l'être aussi aux liquides dans le voisinage du point d'ébullition. Cette extension de la formule conduit à quelques conséquences intéressantes que nous allons examiner. Elles permettent en effet de donner une explication plausible des phénomènes observés dans les célèbres expériences d'Andrews.

207. Supposons T constant et construisons la courbe représentant l'isotherme en prenant v pour abscisse et p pour ordonnée.

Pour les valeurs positives de la pression, v est, d'après la formule, nécessairement plus grand que α; il suffit donc de faire varier v depuis α jusqu'à l'infini. Cette dernière valeur donne $p = 0$.

Les valeurs maxima et minima de p sont données par l'équation

$$\frac{RT}{(v-\alpha)^2} - \frac{2\mu}{T(v+\beta)^3} = 0$$

obtenue en égalant à zéro la dérivée de p par rapport à v.

Cette équation peut s'écrire

$$(1) \qquad \mathrm{RT}(v+\beta)^3 - \frac{2\mu}{\mathrm{T}}(v-\alpha)^2 = 0;$$

elle est du troisième degré en v. Pour $v=\alpha$ et pour $v=\infty$ son premier membre est positif; par conséquent, entre ces limites cette équation possède un nombre pair de racines, 2 ou 0. Deux cas peuvent donc se présenter.

208. Lorsque la température T est très grande le premier terme de l'équation précédente l'est aussi; le second

Fig. 28.

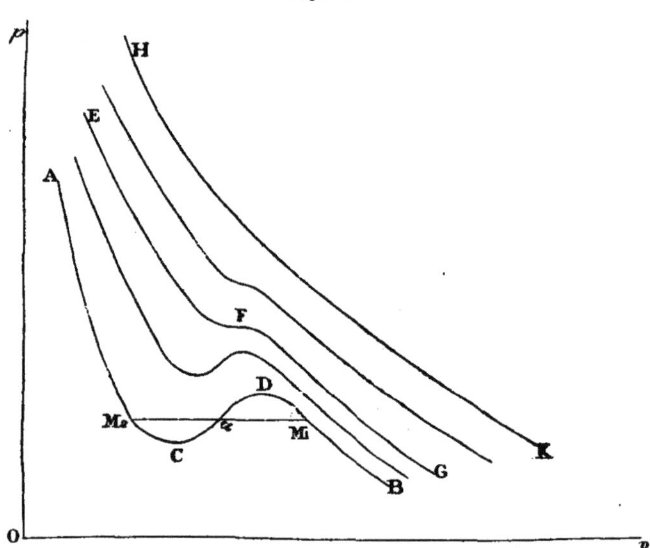

$\frac{2\mu}{\mathrm{T}}(v-\alpha)^2$ est au contraire très petit. Par conséquent, pour toutes les valeurs de v comprises entre α et ∞ le premier membre de l'équation conserve le signe de son premier terme et le nombre de racines comprises entre ces limites est zéro. Alors la pression ne présente ni maximum ni minimum, et la courbe isotherme est de la forme représentée en HK dans la figure 28.

Si, au contraire, la valeur de T est petite, le coefficient $\frac{2\mu}{T}$ du second terme de l'équation est grand. Ce terme donne donc son signe au premier membre de l'équation pour des valeurs de v suffisamment éloignées de α. Le premier membre est alors négatif et, par suite, de signe contraire aux valeurs qu'il prend aux limites. C'est donc dans ce cas que nous aurons deux racines entre ces limites. A l'une correspond un maximum D et à l'autre un minimum C; ACDB est alors la courbe isotherme.

209. Le cas intermédiaire est celui pour lequel l'équation présente une racine double. La température correspondante s'obtiendra en éliminant v entre cette équation et celle que l'on obtient en égalant à zéro la dérivée du premier membre. Cette dernière est

$$3RT(v+\beta)^2 - 4\frac{\mu}{T}(v-\alpha) = 0;$$

nous en déduisons

$$\frac{(v+\beta)^2}{v-\alpha} = \frac{4\mu}{3RT^2}. \tag{2}$$

L'équation (1) nous donne

$$\frac{(v+\beta)^3}{(v-\alpha)^2} = \frac{2\mu}{RT^2},$$

et, en divisant les deux membres de cette égalité par chacun des membres de la précédente, nous obtenons

$$(3) \qquad \frac{v+\beta}{v-\alpha}=\frac{3}{2}.$$

La division de la relation (2) par la relation (3) fournit l'égalité

$$v+\beta=\frac{8\mu}{9RT^2},$$

et alors la relation (3) donne

$$v-\alpha=\frac{16\mu}{27RT^2}.$$

Retranchons membre à membre cette dernière égalité de la précédente; il vient

$$\alpha+\beta=\frac{8\mu}{27RT^2},$$

d'où nous tirons pour la valeur de T

$$T=\sqrt{\frac{8}{27}\frac{\mu}{R(\alpha+\beta)}}$$

Cette température est appelée la *température critique;* l'isotherme qui lui correspond est représentée en EFG. Elle présente un point d'inflexion à tangente horizontale au point F pour lequel v est égal à la racine double de l'équation (1). Ce point F est le *point critique.*

210. Si nous examinons ces courbes, nous constatons que celles qui correspondent aux températures plus élevées que la température critique ne peuvent être coupées en plus d'un point par une parallèle à l'axe des v; pour une température et une pression déterminées, le volume spécifique ne possède donc qu'une seule valeur. Il en résulte que le corps ne peut exister que sous un seul état à cette température, car, s'il pouvait prendre l'état gazeux et l'état liquide, il possèderait pour la même pression (la tension maximum de vapeur) deux volumes spécifiques différents. D'ailleurs, par raison de continuité, cet état est le même pour toutes les températures au-dessus de la température critique; c'est donc l'état gazeux, puisque, pour des températures suffisamment élevées, tout corps est à l'état de gaz.

Les courbes, telles que ACDB, qui correspondent aux températures inférieures à la température critique, peuvent être coupées en trois points M_1, α et M_2 par une parallèle à Ov; le volume spécifique du corps peut donc avoir trois valeurs différentes.

Deux d'entre elles correspondent à l'état liquide et à l'état de vapeur; le volume spécifique du corps sous ce dernier état étant plus grand que lorsqu'il est liquide, le corps doit être liquide en M_2 et en vapeur en M_1. La portion M_2A de la courbe pour laquelle le volume spécifique est plus petit qu'en M_2 doit correspondre à l'état liquide; pour la portion M_1B le corps doit être en vapeur, puisque le volume spécifique est alors plus grand qu'en M_1.

La formule de Clausius concorde donc assez bien avec les résultats des expériences d'Andrews, qui d'ailleurs sont antérieures aux recherches théoriques de Clausius; elle indique l'existence d'une température au-dessus de laquelle il est impossible de liquéfier une vapeur, quelle que soit la compression.

211. Mais la forme des courbes, pour les températures inférieures à la température critique, diffère de celle que l'on obtient par l'expérience. En effet, au moment de la vaporisation du liquide, la pression conserve la même valeur pendant toute la durée de la vaporisation; la courbe relative à l'état liquide se raccorde donc par une droite parallèle à Ov avec la courbe relative à l'état gazeux. Par conséquent, si M_1M_2 correspond à la tension maximum de la vapeur pour la température de l'isotherme considérée, la loi expérimentale qui lie la pression au volume est représentée par

$$AM_2M_1B.$$

Il importe de bien comprendre ce qui se passe dans ces diverses transformations. Dans la vaporisation ordinaire, le corps passe de l'état liquide à l'état gazeux, c'est-à-dire du point M_2 au point M_1 en suivant la droite M_2M_1; en un point quelconque de cette droite le corps est en partie à l'état liquide, en partie à l'état de vapeur. Si, au contraire, il était possible de faire passer le corps du point M_2 au point M_1, en suivant la courbe de Clausius, le corps, à tout instant de cette transformation, *serait tout entier dans le même état* et passerait ainsi de l'état liquide à l'état de vapeur par une série continue d'états intermédiaires.

Toutefois la portion M_2C de la courbe donnée par la formule de Clausius correspond à un état du corps parfaitement réalisable, quoiqu'il ne se produise pas généralement. D'après la courbe, le corps est alors liquide et sa pression est inférieure à la tension maxima de la vapeur. Ce sont là les conditions réalisées par un liquide surchauffé. Nous pouvons donc admettre que, pour la portion M_2C de la courbe de Clausius, le corps est dans cet état.

D'autre part, des expériences de MM. Wulner et Gotrian ont démontré qu'une vapeur peut conserver son état de vapeur sous une pression supérieure à celle qui, dans les conditions ordinaires, provoque sa liquéfaction. La portion M_1D de la courbe correspondrait donc à cet état du corps.

La partie $C\alpha D$ ne correspond à aucun état connu. Mais, si l'on veut conserver la continuité, il est nécessaire que les portions AM_2C et DM_2B de l'isotherme soient reliées entre elles.

212. Ces considérations se trouvent d'ailleurs confirmées par l'instabilité des états des corps correspondants aux divers points de M_2CDM_1.

Traçons une droite parallèle à Ov coupant la courbe en trois points M'_2, α' et M'_1 (*fig.* 29). A ces trois points cor-

Fig. 29.

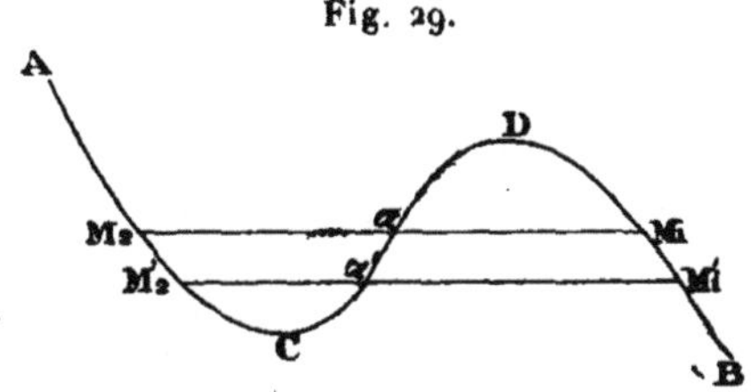

respondent trois états du corps, pour une même pression et une même température. Quel est le plus stable de ces trois états?

Nous avons vu (**192**) que la condition de possibilité d'un phénomène, quand la température et la pression ne changent pas, est

$$dH' > 0.$$

L'état le plus stable doit donc être celui pour lequel H' a la plus grande valeur, car on ne peut passer de cet état à un autre sans qu'il y ait diminution de H', transformation impossible d'après l'inégalité précédente si les conditions de température et de pression ne changent pas. L'état le plus instable est nécessairement celui pour lequel H' a la plus petite valeur, puisqu'il est alors possible de passer de cet état à tous les autres.

213. Cherchons donc les valeurs H'_1, H'_α, H'_2 de la fonction H' aux points M'_1, α', M'_2.

Pour une transformation élémentaire quelconque, on a

$$dH' = S\,dT - A v\,dp,$$

et, par suite, pour une transformation isotherme :

$$dH' = - A v\,dp.$$

La variation de H' quand on passe du point M'_2 au point α', en suivant la courbe $M'_2 C\alpha'$, est donc

$$H'_\alpha - H'_2 = - A \int v\,dp,$$

ou

$$H'_\alpha - H'_2 = - A \text{ aire } M'_2 C\alpha';$$

il en résulte

$$H'_\alpha < H'_2.$$

Quand on passe du point M'_2 au M'_1 en suivant courbe

$M'_2CDM'_1$, la variation de H' est

$$H'_1 - H'_2 = - A \int v\, dp = A(-\text{aire } M'_2C\alpha' + \text{aire } \alpha'DM'_1)$$

Mais le cycle $M_2CD\alpha M_2$ constitue un cycle fermé isotherme, puisque le long de la droite M_2M_1 qui représente la transformation du liquide en vapeur sous la pression maximum de cette vapeur, la température ne change pas; l'aire limitée par ce cycle est donc nulle (**194**) et l'on a

$$-\text{aire } M_2C\alpha + \text{aire } \alpha DM_1 = 0.$$

Or, par suite de la position de la droite $M'_2M'_1$, l'aire $M'_2C\alpha'$ est plus petite que l'aire $M_2C\alpha$, tandis que l'aire $\alpha'DM'_1$ est plus grande que l'aire αDM_1; par conséquent

$$-\text{aire } M'_2C\alpha' + \text{aire } \alpha'DM'_1 > 0,$$

et de cette inégalité résulte la suivante

$$H'_1 > H'_2.$$

213 *bis*. Les valeurs de la fonction H' aux trois points M'_2, α', M'_1 satisfont donc aux inégalités

$$H'_\alpha < H'_2 < H'_1.$$

Par suite, l'état le plus stable est celui qui correspond au point M'_1, c'est-à-dire l'état gazeux. C'est cet état que le corps prendra généralement; il ne pourra prendre les deux autres états qu'exceptionnellement et les abandonnera pour prendre l'état de vapeur sous l'influence de la plus petite cause.

Si nous avions tracé la droite $M'_1\alpha' M'_2$ au-dessus de $M_1\alpha M_2$, nous aurions trouvé

$$H'_\alpha < H'_1 < H'_2.$$

C'est donc l'état correspondant au point M''_2, c'est-à-dire l'état liquide, qui est alors le plus stable.

Ces diverses conclusions sont d'accord avec les hypothèses que nous avons faites en admettant que M_2C correspond à un liquide surchauffé et DM_1 à une vapeur sursaturée ; ces deux états sont en effet instables; en outre, un liquide surchauffé prend brusquement l'état gazeux et une vapeur sursaturée se condense immédiatement sous l'influence de la plus petite cause.

Enfin, les états correspondants aux points de la courbe CD étant encore plus instables que les précédents, on s'explique qu'on n'ait pu les réaliser.

CHAPITRE XIV.

MACHINES A VAPEUR.

214. Rendement industriel d'une machine thermique. — Le rendement industriel d'une machine thermique est fort différent du rendement du cycle que décrit le corps qui se transforme. Pour l'industriel, les deux facteurs importants d'une machine sont : la quantité de charbon brûlée pendant l'unité de temps et la puissance ou quantité de travail que cette machine est capable de produire pendant ce même temps. Le rapport de ces deux quantités, exprimées en calories, est le *rendement industriel*.

Ce rendement est toujours très faible. Pendant longtemps, les meilleures machines à vapeur consommaient au moins 1^{kg} de charbon par heure et par cheval-vapeur. On a fait des progrès depuis, mais l'ordre de grandeur est resté le même. 1^{kg} de charbon dégageant en moyenne 7500^{cal} par sa combustion et le cheval-vapeur représentant un travail de 75^{kgm} par seconde, nous avons pour le rendement industriel de ces machines

$$\frac{75 \times 60 \times 60}{425} : 7500 = \frac{36}{425},$$

soit encore $\frac{1}{12}$. Une bonne machine à vapeur fournit donc, au plus, le douzième du travail correspondant à la quantité de chaleur produite par la combustion du charbon.

215. Ce résultat ne doit pas surprendre. Toute la chaleur produite par le charbon n'est pas absorbée par la chaudière; une partie est perdue par rayonnement, une autre s'échappe avec les gaz chauds résultant de la combustion. La quantité de chaleur absorbée par la chaudière n'est pas elle-même transformée entièrement en travail; une partie est, d'après le principe de Carnot, transportée au condenseur. Enfin, ce travail est lui-même en partie absorbé par les mécanismes qui transforment le mouvement alternatif du piston en mouvement circulaire continu. Le rendement industriel est donc le produit de trois facteurs plus petits que l'unité; c'est ce qui explique sa faiblesse.

Si nous appelons Q_0 la quantité de chaleur produite par le charbon; Q_1, celle qui est absorbée par la chaudière; τ, le travail *indiqué*, c'est-à-dire le travail produit par le corps qui se transforme et dont la mesure se fait au moyen de l'indicateur de Watt (§ 63), et τ', le travail mesuré sur l'arbre de couche à l'aide du frein dynamométrique, nous avons pour la valeur du rendement industriel

$$\frac{A\tau'}{Q_0} = \frac{Q_1}{Q_0} \times \frac{A\tau}{Q_1} \times \frac{\tau'}{\tau}.$$

La Thermodynamique ne s'occupe que d'un seul de ces facteurs; le rapport $\frac{A\tau}{Q_1}$ qu'on appelle *rendement thermique* de la machine. Il a évidemment la même valeur, quelle que soit la masse du corps qui se transforme pendant la suite des temps; nous pouvons donc supposer cette masse égale à l'unité ([1]).

216. Rendement thermique. — La valeur de cette quantité, comme celle du rapport $\frac{\tau}{Q_1}$, dépend de la nature du cycle décrit par la vapeur. Nous avons vu (**124**) que, pour un cycle de Carnot, on a

$$\frac{\tau}{Q_1} = E\,\frac{T_1 - T_2}{T_1}.$$

Comme pour tout autre cycle, le rendement est au plus égal à cette quantité, le rendement thermique d'une machine a pour valeur maximum

$$\frac{A\tau}{Q_1} = \frac{T_1 - T_2}{T_1}.$$

Mais les raisonnements que nous avons faits pour démontrer que le rendement d'un cycle quelconque ne peut dépasser celui d'un cycle de Carnot supposent que l'état du corps qui se transforme est, à chaque instant, complètement défini par les deux variables p et T. Or, cette condition ne peut être rigoureusement réalisée dans les machines thermiques. Il convient donc de donner une nouvelle démonstration s'appuyant sur le théorème de Clausius généralisé.

([1]) Le rendement thermique ne diffère donc du rendement $\frac{\tau}{Q}$ d'un cycle que par le coefficient A. Pour éviter toute confusion, quelques auteurs appellent *coefficient économique* le rapport $\frac{\tau}{Q_1}$.

D'après ce théorème nous avons, en appelant dQ_1 la quantité de chaleur absorbée par le corps qui se transforme et dQ_2 celle qu'il cède,

$$\int \frac{dQ}{T} = \int \frac{dQ_1}{T} - \int \frac{dQ_2}{T} < 0.$$

Si T_1 est la valeur maximum, et T_2 la valeur minimum de T, on a

$$\int \frac{dQ_1}{T} > \int \frac{dQ_1}{T_1} = \frac{Q_1}{T_1}$$

et

$$\int \frac{dQ_2}{T} < \int \frac{dQ_2}{T_2} = \frac{Q_2}{T_2}.$$

L'inégalité de Clausius devient donc

$$\frac{Q_1}{T_1} - \frac{Q_2}{T_2} < 0$$

ou

$$\frac{Q_2}{Q_1} > \frac{T_2}{T_1}.$$

Mais de l'égalité

$$A\tau = Q_1 - Q_2$$

fournie par le principe de l'équivalence, nous tirons

$$\frac{A\tau}{Q_1} = 1 - \frac{Q_2}{Q_1}.$$

Par conséquent

$$\frac{A\tau}{Q_1} < 1 - \frac{T_2}{T_1} = \frac{T_1 - T_2}{T_1}.$$

La limite supérieure du rendement thermique est donc

bien, quel que soit le cycle fermé décrit,

$$\frac{A\tau}{Q_1} = \frac{T_1 - T_2}{T_1}. \tag{1}$$

217. Valeur maximum du rendement thermique d'une machine à vapeur. — Cette valeur limite tend vers l'unité quand T_1 augmente et quand T_2 diminue. On peut donc théoriquement obtenir une machine thermique d'un rendement élevé en prenant pour T_1 et T_2 des valeurs convenables. Mais pratiquement il est impossible qu'il en soit ainsi, les températures T_1 et T_2 ne pouvant varier que dans des limites restreintes.

Dans les machines à vapeur d'eau la température maximum T_1 est celle de la chaudière. Elle est limitée par la résistance des parois de la chaudière, sur lesquelles s'exerce la pression de la vapeur. Cette pression croît rapidement avec la température : elle est de 5^{atm} à 152° C. et de 10^{atm} à 180°. Aussi ne peut-on sans crainte d'explosion dépasser la température de 200°; la valeur de T_1 est alors

$$273 + 200 = 473.$$

La température T_2 est également limitée. Si la machine ne possède pas de condenseur la pression de la vapeur, à la sortie du cylindre, doit être au moins égale à celle de l'atmosphère; sa température est donc au moins 100° C. On a donc

$$T_2 \geqq 373°.$$

Lorsque la machine possède un condenseur, T_2 est la température de ce condenseur. Mais cette température est nécessairement plus grande que celle de l'air ambiant; elle est généralement de 40° C.; par suite on a alors

$$T_2 = 273 + 40 = 313.$$

Mais nous admettons ainsi que la vapeur sort du cylindre sous la pression maximum α de la vapeur pour la température du condenseur. Or, généralement, il n'en est pas ainsi. Le condenseur contient toujours, malgré l'usage des pompes à air, une certaine quantité d'air dont la pression β s'ajoute à celle de la vapeur. Par conséquent, la vapeur sortant du cylindre doit être à une pression plus grande que $\alpha + \beta$ et sa température est plus grande que celle du condenseur.

Si nous prenons pour T_1 et T_2 les valeurs 473 et 313 qui sont les limites extrêmes en pratique, nous obtenons pour le rendement maximum

$$\frac{473 - 313}{473} = 0,36 \text{ environ.}$$

218. Tentatives faites pour augmenter le rendement d'une machine thermique. — A la rigueur il serait possible d'amener la température T_2 à une valeur très peu supérieure à celle de l'eau d'alimentation du condenseur, soit 20° environ. Il suffirait de prendre une quantité d'eau suffisamment grande et d'extraire l'air aussi complètement que possible. On augmenterait ainsi le rendement de la machine, mais cet avantage serait amplement compensé par le travail qu'on devrait demander, pour l'obtenir, aux pompes à eau et aux pompes à air. D'autres moyens doivent donc être employés si l'on veut abaisser T_2.

M. du Tremblay a proposé d'abaisser considérablement la température T_2 en employant la plus grande partie de la chaleur produite par la condensation à vaporiser de l'éther; cet éther était recueilli dans un second condenseur. Ce procédé n'a pas passé dans la pratique.

219. La température T_2 ne pouvant être abaissée, on a essayé d'élever la température T_1. Ce résultat ne pouvant être obtenu avec la vapeur d'eau saturée, on s'est adressé à l'air. Pour ce corps, comme d'ailleurs pour tous les gaz, la pression n'est pas uniquement fonction de la température et il est possible d'avoir une température élevée sans que la pression devienne dangereuse. L'emploi de l'air comme agent de transformation offre donc des avantages et, en effet, le rendement thermique des machines à air chaud est plus grand que celui des machines à vapeur.

Mais cet avantage est largement racheté par les inconvénients que présente ce genre de moteur : l'air chaud brûle les huiles destinées à atténuer les frottements des organes de la machine; en outre, il oxyde les pièces métalliques. Pour ces raisons les frottements sont considérables et absorbent une notable quantité de travail; par suite, le rapport $\frac{\tau'}{\tau}$ du travail utilisable au travail indiqué est plus petit que dans les machines à vapeur. La petitesse de la pression, qui est cependant la seule raison qui fasse préférer l'air chaud à la vapeur d'eau, offre elle-même un inconvénient, car le travail fourni par l'unité de masse, qui est exprimé par $\int p\,dv$, est alors très petit. Il faut donc, pour produire pendant un temps déterminé une quantité de travail égale à celle d'une machine à vapeur d'eau, ordinaire, une masse de gaz très considérable, ce qui entraîne à donner des dimensions exagérées à la machine. La surface de chauffe se trouve nécessairement augmentée et la chaleur perdue par rayonnement et par les produits de la combustion est beaucoup plus grande ; le rapport $\frac{Q_1}{Q_0}$ est par conséquent diminué.

Ainsi, en résumé, la substitution de l'air à la vapeur d'eau augmente le rendement thermique des machines, mais il diminue les deux autres rapports $\frac{\tau'}{\tau}$ et $\frac{Q_1}{Q_0}$ qui figurent dans l'expression du rendement industriel. Cette dernière quantité ne varie donc pas sensiblement. D'ailleurs, le volume considérable qu'occupe nécessairement une machine thermique de puissance moyenne augmente le prix d'achat et les frais d'entretien de l'unité de puissance. Aussi les machines à air chaud, quoique conçues d'après des principes rigoureux, n'ont-elles pu remplacer les machines à vapeur d'eau.

220. Emploi de la vapeur d'eau surchauffée. — L'augmentation de pression qu'éprouve une vapeur lorsqu'on élève sa température est beaucoup moins considérable quand cette vapeur n'est pas saturée que quand elle est saturée. On a donc songé à élever la température limite T_1 en *surchauffant* la vapeur produite, à l'état de saturation, à une température inférieure. On pouvait espérer obtenir ainsi une augmentation du rendement thermique sans exagérer la pression et en évitant les inconvénients des machines à air chaud. En réalité, le rendement thermique maximum n'éprouve, comme nous allons le voir, qu'un accroissement peu important par le fait de la surchauffe. Néanmoins, dans bien des cas, l'expérience a prouvé l'utilité de la surchauffe, mais l'explication doit être cherchée ailleurs. Nous verrons plus loin quel est l'effet nuisible de la vapeur condensée sur les parois du cylindre. Si la vapeur est suffisamment surchauffée, non seulement elle arrive dans le cylindre parfaitement sèche, mais il ne se produit pas de condensation sur les parois. Dès que ce résultat est atteint, il n'y a pas lieu de pousser la surchauffe plus loin.

Dans les turbines, une certaine surchauffe peut également être utile, parce que les gouttelettes liquides entraînées produisent des frottements.

Dans tous les cas, je me propose de démontrer que l'effet utile de la surchauffe n'est pas dû à la raison qui l'avait fait d'abord adopter.

221. Nouvelle limite supérieure du rendement d'une machine à vapeur. — Pour cela nous allons chercher une limite supérieure plus précise du rendement et nous ferons successivement le calcul pour une machine à vapeur saturée et pour une machine à vapeur surchauffée.

Nous avons déjà trouvé l'expression

$$\frac{T_1 - T_2}{T_1}$$

pour la valeur maximum du rendement d'une machine du premier genre. Mais si l'on reprend le raisonnement qui nous a conduit à cette expression, on voit que cette valeur maximum ne peut être atteinte que si

$$\int \frac{dQ_1}{T} = \int \frac{dQ_1}{T} \quad \text{et} \quad \int \frac{dQ_2}{T} = \int \frac{dQ_2}{T}.$$

Or ces deux égalités ne sont pas satisfaites en général parce que l'on a $T < T_1$ et $T > T_2$ et que le cycle réel de la vapeur s'écarte beaucoup du cycle de Carnot.

222. Mais il est possible de trouver une limite plus approchée de la manière suivante : appliquons le théorème de Clausius au système formé par le cylindre de la machine, la chaudière, le condenseur et par l'eau et la vapeur qui y sont contenues. Pour pouvoir regarder le cycle décrit comme fermé, il convient de supposer que l'eau d'alimentation est empruntée au condenseur et que ce dernier appareil est ce qu'on appelle un *condenseur de surface* refroidi extérieurement par un courant d'eau. Ces deux hypothèses ne sont pas réalisées en général. La première nous conduira à admettre un rendement trop élevé (ce qui n'a pas d'inconvénient, puisque nous cherchons seulement une limite supérieure de ce rendement), puisque la température de l'eau d'alimentation est généralement inférieure à celle du condenseur. La seconde est à peu près indifférente. Cela posé, les échanges de chaleur auxquels ce système est soumis sont les suivants :

1° Une quantité de chaleur Q_1 est cédée par le foyer à l'eau d'alimentation et à l'eau de la chaudière ;

2° Une quantité de chaleur Q_2 est cédée par le condenseur à l'eau qui refroidit cet appareil ;

3° Une certaine quantité de chaleur est perdue par rayonnement; nous la négligerons pour le moment, ce qui nous conduira encore à admettre un rendement trop élevé.

Nous avons, d'après le théorème de Clausius,

$$\int \frac{dQ_1}{T} - \int \frac{dQ_2}{T} < 0$$

ou, puisque $T > T_2$,

$$\int \frac{dQ_2}{T} < \int \frac{dQ_2}{T_2} = \frac{Q_2}{T_2};$$

donc

$$\int \frac{dQ_1}{T} < \frac{Q_2}{T_2}.$$

Pour calculer l'intégrale du premier membre, observons que la température à laquelle l'eau absorbe de la chaleur ne peut être considérée comme constante. Cette eau est, en effet, à son arrivée dans la chaudière, à une température bien inférieure à celle de la vaporisation, et, pour atteindre cette dernière, elle emprunte de la chaleur à des températures diverses. Généralement même la température de cette eau est plus basse que celle du condenseur, car, dans un grand nombre de machines, l'alimentation se fait au moyen de l'*injecteur* Giffard qui ne fonctionne convenablement qu'avec de l'eau plus froide que celle qui sort du condenseur. Toutefois, afin que le cycle de l'eau qui se transforme soit fermé et que le théorème de Clausius soit applicable, nous négligerons la quantité de chaleur qu'il faut fournir à l'eau d'alimentation pour l'amener à la température du condenseur.

223. Supposons donc l'eau à la température T_2, et calculons la quantité de chaleur qu'il faut fournir à l'unité de masse pour la transformer en vapeur saturée à la température T_1 ainsi que la valeur de l'intégrale $\int \frac{dQ_1}{T}$ pour cette transformation.

Quand la température de l'eau s'élève de dT, elle absorbe une quantité de chaleur $C\,dT$, C étant la chaleur spécifique sous la pression qui existe dans la chaudière. Cette chaleur spécifique diffère peu de l'unité; si nous supposons qu'elle lui est égale, nous avons, pour la transformation qui amène l'eau de T_2 à T_1,

$$\int dQ_1 = \int dT = T_1 - T_2$$

et

$$\int \frac{dQ_1}{T} = \int \frac{dT}{T} = \log \frac{T_1}{T_2}.$$

Quand l'eau se vaporise, elle absorbe une quantité de chaleur égale à la chaleur latente de vaporisation L sous la pression de la chaudière. Comme la température reste égale à T_1 pendant cette transformation,

$$\int \frac{dQ_1}{T} = \frac{L}{T_1}.$$

Nous avons donc, pour l'ensemble des deux transformations précédentes,

$$\int dQ_1 = Q_1 = T_1 - T_2 + L$$

et

$$\int \frac{dQ_1}{T} = \log \frac{T_1}{T_2} + \frac{L}{T_1}.$$

224. Mais, si nous posons

$$(2) \qquad \log\frac{T_1}{T_2}+\frac{L}{T_1}=\frac{T_1-T_2+L}{T'_1},$$

la dernière intégrale devient

$$\int\frac{dQ_1}{T}=\frac{Q_1}{T'_1}$$

et l'égalité de Clausius nous donne

$$\frac{Q_1}{T'_1}-\frac{Q_2}{T_2}<0.$$

De cette relation et de celle que nous fournit le principe de l'équivalence

$$A\tau=Q_1-Q_2,$$

nous déduisons

$$(3) \qquad \frac{A\tau}{Q_1}<\frac{T'_1-T_2}{T'_1}.$$

Cette expression du rendement thermique ne diffère donc de l'expression (1) déjà trouvée que par la substitution de T'_1 à T_1. Elle donnera une valeur plus approchée de la valeur réelle si T'_1 est plus petit que T_1; c'est ce qui a lieu.

En effet, pour $T'_1=T_1$, le second membre de la relation qui définit T'_1 devient

$$\frac{T_1-T_2}{T_1}+\frac{L}{T_1}.$$

Or nous avons pour le premier membre

$$\log\frac{T_1}{T_2}+\frac{L}{T_1}=\log\left(1+\frac{T_1-T_2}{T_2}\right)+\frac{L}{T_1},$$

ou, en développant le logarithme en série,

$$\frac{L}{T_1} + \frac{T_1 - T_2}{T_2} - \frac{1}{2}\left(\frac{T_1 - T_2}{T_2}\right)^2 + \frac{1}{3}\left(\frac{T_1 - T_2}{T_2}\right)^3 - \ldots.$$

La différence $T_1 - T_2$ étant plus petite que T_2, les termes de cette série vont en décroissant, et l'on a

$$\log\frac{T_1}{T_2} + \frac{L}{T_1} > \frac{T_1 - T_2}{T_2} + \frac{L}{T_1}$$

et, *a fortiori*,

$$\log\frac{T_1}{T_2} + \frac{L}{T_1} > \frac{T_1 - T_2}{T_1} + \frac{L}{T_1}.$$

Le premier membre de la relation est donc plus grand que le second pour $T'_1 = T_1$; par suite, il ne peut y avoir égalité que pour $T'_1 < T_1$.

225. Expression du rendement maximum lorsque la vapeur est surchauffée. — Supposons maintenant la vapeur surchauffée, et soient T_2 la température du condenseur, T_1 celle de la chaudière, et T_0 celle de la vapeur surchauffée.

Nous aurons, comme précédemment, en négligeant la chaleur perdue par rayonnement,

$$\int \frac{dQ_2}{T} < \frac{1}{T_2}\int dQ_2 = \frac{Q_2}{T_2}.$$

Pour avoir la chaleur absorbée par l'eau pour passer de la température T_2 à la température T_0 il nous suffit d'ajouter à l'expression trouvée pour Q_1, au paragraphe 223, la chaleur qu'il faut fournir à la vapeur pour l'amener de T_1 à T_0.

Si nous désignons par C la chaleur spécifique de la vapeur sous la pression qui règne dans la chaudière, et si nous supposons qu'elle demeure constante, nous avons pour cette quantité de chaleur supplémentaire $C(T_0 - T_1)$. Il en résulte pour l'expression de la chaleur totale Q_1 absorbée par l'unité de masse d'eau

$$Q_1 = T_1 - T_2 + L + C(T_0 - T_1).$$

Le terme complémentaire à ajouter à l'expression trouvée pour $\int \frac{dQ_1}{T}$ est

$$\int \frac{C\,dT}{T} = C \operatorname{Log} \frac{T_0}{T_1};$$

par conséquent,

$$\int \frac{dQ_1}{T} = \operatorname{Log} \frac{T_1}{T_2} + \frac{L}{T_1} + C \operatorname{Log} \frac{T_0}{T_1}.$$

Si donc nous posons

$$(4) \qquad \operatorname{Log} \frac{T_1}{T_2} + \frac{L}{T_1} + C \operatorname{Log} \frac{T_0}{T_1} = \frac{T_1 - T_2 + L + C(T_0 - T_1)}{T'_1},$$

nous aurons encore pour l'expression du rendement

$$\frac{A\tau}{Q_1} < \frac{T'_1 - T_1}{T'_1}.$$

226. Effet de la surchauffe sur la valeur du rendement. — Il nous est alors facile de nous rendre compte de l'avantage que présente une machine lorsqu'on surchauffe la vapeur.

Pour fixer les idées, admettons que la température de la

chaudière soit 150° C., celle du condenseur 40° et que la vapeur surchauffée atteigne 250°. Les valeurs de T_1, T_2 et T_0 sont, dans ces conditions,

$$T_1 = 150 + 273 = 423,$$
$$T_2 = 40 + 273 = 313,$$
$$T_0 = 250 + 273 = 523.$$

Si nous portons ces valeurs dans la relation (4), nous obtenons $T'_1 = 411°$.

Dans le cas où la même machine fonctionnerait sans surchauffe de la vapeur, la vapeur de T'_1 déterminée par la relation (2) serait 406°.

L'emploi de la surchauffe augmente donc très peu la température T'_1 ; par conséquent, les valeurs du rendement avec ou sans surchauffe doivent être peu différentes. On trouve en effet 0,238 dans le premier cas et 0,204 dans le second.

Cette faible augmentation du rendement s'explique par ce fait que la plus grande partie de la chaleur Q_1 est fournie au moment de la vaporisation, c'est-à-dire à la température T_1 de la chaudière, qu'il y ait ou qu'il n'y ait pas surchauffe de la vapeur. La valeur de l'intégrale $\int \frac{dQ_1}{T}$ est donc, dans les deux cas, fort peu différente de $\frac{Q_1}{T_1}$ et, par suite, les valeurs de T'_1 sont toutes deux voisines de T_1.

227. Machines à vapeur à détente. — Les divers moyens proposés pour augmenter le rendement maximum des machines thermiques présentant des inconvénients qui les rendent à peu près inapplicables, les constructeurs se sont efforcés de perfectionner le fonctionnement et les organes des machines à vapeur de manière à obtenir un rendement aussi rapproché que possible du maximum qu'il peut prendre pour des températures réalisables de la chaudière et du condenseur.

Le plus important de ces perfectionnements est l'emploi général de la *détente*. Dans les machines à détente l'admission de la vapeur dans le cylindre n'a lieu que pendant une partie de la durée de la course du piston; la communication du cylindre avec la chaudière est supprimée pendant une autre partie de cette durée et la vapeur n'agit alors qu'en vertu de son expansibilité : c'est la période de détente. Il résulte de cette disposition une notable économie de vapeur, tout en produisant une même quantité de travail; le rendement thermique se trouve donc augmenté.

Mais pour que le piston, arrivé au bout de sa course, puisse revenir sur lui-même sans rencontrer de résistance

Fig. 30.

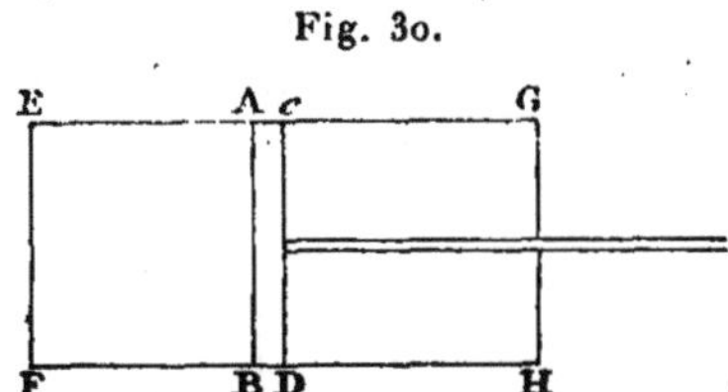

notable, il faut que la pression sur la face AB (*fig.* 30), qui précédemment subissait l'action de la vapeur, soit plus faible que celle qui s'exerce sur l'autre face CD. Pour réaliser cette condition, on met l'espace ABEF en communication avec le condenseur avant que le piston soit arrivé au bout de sa course : c'est ce qu'on appelle l'*échappement anticipé*. Dans le même but on fait communiquer l'espace CDGH avec la chaudière un peu avant la fin de la course du piston : c'est l'*admission anticipée*.

Cette admission anticipée de la vapeur doit également se produire dans l'espace EFAB quand, le piston revenant sur lui-même, il n'est plus qu'à une petite distance de EF. Si la pression de la vapeur dans cet espace est peu différente de celle de la chaudière au moment où s'ouvre la lumière d'admission, la quantité de vapeur prise à la chaudière est faible. Or il est facile de réaliser cette condition ; il suffit de supprimer la communication, qui existe entre ABEF et le condenseur depuis le commencement du mouvement de retour, un temps suffisant avant l'admission anticipée de la vapeur. Pendant tout ce temps, la vapeur est comprimée entre le piston et le fond EF du cylindre : c'est la période de *compression*.

En résumé, la durée d'une double course du piston se décompose en six périodes qui se suivent dans l'ordre suivant si l'on considère ce qui se passe à gauche du piston et si l'on suppose que le mouvement de celui-ci s'effectue d'abord de gauche à droite :

1° Admission 2° Détente 3° Échappement anticipé	pendant l'aller ;
4° Échappement 5° Compression 6° Admission anticipée	pendant le retour.

228. Distribution de la vapeur par tiroir et par soupapes. — Il est évident que la durée de chacune de ces périodes influe sur la valeur du rendement de la machine. Ainsi l'échappement anticipé et l'admission anticipée ne doivent pas avoir une trop grande durée, car, si ces périodes sont favorables au bon fonctionnement de la machine dans une certaine mesure, elles offrent un inconvénient grave : le travail de la vapeur pendant ces périodes est résistant. Il en est de même de la période de compression pendant laquelle la vapeur exerce sur la face d'avant du piston une contre-pression qui diminue le travail.

Mais, lorsque la distribution de la vapeur s'opère au moyen d'un tiroir, ce qui a lieu le plus souvent, les durées de chacune de ces six périodes ne peuvent varier arbitrairement et, par suite, ne peuvent pas toujours avoir les valeurs exigées pour atteindre le meilleur rendement.

En effet, dans le mouvement du tiroir, aller et retour, on trouve quatre périodes : admission de la vapeur, détente, échappement, compression. Les quatre intervalles de temps qui séparent les instants où commencent ces périodes de celui où le piston se met en mouvement dépendent de trois quantités : l'angle de calage de la manivelle du tiroir, la grandeur du recouvrement extérieur et la grandeur du recouvrement intérieur. Il existe donc une relation entre ces quatre intervalles de temps et par conséquent entre les durées des six périodes de la course du piston qui dépendent nécessairement du mouvement du tiroir.

Si le mouvement de l'arbre de couche de la machine, sur lequel est calée l'excentrique du tiroir, est mis en mouvement au moyen d'une manivelle et d'une bielle attachée à la tige du piston, la relation qui lie les quatre intervalles de temps dont il vient d'être question montre que *la durée* de la détente est égale à celle de la compression dans le cas limite où la bielle et l'excentrique sont supposées infinies. Comme il y a avantage à pousser la détente très loin et, au contraire, à n'avoir qu'une faible compression, la relation précédente semble de nature à empêcher l'obtention du meilleur rendement. Cependant, la détente se produisant au moment où le piston est vers le milieu de sa course d'aller et la compression vers la fin de la course de retour, la vitesse du piston est plus grande pendant la détente que pendant la compression, et, par conséquent, quoique la durée de ces périodes soit la même, la détente est beaucoup plus sensible que la compression. Néanmoins on est toujours obligé, pour ne pas avoir une compression trop considérable, de prendre pour durée commune de la compression et de la détente une valeur plus petite que celle qui conviendrait à une bonne détente; il en résulte une durée trop longue à l'échappement anticipé.

La durée de l'admission anticipée est également plus longue qu'il ne conviendrait. Cela tient à ce que les lumières d'admission de la vapeur ne se trouvent que peu à peu découvertes par le tiroir; la pression de la vapeur, obligée de traverser un orifice étroit (*laminage* de la vapeur), est alors plus faible dans le cylindre que dans la chaudière pendant les premiers instants de l'admission. Si donc on veut qu'au moment où le piston revient sur lui-même la pression soit peu différente de celle de la chaudière, il faut faire commencer l'admission un temps relativement long avant que le piston soit arrivé au bout de sa course. Il est nécessaire d'ailleurs que la lumière soit largement ouverte au moment où la vitesse du piston devient sensible : sans quoi les frottements seraient trop considérables.

229. Dans les machines Corliss l'admission et l'échappement se font au moyen de soupapes s'ouvrant brusquement à un instant variable à volonté; il est donc possible de pousser la détente aussi loin qu'on le veut, tout en réduisant la durée de la compression au strict nécessaire. En outre, il ne se produit pas de laminage de la vapeur au commencement de l'admission, et l'on peut alors ne donner qu'une très courte durée à l'admission anticipée. Ces considérations expliquent pourquoi les machines Corliss sont souvent préférées aux machines à tiroir. Elles présentent cependant un défaut, inhérent à leur supériorité : la complication des organes de distribution.

230. Diagramme et rendement d'une machine réversible à cylindre imperméable à la chaleur. — La théorie de la machine à vapeur nous fera voir à quel point les machines réelles s'écartent des machines théoriques; nous allons d'abord exposer la théorie de Clausius, qui a été longtemps classique et qui serait exacte si les parois du cylindre n'étaient pas susceptibles d'échanger de la chaleur avec la vapeur; si, par conséquent, ces parois sont très peu conductrices, nous verrons ensuite combien les conséquences de cette théorie sont différentes de la réalité. Admettons que les transformations que subit l'eau sont réversibles et, prenant comme coordonnées la pression de la vapeur et le volume qu'elle occupe dans le cylindre, construisons la courbe des transformations pour une machine à détente dont le cylindre est imperméable à la chaleur.

Pendant toute la durée de la période d'admission la pression de la vapeur dans le cylindre est égale à celle de la chaudière, puisque, par suite de l'hypothèse de la réversibilité des transformations, nous négligeons les pertes de charge résultant du frottement de la vapeur contre les parois des canaux qui l'amènent de la chaudière au cylindre.

Fig. 31.

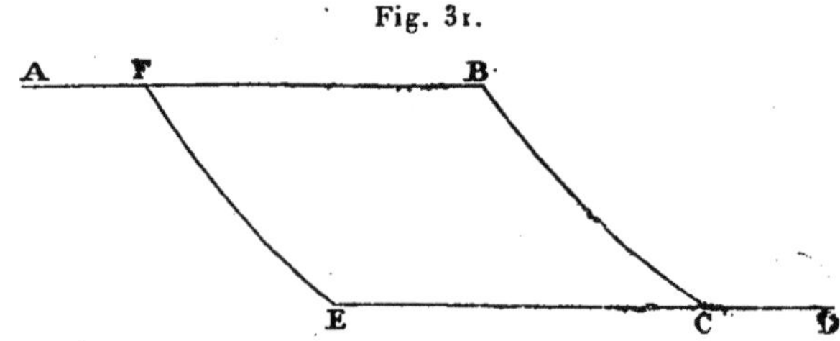

Cette première période est donc représentée par la droite AB (*fig.* 31) parallèle à l'axe des v.

La détente qui suit la période d'admission est nécessairement adiabatique, puisque le cylindre est supposé imperméable à la chaleur. A la fin de cette détente la vapeur doit se trouver à la température du condenseur, à cause de l'hypothèse de la réversibilité. Sa pression est donc celle de la vapeur d'eau saturée à la température du condenseur et elle conserve la même valeur pendant toute la durée de l'échappement. Par conséquent, la période de détente et celle d'échappement anticipé sont respectivement représentées par la courbe BC et la droite CD.

Le piston revenant sur lui-même, le volume diminue et la période d'échappement est représentée par la droite DE.

La compression qui se produit ensuite est adiabatique et la pression de la vapeur à la fin de cette période est celle de la chaudière; elle est donc représentée par la courbe EF.

Enfin la portion de droite FA correspond à la sixième période, l'admission anticipée de la vapeur.

231. Remarquons que, les parois du cylindre étant supposées imperméables, toute la chaleur abandonnée par la vapeur est absorbée par le condenseur; en d'autres termes, il n'y a pas de perte de chaleur par rayonnement. Si nous négligeons encore la faible quantité de chaleur qu'il faut fournir à l'eau d'alimentation de la chaudière pour élever sa température jusqu'à celle du condenseur, nous nous trouverons dans les conditions énoncées au paragraphe **222**. D'autre part, le cycle décrit par la vapeur est réversible. Par conséquent, le rendement thermique de la machine a la valeur maximum $\frac{T'_1 - T'_2}{T'_1}$, T'_1 étant donné par la relation (2) du paragraphe **224**.

L'existence d'un espace nuisible entre le fond du cylindre et le piston, quand celui-ci est au bout de sa course, n'influe pas sur la valeur de ce rendement. En effet, le diagramme conserve exactement la même forme; il n'y a que sa position par rapport à l'axe des pressions qui se trouve changée : le point A est sur cet axe quand il n'y a pas d'espace nuisible, le volume de la vapeur étant alors nul; il est à droite de cet axe quand il y a un espace nuisible. La forme du diagramme ne changeant pas, le travail de la machine par coup de piston demeure le même. D'un autre côté, la quantité de vapeur nécessaire à un coup de piston ne varie pas. En effet, l'espace nuisible, s'il existe, est rempli de vapeur à la même pression que la chaudière dès le commencement de l'admission; aucun emprunt de vapeur n'est donc fait à la chaudière pour le remplir. La quantité de vapeur ne variant pas, il en est de même de la chaleur qu'il faut fournir pour la produire; par conséquent, le rendement de la machine reste le même, qu'il y ait ou non un espace nuisible.

232. La forme générale du diagramme n'est pas non plus changée si la vapeur, en pénétrant dans le cylindre, entraîne avec elle des gouttelettes liquides. Cependant la valeur du rendement est un peu diminuée. En effet, la quantité de vapeur employée par coup de piston ne varie pas et la chaleur nécessaire pour la produire reste la même. Mais l'eau entraînée a absorbé de la chaleur pour passer de la température T_2 à la température T_1 à laquelle elle se trouve quand elle pénètre dans le cylindre. La quantité de chaleur correspondant à un coup de piston est donc plus grande que lorsque la vapeur est sèche; par conséquent, le rendement de la machine est moindre que dans ce dernier cas, bien que la courbe de détente soit un peu relevée.

On peut le montrer autrement. Si m est la masse de la vapeur dans l'unité de masse du mélange de vapeur et de gouttelettes, la quantité de chaleur qu'il faut fournir pour amener dans ce dernier état l'unité de masse d'eau prise à T_2 est

$$Q_1 = T_1 - T_2 + Lm.$$

Pour cette transformation, l'intégrale $\int \frac{dQ_1}{T}$ a pour valeur

$$\int \frac{dQ_1}{T} = \text{Log}\frac{T_1}{T_2} + \frac{Lm}{T_1}.$$

Par conséquent, la valeur de T'_1 qu'il faut prendre dans l'expression du rendement est donnée par la relation

$$\operatorname{Log}\frac{T_1}{T_2} + \frac{Lm}{T_1} = \frac{T_1 - T_2 + Lm}{T'_1}.$$

Or il est facile de voir que la valeur de T'_1 est plus grande pour $m = 1$, c'est-à-dire quand la vapeur est sèche, que pour $m < 1$, c'est-à-dire quand la vapeur est mélangée d'eau liquide. Toutefois, m étant toujours voisin de l'unité, la différence entre ces valeurs de T'_1 est faible et le rendement est peu diminué.

233. Effet de la condensation de la vapeur d'eau pendant la détente. — Nous avons vu que, si la température de la chaudière est 150° C. et celle du condenseur 40°, on a $T'_1 = 406°$ et $\frac{T'_1 - T_2}{T'_1} = 0,204$. Ce dernier nombre est donc la valeur du rendement d'une machine réversible à vapeur sèche.

Mais les températures T_2 et T'_1 satisfont aux relations

$$\frac{Q_2}{T_2} = \int\frac{dQ_2}{T}, \qquad \frac{Q_1}{T'_1} = \int\frac{dQ_1}{T},$$

et, comme on a

$$\int\frac{dQ_1}{T} - \int\frac{dQ_2}{T} = 0,$$

il en résulte

$$\frac{Q_1}{T'_1} = \frac{Q_2}{T_2},$$

et par suite

$$\frac{T'_1 - T_2}{T'_1} = \frac{Q_1 - Q_2}{Q_1}.$$

La valeur du rendement peut donc être calculée quand on connaît la quantité de chaleur empruntée Q_1 et la quantité cédée Q_2.

Regnault a fait ce calcul en se servant des nombres qu'il avait obtenus dans ses expériences sur les chaleurs latentes de vaporisation. La chaleur latente de vaporisation de l'eau étant 500 pour la température de 150° et 560 pour celle de 40°, on a

$$Q_1 = 150 - 40 + 500 = 610,$$
$$Q_2 = 560;$$

il en résulte

$$\frac{Q_1 - Q_2}{Q_2} = \frac{610 - 560}{610} = 0,049.$$

Cette valeur du rendement est beaucoup plus faible que celle déduite du rapport $\frac{T'_1 - T_2}{T'_1}$; elle est même beaucoup plus faible que celle du rendement réel des machines, laquelle, d'après Hirn, est environ 0,12.

234. L'explication de cette différence est facile. Nous savons, ce qu'ignorait Regnault, que la vapeur d'eau se condense en se détendant. Par conséquent, au moment où le condenseur est mis en communication avec le cylindre, celui-ci contient un mélange de vapeur et d'eau liquide, à la même température que le condenseur lorsque la machine est réversible. Si donc x est la masse de l'eau liquide et $1 - x$ celle de la vapeur pour masse totale égale à l'unité, la quantité de chaleur cédée au condenseur n'est que $560(1 - x)$ par unité de masse. La quantité Q_2 se trouvant ainsi diminuée, le rendement $\frac{Q_1 - Q_2}{Q_1}$ est augmenté et, pour une machine réversible, il reprend, comme cela doit être, la valeur donnée par le rapport $\frac{T'_1 - T_2}{T'_1}$.

De cette explication il résulte que la condensation de la vapeur pendant la détente exerce un effet utile sur la valeur du rendement. On a voulu en conclure, à tort comme nous le verrons plus loin, que la chemise de vapeur, employée pour protéger le cylindre contre le rayonnement extérieur et empêcher la condensation de la vapeur, était inutile et même nuisible.

235. Influence de la durée de la détente et de celle de la compression sur la valeur du rendement. — Lorsque la durée de la détente et celle de la compression ne sont pas rigoureusement égales à celles qui correspondent au diagramme représenté par la figure 31, le rendement de la machine est diminué. Cela résulte immédiatement de ce que, les transformations cessant d'être réversibles, le maximum du rendement ne peut être atteint.

Mais la considération du diagramme de la machine permet d'arriver à la même conclusion.

Si la durée de la détente est trop courte, le diagramme de la machine est AB *bc* DEFA (*fig.* 32). L'aire de ce diagramme est plus petite que celle du diagramme d'une machine réversible de la surface du triangle *bc*C. Le travail produit par coup de piston est donc diminué sans que la quantité de vapeur ait varié; il y a, par suite, diminution du rendement.

Quand la compression est trop courte, le diagramme est celui de la figure 33; pour une compression trop longue, il

Fig. 32.

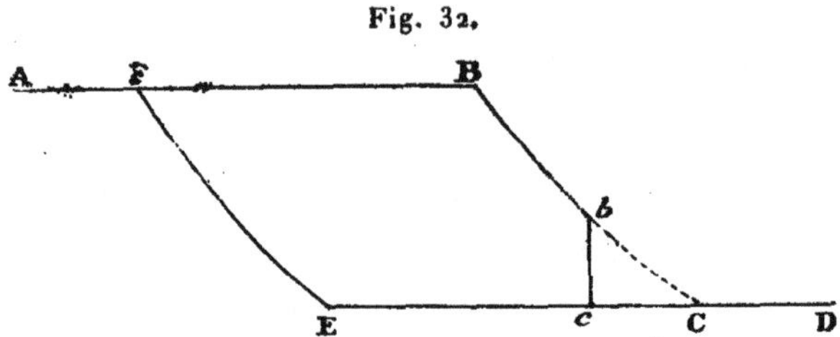

est représenté par la figure 34. Dans le premier cas la perte

Fig. 33.

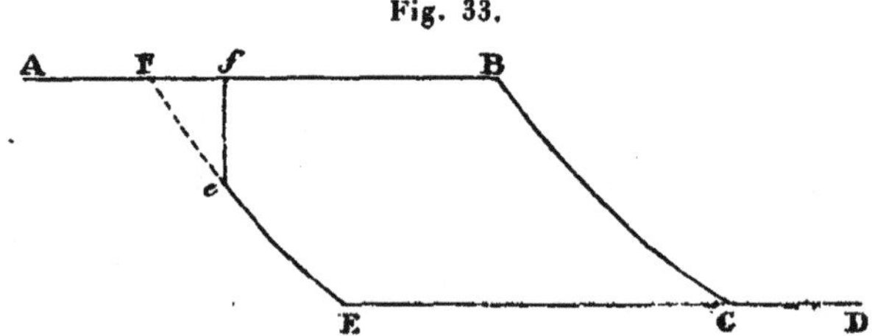

de travail par coup de piston est égale à l'aire du

Fig. 34.

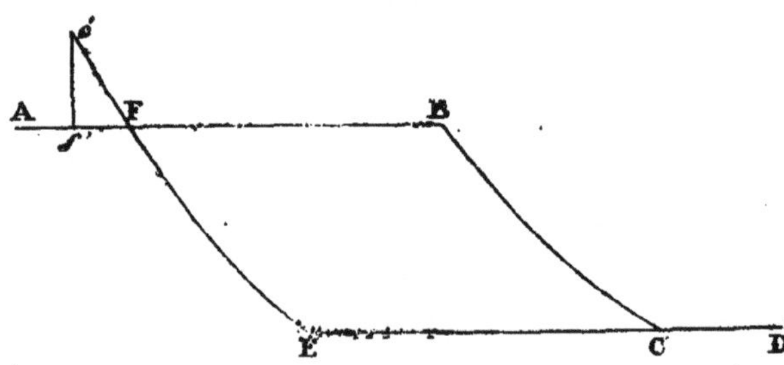

triangle *ef*F; dans le second cas elle est égale à l'aire du triangle *e'f'*F, cette aire devant être comptée négativement puisque son contour est décrit dans le sens inverse. Quant à la quantité de vapeur employée, elle demeure la même que pour une machine réversible quand il n'y a pas d'espace nuisible; mais, s'il y a un espace nuisible, la quantité de vapeur employée par coup de piston peut être augmentée dans le cas où la compression est trop courte. Il y a donc toujours diminution du rendement de la machine.

236. On ne peut pratiquement pousser la détente jusqu'au bout; il faudrait pour cela donner au cylindre une longueur trop considérable. En outre, la force qu'exerce la vapeur sur le piston à la fin de la détente serait alors très faible et se

Fig. 35.

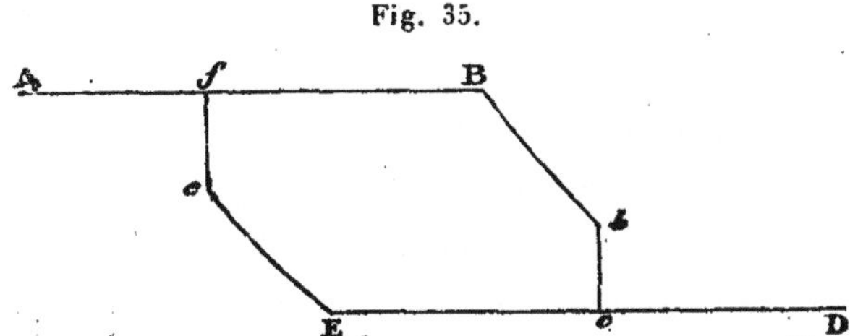

trouverait complètement absorbée par les frottements des mécanismes. D'ailleurs la perte de travail résultant de la réduction de la détente n'est pas considérable, l'aire du triangle bcC (*fig.* 32) étant toujours petite.

La compression n'est pas non plus poussée jusqu'au bout, car elle offre l'inconvénient d'opposer au piston une résistance considérable précisément au moment où la force qui le fait mouvoir se trouve réduite par la détente produite à l'arrière. Le diagramme théorique d'une machine est donc représenté par la figure 35.

237. Influence des parois du cylindre. — Mais la théorie élémentaire que nous venons d'exposer est loin de rendre compte de tous les phénomènes qui se produisent dans les machines. J'oserais presque dire que, bien qu'utile à connaître puisqu'elle nous aidera à comprendre une théorie plus complète, elle n'a aucun rapport avec la réalité. Ainsi, l'observation a montré qu'il y a condensation de la vapeur pendant l'admission et qu'au contraire il y a vaporisation pendant la détente. Cela est vrai au moins pour les machines à un seul cylindre; dans les machines compound au contraire, où l'importance des échanges de chaleur se trouve diminuée, on se rapproche des conditions théoriques.

Ces phénomènes sont dus aux variations de température des parois du cylindre, variations qui se produiraient même dans le cas où les parois, recouvertes d'une chemise absolument imperméable à la chaleur, n'abandonneraient pas de chaleur par rayonnement.

Pendant la période d'échappement la pression de la vapeur dans le cylindre est la même que dans le condenseur; par conséquent, à la fin de cette période, la température de cette vapeur et celle des parois du cylindre est très peu supérieure à celle du condenseur. Pendant la compression, la vapeur s'échauffe plus vite que les parois; comme de plus la compression n'est jamais poussée jusqu'au bout, la température des parois est plus petite que celle de la chaudière au moment de l'admission. Il en résulte donc une condensation de la vapeur et, à la fin de l'admission, les parois du cylindre sont recouvertes d'une couche liquide.

Pendant la détente la vapeur se refroidit plus vite que les parois et l'eau qui recouvre celles-ci se vaporise en partie malgré la condensation due à la détente. Quand, à la fin de la détente, on ouvre l'échappement, la pression diminue brusquement dans le cylindre et l'eau qui se trouvait encore sur les parois passe à l'état de vapeur, puis va se condenser dans le condenseur. Il y a donc bien vaporisation de l'eau pendant toute la durée de la détente et le commencement de la période d'échappement.

L'importance de cette vaporisation est très grande; elle augmente la quantité de chaleur rendue au condenseur et, par suite, abaisse le rendement. En effet, s'il n'y avait pas vaporisation au moment de l'échappement, cette quantité serait par unité de masse : $560(1-x)$, pour une température de 40° du condenseur, x représentant la fraction de la masse qui est à l'état liquide. Mais sur cette quantité x une partie x'' forme une couche liquide sur les parois et se vaporise; en passant dans le condenseur elle lui restitue une quantité de chaleur $560\,x''$ et la quantité Q_2 qui entre dans l'expression $\frac{Q_1-Q_2}{Q_1}$ du rendement est augmentée.

Cette quantité Q_2 est alors

$$Q_2 = 560(1-x) + 560\,x'' = 560(1-x'),$$

x' désignant la portion de l'eau liquide qui se trouve intimement mélangée à la vapeur au moment où l'on ouvre l'échappement.

238. Influence des frottements intérieurs de la vapeur. — Les frottements de la vapeur qui se produisent surtout dans la lumière d'admission et dans celle d'échappement diminuent encore le rendement des machines par le fait que ces frottements constituent des phénomènes irréversibles.

Ces frottements sont d'autant plus considérables que la perte de charge est plus grande; ils augmentent donc, comme celle-ci, avec la vitesse d'écoulement de la vapeur et avec la petitesse de l'ouverture d'admission ou d'échappement.

On pourrait croire qu'au commencement de l'admission la vitesse de la vapeur est faible, puisque le piston est presque à bout de course et que sa vitesse est peu considérable. Alors, malgré la petitesse de l'ouverture d'admission, les frottements seraient négligeables. Mais en réalité la vitesse de la vapeur est très grande à ce moment, car, comme nous venons de le faire remarquer, il se produit une condensation de la vapeur et, par suite, un vide partiel et une sorte d'appel au commencement de l'admission. Les frottements dans la lumière d'admission ne peuvent donc être négligés, pas plus d'ailleurs que ceux qui se produisent pendant l'échappement.

239. Diagramme réel des machines à vapeur. — Pour ces diverses raisons, condensation pendant l'admission, vaporisation pendant la détente, frottements intérieurs de la vapeur, le diagramme réel des machines est fort différent du diagramme théorique représenté par la figure 35. Les diagrammes fournis par l'indicateur de Watt se rapprochent de la courbe représentée par la figure 36, où l'on a figuré en tarifs ponctués le diagramme théorique.

On voit que, pendant une fraction notable de la durée de l'échappement, la pression dans le cylindre reste bien supérieure à celle de la vapeur dans le condenseur. Si l'échappement ne commençait qu'au moment où le piston est au bout de sa course d'aller, cette différence de pression nuirait

Fig. 36.

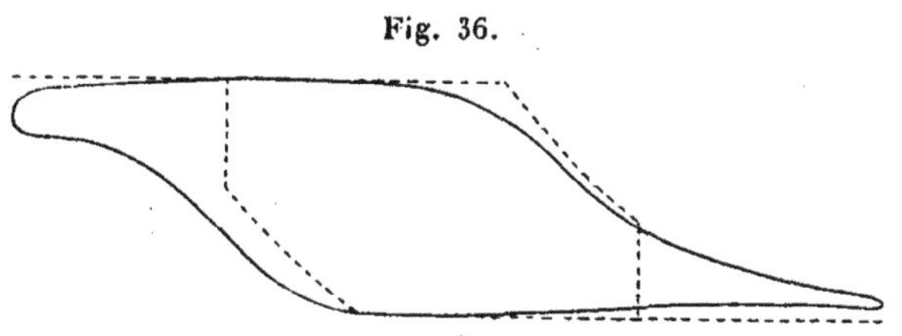

pendant une partie de la course de retour; on conçoit donc la nécessité de l'échappement anticipé.

On voit également que la pression dans le cylindre n'atteint la valeur de la pression dans la chaudière que vers le milieu de la période d'admission; par conséquent, l'admission anticipée, qui a surtout pour objet d'amortir les chocs au point mort, ne peut nuire au bon fonctionnement de la machine, puisqu'elle a pour effet d'avancer le moment où la vapeur agit à pleine pression.

C'est par l'étude attentive de ces diagrammes que l'on obtient les valeurs qu'il convient de donner aux diverses périodes de fonctionnement pour obtenir le meilleur rendement; leur calcul est donc très difficile.

240. Avantages de la chemise de vapeur et de la vapeur surchauffée. — Reprenons, comme au paragraphe **222**, le système formé par la chaudière, le cylindre et le condenseur et par l'eau contenue dans ces diverses capacités.

Le système total décrit à chaque coup de piston un cycle

fermé qui est irréversible tant en tenant compte des sources de chaleur que par rapport au système lui-même (pour employer la terminologie du paragraphe **172**). Mais, si l'on décompose ce système total en un très grand nombre de systèmes élémentaires (assez petits pour que dans chacun d'eux la température puisse être regardée comme uniforme, ainsi que nous avons fait dans la démonstration du théorème de Clausius), chacun de ces systèmes élémentaires décrira un cycle réversible, non pas en tenant compte des sources de chaleur, mais par rapport au système lui-même.

En effet, les seuls phénomènes irréversibles dont une machine à vapeur puisse être le siège sont des échanges de chaleur entre systèmes élémentaires de température différente, ou bien des frottements produisant de la chaleur et détruisant du travail. L'influence de ces phénomènes sur un de nos systèmes élémentaires se réduit à une cession ou à un emprunt de chaleur, et ce système se comporterait de la même manière s'il cédait ou empruntait cette chaleur à une source de température infiniment peu différente de la sienne, c'est-à-dire d'une manière réversible. Chacun de ces systèmes élémentaires décrit donc un cycle réversible par rapport au système lui-même. Il n'en serait plus de même s'il était le siège de phénomènes tels que des changements d'état irréversibles (solidification d'un liquide surfondu, etc.) ou de phénomènes chimiques par exemple. Cela n'a pas lieu dans le cas qui nous occupe.

Par suite, on aura $\int \frac{dQ}{T} = 0$ pour chaque système élémentaire décrivant le cycle fermé correspondant à un coup de piston de la machine, et

$$\int\int \frac{dQ}{T} = 0$$

pour le système total.

La quantité de chaleur dQ empruntée par chaque système élémentaire comprend, outre celle qui est cédée par le foyer et celle qui est cédée à l'eau qui refroidit le condenseur, la chaleur provenant des frottements, la chaleur résultant des échanges entre les autres systèmes et celle qui est perdue par rayonnement. Nous avons donc, en désignant respectivement par dQ_1, dQ_2, dQ_3, dQ_4 et dQ_5 ces diverses quantités,

$$dQ = dQ_1 - dQ_2 + dQ_3 + dQ_4 - dQ_5,$$

et il en résulte

$$\int\int \frac{dQ}{T} = \int\int \frac{dQ_1}{T} - \int\int \frac{dQ_2}{T} + \int\int \frac{dQ_3}{T} + \int\int \frac{dQ_4}{T} - \int\int \frac{dQ_5}{T} = 0.$$

La quatrième intégrale peut s'écrire autrement. En effet, si un système élémentaire, dont la température est T emprunte une quantité de chaleur dQ_4 à un autre dont la température est T', il en résulte nécessairement un emprunt $-dQ_4$ fait par ce dernier au premier; ces deux systèmes fournissent donc à l'intégrale les deux éléments $\frac{dQ_4}{T}$ et $\frac{-dQ_4}{T}$; par suite,

$$\int\int \frac{dQ_4}{T} = \int\int dQ_4 \left(\frac{1}{T} - \frac{1}{T'}\right).$$

Nous avons d'ailleurs

$$\int\int \frac{dQ_2}{T} = \frac{Q_2}{T_2}.$$

Posons en outre, comme nous l'avons fait pour les machines réversibles,

$$\int\int \frac{dQ_1}{T} = \frac{Q_1}{T'_1}.$$

Alors, il vient

$$\frac{Q_1}{T'_1} - \frac{Q_2}{T_2} + \int\int \frac{dQ_3}{T} + \int\int dQ_4 \left(\frac{1}{T} - \frac{1}{T'}\right) - \int\int \frac{dQ_5}{T} = 0.$$

Les deux premières intégrales sont positives, car, d'une part, dQ_3 est une quantité positive puisque cette chaleur résulte du frottement, et, d'autre part, T est plus petit que T′ si dQ_4 est positif; il convient donc de les diminuer autant que possible.

241. La seconde de ces intégrales est surtout intéressante. Ses termes proviennent principalement des échanges de chaleur entre la vapeur et les parois du cylindre; il faut donc s'attacher à rendre faibles ces échanges.

La chemise de vapeur remplit ce but. Elle avait été supprimée par quelques constructeurs alors que l'on croyait que dans les machines il y avait condensation pendant la détente; mais, depuis, son emploi est devenu général, à juste titre, comme la pratique l'a montré et comme nous allons le voir.

S'il n'y a pas de chemise de vapeur, les températures T' et T des parois du cylindre et de la vapeur qu'elles renferment sont relativement peu différentes; le facteur $\frac{1}{T} - \frac{1}{T'}$ est donc très petit. Avec la chemise de vapeur la température T' des parois reste à peu près constante; la variation de celle de la vapeur est au contraire assez considérable; par suite T' et T sont loin d'être égaux. Le facteur $\frac{1}{T} - \frac{1}{T'}$ a donc une valeur plus grande quand le cylindre est entouré d'une chemise de vapeur que lorsque cette chemise n'existe pas.

Mais l'augmentation de ce facteur est largement compensée par la diminution de l'autre facteur dQ_4. Quand il n'y a pas de chemise de vapeur il se produit une condensation au moment de l'admission, et cette condensation donne lieu à un dégagement de chaleur considérable qui entre dans dQ_4; la vaporisation de l'eau qui couvre les parois au moment de l'échappement vient encore augmenter énormément la valeur de la quantité de chaleur mise en jeu par les échanges entre systèmes élémentaires. Cette condensation et cette vaporisation ne se produisant pas quand on emploie la chemise de vapeur, les échanges de chaleur n'ont plus lieu que par conductibilité et par convection; les quantités ainsi échangées sont donc très faibles. Il en résulte que l'intégrale $\int\int \frac{dQ_4}{T}$ est beaucoup diminuée par l'emploi d'une chemise de vapeur.

242. Les chiffres qui suivent, quoique empruntés à des documents déjà anciens, peuvent donner une idée de l'utilité de cet organe.

Nous avons vu que, pour une machine dont la chaudière est à 150° et le condenseur à 40°, la quantité de chaleur nécessaire pour amener 1kg d'eau de l'état liquide à 40° à l'état de vapeur saturée à 150° est

$$Q_1 = 610.$$

La chaleur rendue au condenseur est

$$Q_2 = 560(1 - x'),$$

x' étant la fraction de la masse qui est à l'état de gouttelettes liquides disséminées dans la vapeur au commencement de l'échappement; cette fraction est d'environ 0,1 quand il n'y a pas de chemise de vapeur. Nous avons donc

$$Q_2 = 560(1 - 0,1) = 504$$

et, par suite,

$$\frac{Q_1 - Q_2}{Q_1} = \frac{610 - 504}{610} = \frac{106}{610} = 0,18.$$

Quand on emploie une chemise de vapeur, la vapeur du cylindre reste sèche; par suite, x' est nul et

$$Q_2 = 560.$$

Mais, pour empêcher la condensation de la vapeur, la chemise a dû céder de la chaleur, ce qui a provoqué la condensation d'une portion de la vapeur qu'elle contient; on évalue à 0,2 environ de la quantité totale employée par coup de piston la quantité de vapeur ainsi condensée. La quantité de chaleur Q_1 est donc

$$Q_1 = 610 + 0,2 \times 610 = 733;$$

on en conclut

$$\frac{Q_1 - Q_2}{Q_1} = \frac{733 - 560}{733} = \frac{173}{733} = 0,23.$$

Le rendement se trouve donc élevé par l'emploi de la chemise de vapeur.

243. Les mêmes considérations expliquent l'effet avantageux de la surchauffe. La surchauffe agit comme la chemise de vapeur en empêchant la condensation de la vapeur sur les parois du cylindre. Mais la surchauffe n'est pas aussi universellement employée que la chemise de vapeur. D'ailleurs elle est toujours légère et elle a surtout pour but de vaporiser, avant leur entrée dans le cylindre, les gouttelettes liquides que la vapeur entraîne en sortant de la chaudière; elle sert donc plutôt à sécher la vapeur qu'à élever sa température.

244. Machines compound. — Mon but n'étant pas de faire une théorie des machines à vapeur, mais d'illustrer par des exemples variés les principes de la Thermodynamique, je n'insisterai pas sur les machines des types les plus récents, tels que les machines compound.

Dans les premières, la vapeur, après avoir agi dans un premier cylindre et s'y être en partie détendue, passe dans un second cylindre de plus grande capacité où elle se détend de nouveau en agissant sur un piston. Généralement la vapeur se rend ensuite dans le condenseur, mais quelquefois elle se détend encore dans un troisième cylindre avant de se condenser; la machine est alors dite *à triple expansion*.

L'avantage de ce système est double; la détente peut être poussée plus loin sans que l'effort moteur subisse de trop grandes variations pendant un coup de piston et sans qu'on soit obligé d'employer des volants trop lourds.

Mais, en outre, et cela est beaucoup plus important, la température des parois de chacun des cylindres oscille non plus entre T_1 et T_2, mais entre des limites plus étroites; celle du cylindre à haute pression par exemple a pour limites la température de la vapeur au moment où elle arrive de la chaudière, et sa température au moment où elle passe d'un cylindre à l'autre; celle du cylindre à basse pression a pour limites la température de la vapeur au moment où elle passe d'un cylindre à l'autre, et celle qu'elle possède au moment où elle passe dans le condenseur; les condensations à l'admission et les revaporisations pendant la détente et l'échappement, ainsi que les pertes de rendement qui en résultent, se trouvent beaucoup diminuées.

La même chose arrive *a fortiori* avec les turbines où le régime est permanent, où par conséquent la température de la vapeur en un même point de l'espace est constante, de sorte que chaque point de la paroi finit par se mettre en équilibre de température avec la vapeur au contact de laquelle il se trouve.

245. Injecteur Giffard. — Pendant longtemps l'alimentation des chaudières s'est faite au moyen de pompes, dites *pompes alimentaires,* mues par la machine elle-même; ces pompes puisent dans une bâche l'eau d'évacuation du condenseur et la font pénétrer sous pression dans la chaudière. Aujourd'hui l'alimentation de la chaudière se fait le plus souvent par l'*injecteur Giffard.*

Sans entrer dans la description complète de cet appareil rappelons les parties essentielles qui le composent : un tuyau amène un jet de vapeur dans une boîte où débouche un tuyau d'aspiration plongeant dans la bâche d'emmagasinement de l'eau d'alimentation; un troisième tuyau, appelé *tuyau de refoulement,* amène l'eau dans la chaudière.

Son fonctionnement s'explique difficilement. Puisque l'eau de la bâche est aspirée, la pression dans la boîte de raccordement des trois tuyaux est nécessairement plus petite que la pression atmosphérique. Comment alors l'eau peut-elle pénétrer dans la chaudière où la pression est beaucoup plus grande?

Je crois que la théorie complète de cet appareil est encore à faire et je n'ai pas la prétention d'en donner une. L'analyse qui va suivre est extrêmement grossière et a seulement pour but de montrer que la Thermodynamique permet d'expliquer le paradoxe.

246. Supposons le régime permanent établi dans l'appareil.

L'équation

$$\frac{\varphi\omega}{v} = \text{const.} \tag{1}$$

que nous avons trouvée au paragraphe **132** en étudiant l'écoulement des fluides est, à chaque instant, applicable aux diverses sections d'un même tube; ω désigne la surface d'une de ces sections, φ la vitesse du fluide en un de leurs points, v le volume spécifique qui correspond à ce même point.

L'application du principe de la conservation de l'énergie nous a donné entre ces quantités et l'énergie interne U de l'unité de masse une nouvelle relation; celle-ci se réduit à

$$(2)\qquad \mathrm{EU} + \frac{\varphi^2}{2} + pv = \text{const.}$$

dans le cas d'un fluide non pesant et lorsqu'on suppose qu'il n'y a pas de chaleur empruntée ou fournie à l'extérieur (**137**). Cette dernière relation sera donc applicable à toutes les sections d'un même tube de l'injecteur si nous négligeons l'action de la pesanteur sur le fluide qui y circule, vapeur, eau, mélange d'eau et de vapeur, et si nous admettons qu'il n'y a pas de perte de chaleur par rayonnement.

Examinons ce que deviennent ces relations (1) et (2) lorsque les sections considérées n'appartiennent plus au même tube.

247. Soient A_0B_0, A_1B_1 et A_2B_2 (*fig.* 37) les sections des trois tubes qui comprennent entre elles une masse égale à l'unité à l'instant t. Un temps dt après, cette même masse sera limitée par les sections $A'_0B'_0$, $A'_1B'_1$, $A'_2B'_2$. En désignant par dm_0, dm_1, dm_2 les masses des fluides qui occupent les volumes élémentaires $A_0B_0A'_0B'_0$, $A_1B_1A'_1B'_1$, $A_2B_2A'_2B'_2$, nous avons $dm_2 = dm_0 + dm_1$.

Mais le volume $A_2B_2A'_2B'_2$ a pour valeur $\omega_2\varphi_2\,dt$; par suite, la masse du fluide qu'il renferme est

$$dm_2 = \frac{\omega_2\varphi_2\,dt}{v_2}.$$

Les masses dm_0 et dm_1 peuvent s'écrire d'une manière analogue et, si nous portons ces expressions dans l'égalité précédente, nous obtenons

$$(3) \qquad \frac{\omega_2 \varphi_2}{v_2} = \frac{\omega_0 \varphi_0}{v_0} + \frac{\omega_1 \varphi_1}{v_1}$$

pour la relation qui remplace (1).

Fig. 37.

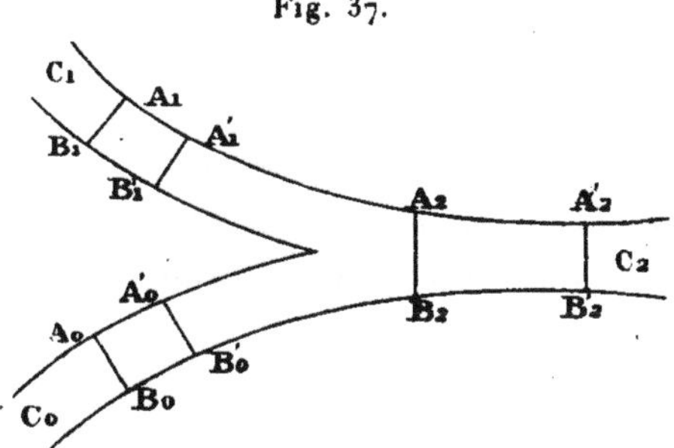

Appliquons maintenant le principe de la conservation de l'énergie; il nous fournit la relation générale

$$\mathrm{E}\, d\mathrm{Q} + d\tau = \mathrm{E}\, d\mathrm{U} + d\mathrm{W}.$$

Mais $d\mathrm{Q} = 0$ puisque nous supposons qu'il n'y a pas de perte de chaleur par rayonnement; cette relation se réduit donc à

$$d\tau = \mathrm{E}\, d\mathrm{U} + d\mathrm{W}.$$

La variation de l'énergie interne est égale à l'énergie de la masse dm_2 diminuée de la somme des énergies des masses dm_0 et dm_1, car l'énergie interne de la masse comprise entre les sections $A'_0 B'_0$ et $A'_1 B'_1$ et la section $A_2 B_2$ est la même aux instants t et $t + dt$, le régime permanent étant supposé établi; par conséquent, en appelant U_0, U_1, U_2 les valeurs de l'énergie interne rapportée à l'unité de masse aux trois sections considérées, nous avons

$$dU = U_2\, dm_2 - U_0\, dm_0 - U_1\, dm_1.$$

La même remarque s'appliquant à la variation de l'énergie cinétique, cette variation a pour valeur

$$dW = dm_2 \frac{\varphi_2^2}{2} - dm_0 \frac{\varphi_0^2}{2} - dm_1 \frac{\varphi_1^2}{2}.$$

Pour évaluer le travail $d\tau$ fourni au fluide pendant le temps dt, appelons p_0, p_1, p_2 les valeurs des pressions aux trois sections considérées; nous avons alors

$$d\tau = - p_2 \omega_2 \varphi_2\, dt + p_0 \omega_0 \varphi_0\, dt + p_1 \omega_1 \varphi_1\, dt,$$

ou

$$d\tau = - p_2 v_2\, dm_2 + p_0 v_0\, dm_0 + p_1 v_1\, dm_1.$$

Portons ces valeurs de dU, dW et $d\tau$ dans la relation fournie par le principe de la conservation de l'énergie; il vient

$$\left(EU_2 + \frac{\varphi_2^2}{2} + p_2 v_2\right) dm_2$$
$$= \left(EU_0 + \frac{\varphi_0^2}{2} + p_0 v_0\right) dm_0 + \left(EU_1 + \frac{\varphi_1^2}{2} + p_1 v_1\right) dm_1.$$

Telle est la relation qui remplace la relation (2) dans le cas où plusieurs tubes se branchent l'un sur l'autre. Si nous la divisons par $E\, dm_2$ et si nous posons

$$dm_1 = \mu\, dm_2,$$

elle devient

$$(4)\quad U_2 + A\frac{\varphi_2^2}{2} + Ap_2 v_2 = (1-\mu)\left(U_0 + A\frac{\varphi_0^2}{2} + Ap_0 v_0\right) + \mu\left(U_1 + A\frac{\varphi_1^2}{2} + Ap_1 v_1\right).$$

248. Appliquons cette formule à l'injecteur Giffard en admettant que le tube C_1 soit le tuyau de prise de vapeur, C_0 le tuyau d'aspiration et C_2 le tuyau de refoulement.

L'unité de masse considérée dans la démonstration de la formule étant arbitraire, les positions des sections qui la limitent sont quelconques; nous pouvons donc supposer que A_0B_0 est situé dans la bâche, A_1B_1 dans la partie de la chaudière occupée par la vapeur, et A_2B_2 dans la partie de la chaudière occupée par l'eau. Dans ces conditions les carrés des vitesses φ_0 et φ_1 peuvent être négligés; en outre, p_1 et p_2 ont pour valeur commune la pression p_1 de la chaudière, et p_0 est égale à celle de l'atmosphère.

Quant à l'énergie interne, nous en avons trouvé la valeur pour le cas d'un système formé par un liquide et sa vapeur saturée (**169**); cette valeur est

$$U = Lm + CT - Apm(\sigma - \lambda).$$

Dans le tuyau d'aspiration le fluide en mouvement est de l'eau; par conséquent, m, qui représente la fraction de la masse qui est à l'état de vapeur, est nul et C est égal à 1; nous avons donc

$$U_0 = T_0,$$

T_0 étant la température de l'eau d'alimentation.

Dans le tuyau de prise de vapeur on a $m = 1$; C étant

toujours égal à l'unité, l'énergie interne U_1 est

$$U_1 = L + T_1 - Ap_1(\sigma - \lambda).$$

Enfin, dans le tuyau de refoulement on a un mélange d'eau et de vapeur; m a donc une valeur, d'ailleurs inconnue, comprise entre o et 1. La température est celle de la chaudière T_1; par conséquent,

$$U_2 = Lm + T_1 - Ap_1 m(\sigma - \lambda).$$

Il ne reste qu'à exprimer v_0, v_1 et v_2 au moyen de σ et λ. Dans le tuyau d'aspiration le volume spécifique v_0 est celui du liquide λ; dans celui de prise de vapeur ce volume est σ; dans le tuyau de refoulement,

$$v_2 = m\sigma + (1 - m)\lambda.$$

Nous avons donc, en remplaçant par ces valeurs les quantités qui figurent dans la formule (4),

$$Lm + T_1 - Ap_1 m(\sigma - \lambda) + A\frac{\varphi_2^2}{2} + Ap_1 m\sigma + Ap_1(1 - m)\lambda$$
$$= (1 - \mu)(T_0 + Ap_0\lambda) + \mu[L + T_1 - Ap_1(\sigma - \lambda) + Ap_1\sigma],$$

ou

$$L(m - \mu) + A\frac{\varphi_2^2}{2} = (1 - \mu)(T_0 - T_1 + Ap_0\lambda - Ap_1\lambda).$$

Or $A\frac{\varphi_2^2}{2}$ est un terme essentiellement positif; par conséquent, si nous le supprimons, le premier membre de l'égalité précédente devient plus petit que le second, c'est-à-dire

$$L(m - \mu) < (1 - \mu)(T_0 - T_1 + Ap_0\lambda - Ap_1\lambda).$$

Mais p_1 est plus grand que p_0; $Ap\lambda - Ap_1\lambda$ est donc une quantité négative; par suite nous pouvons, sans changer le sens de l'inégalité, supprimer cette différence si nous voulons trouver les conditions *nécessaires* du fonctionnement de l'appareil; nous avons donc

$$(5) \qquad L(m-\mu) < (1-\mu)(T_0 - T_1).$$

249. Une seconde inégalité nous est fournie par le principe de Carnot.

Considérons une masse μ de vapeur dans le tuyau de prise de vapeur et une masse $1-\mu$ d'eau dans le tuyau d'aspiration; leur réunion donne une masse 1 dans le tuyau de refoulement. Appelons S_0, S_1, S_2 les entropies, rapportées à l'unité de masse, des fluides contenus dans ces trois tuyaux. L'entropie du système formé par la masse μ de vapeur et la masse $1-\mu$ de liquide est

$$(1-\mu)S_0 + \mu S_1$$

quand ces masses sont séparées, et S_2 quand par leur réunion elles forment le mélange d'eau et de vapeur contenu dans le tuyau de refoulement. La variation d'entropie est donc

$$S_2 - (1-\mu)S_0 - \mu S_1.$$

Or, d'après une conséquence du théorème de Clausius généralisé, la variation d'entropie est plus grande que la valeur de l'intégrale $\int\int \frac{dQ}{T}$, où une des intégrations se rapporte au cycle et l'autre au volume du système, et où dQ peut avoir deux significations (**188**).

Dans le cas qui nous occupe, il n'y a par hypothèse ni chaleur empruntée ni chaleur fournie à l'extérieur; mais nous tiendrons compte des échanges intérieurs.

Il est clair que la variation d'entropie restera plus grande que $\int\int \frac{dQ}{T}$ alors même que nous ne tiendrons compte dans cette intégrale que de quelques-uns des échanges qui se produisent réellement. On a, en effet, pour un quelconque de ces échanges, ainsi que nous l'avons fait remarquer bien des fois,

$$\int\int \frac{dQ}{T} > 0.$$

Nous tiendrons compte seulement de l'échange considérable qui se produit au contact de la vapeur arrivant par le tube de prise de vapeur et de l'eau arrivant par le tube d'aspiration. Cette vapeur, déjà refroidie par la détente qu'elle a subie, se trouve à une température T_2 inférieure à T_1. L'eau est à la température T_0; au contact de la vapeur sa température s'élève progressivement jusqu'à T_2. La vapeur, au contraire, en cédant de la chaleur à l'eau, reste très sensiblement à la température T_2, mais se condense partiellement.

Pour une variation de température dT la quantité de chaleur absorbée par l'eau est $dQ = (1 - \mu) dT$, puisque la chaleur spécifique est très sensiblement l'unité et que la masse à chauffer est $1 - \mu$. Cette chaleur étant fournie par la vapeur, la chaleur dQ relative à cette substance est

$$dQ = -(1 - \mu) dT;$$

nous avons donc

$$\int\int \frac{dQ}{T} = (1-\mu)\int_{T_0}^{T_2} \frac{dT}{T} - (1-\mu)\int_{T_0}^{T_2} \frac{d}{T_2},$$

d'où

$$\int\int \frac{dQ}{T} = (1-\mu)\,\text{Log}\frac{T_2}{T_0} - (1-\mu)\frac{T_2-T_0}{T_2}.$$

Par conséquent, nous devons avoir

$$(6) \qquad S_2 - (1-\mu)S_0 - \mu S_1 > (1-\mu)\,\text{Log}\frac{T_2}{T_0} - (1-\mu)\frac{T_2-T_0}{T_2}.$$

250. Pour calculer S_0, S_1 et S_2 appliquons la formule

$$S = \frac{L}{T}m + C\,\text{Log}\,T$$

que nous avons trouvée (**169**) pour l'entropie d'un système formé d'une masse $(1-m)$ de liquide et d'une masse m de vapeur saturée; ici nous avons $C = 1$ puisqu'il s'agit de l'eau. La vapeur de S_0 s'obtient en faisant $m = 0$, le tuyau d'aspiration ne contenant pas de vapeur, et en faisant $T = T_0$; par suite,

$$S_0 = \text{Log}\,T_0.$$

Celle de S_1 s'obtient en faisant $T = T_1$ et $m - 1$, le tuyau C_1 ne contenant que de la vapeur; par conséquent,

$$S_1 = \frac{L}{T_1} + \text{Log}\,T_1.$$

Enfin, dans le tuyau de refoulement nous avons un mélange d'eau et de vapeur et

$$S_2 = \frac{L}{T_1} m + \operatorname{Log} T_1.$$

L'inégalité (6) devient, lorsqu'on y remplace S_0, S_1 et S_2 par ces valeurs,

$$\frac{L}{T_1} m + \operatorname{Log} T_1 - (1-\mu) \operatorname{Log} T_0 - \mu\left(\frac{L}{T_1} + \operatorname{Log} T_1\right) > (1-\mu)\left(\operatorname{Log} \frac{T_2}{T_1} - \frac{T_2 - T_0}{T_2}\right)$$

ou

$$\frac{L(m-\mu)}{T_1} > (1-\mu)\left(\operatorname{Log} T_2 - \operatorname{Log} T_1 + \frac{T_0}{T_2} - 1\right).$$

En comparant cette inégalité à l'inégalité (5) on en tire la suivante :

$$T_1\left(\operatorname{Log} \frac{T_2}{T_1} + \frac{T_0}{T_2} - 1\right) < T_0 - T_1$$

ou

$$(7) \qquad T_0\left(\frac{T_1}{T_2} - 1\right) < T_1 \operatorname{Log} \frac{T_1}{T_2}.$$

Telle est la condition de fonctionnement de l'appareil.

251. Cette nouvelle inégalité permet de calculer une limite supérieure de T_0. En effet, pour que l'aspiration puisse se produire, il faut que la pression au point de branchement des trois tuyaux soit inférieure à la pression atmosphérique et par conséquent que T_2 soit plus petit que 100° ; on trouve ainsi 100° environ pour les machines à moyenne pression. Cette valeur est bien supérieure à celle qu'on doit adopter en pratique, 20° environ, pour que l'injecteur puisse fonctionner; cette différence provient des approximations très grossières que nous avons faites, et toujours dans le même sens, dans l'établissement de l'inégalité (7), et principalement de ce que nous avons négligé les termes contenant les carrés des vitesses; en outre, nous avons négligé les pertes de chaleur par rayonnement et nous n'avons pas tenu compte du travail considérable transformé en chaleur par les frottements des fluides contre les parois. Une théorie dans laquelle entreraient toutes ces qualités donnerait certainement une valeur de T_0 beaucoup plus approchée de la valeur réelle, mais l'établissement de cette théorie présenterait des difficultés presque insurmontables.

Quelque grossière que soit d'ailleurs cette analyse, elle suffit pour montrer que le paradoxe n'est qu'apparent, que le fonctionnement de l'appareil n'est pas contraire aux principes de la Thermodynamique et qu'il doit devenir impossible si T_0 dépasse une certaine limite; mais on ne pourrait guère, sans des calculs beaucoup plus longs, se rendre compte de la valeur de cette limite. Une remarque importante reste à faire.

La théorie que nous avons donnée suppose le régime permanent établi; elle nous apprend comment ce régime peut *continuer* à se produire, mais elle ne rend nullement compte de la manière dont ce régime s'établit; elle présente donc une nouvelle lacune qu'il serait difficile de combler. Toutefois on peut s'expliquer l'aspiration de l'eau d'alimentation par un effet de la contraction de la veine de vapeur à la sortie du tuyau de prise. Il faut en effet que l'orifice de sortie de ce tuyau soit très étroit, surtout au moment de l'amorcement de l'appareil; c'est dans ce but qu'on le termine en cône suivant l'axe duquel peut se mouvoir une tige conique appelée *aiguille ;* en déplaçant cette aiguille le long de l'axe on rétrécit ou l'on augmente l'ouverture de l'ajutage de sortie.

CHAPITRE XV.

DISSOCIATION.

252. Différents types de dissociation. — Les phénomènes de dissociation sont réversibles. Ils se partagent naturellement en deux classes, suivant l'état physique des composés et du composant. Quand les composés et le composant sont gazeux on dit que la dissociation a lieu au sein d'un système homogène; les premiers phénomènes de dissociation découverts par H. Sainte-Claire Deville se rangent dans cette classe. Quand au contraire l'un des corps est liquide ou solide la dissociation est dite s'effectuer au sein d'un système hétérogène.

Cette dernière classe présente plusieurs types. L'un d'eux est la dissociation du carbonate d'ammoniaque, où un composé solide donne naissance à deux constituants gazeux : l'ammoniaque et l'acide carbonique. Un autre genre de dissociation est présenté par l'acide sélénhydrique, l'acide tellurhydrique, le sesquichlorure de chrome; dans ces dissociations un composé gazeux se sépare en un gaz et un liquide ou un solide. Enfin le carbonate de chaux constitue le troisième type : un composé solide donne par sa dissociation un solide et un gaz.

Les dissociations rentrant dans cette catégorie ont été judicieusement comparées par Deville aux phénomènes de vaporisation d'un liquide. Les lois des deux phénomènes sont les mêmes et l'on peut appliquer aux dissociations de ce genre la plupart des résultats obtenus aux Chapitres XI et XIII.

253. Théorie de M. Gibbs. — Les lois expérimentales de la dissociation en système homogène sont beaucoup moins bien connues que celles de la dissociation du carbonate de chaux; en outre, la dissociation de l'acide iodhydrique est la seule de ces dissociations qui ait donné lieu à de nombreuses recherches quantitatives. Toutefois la théorie de ces phénomènes est assez avancée, grâce aux travaux de M. Gibbs.

Dans la théorie qu'il a proposée, M. Gibbs suppose que les lois des gaz parfaits sont applicables aux gaz qui composent le système en voie de dissociation. Il admet en outre les deux propositions suivantes :

1° L'énergie interne d'un mélange homogène de plusieurs gaz parfaits est égale à la somme des énergies internes que posséderaient ces gaz si chacun d'eux occupait seul, à la même température, le volume entier du mélange.

2° L'entropie d'un mélange homogène de plusieurs gaz parfaits est égale à la somme des entropies que posséderaient ces gaz si chacun d'eux occupait seul, à la même température, le volume entier du mélange.

Ces deux propositions ne sont nullement évidentes : nous les démontrerons successivement et nous verrons que la démonstration de la dernière soulève plusieurs difficultés. Mais, auparavant, établissons quelques relations, résultant de l'application des lois des gaz parfaits aux gaz du système, qui nous sont indispensables pour ces démonstrations.

254. Considérons un mélange de trois gaz parfaits G_1, G_2 et G_3 dont la masse totale est égale à l'unité, et soient m_1, m_2, m_3 les masses respectives de ces gaz ; nous avons

$$(1) \qquad m_1 + m_2 + m_3 = 1.$$

D'après la loi du mélange des gaz, la pression p du mélange est la somme des pressions p_1, p_2, p_3 que prendraient les gaz si chacun d'eux occupait seul, à la même température, le volume entier ; par conséquent,

$$(2) \qquad p = p_1 + p_2 + p_3.$$

Si nous appelons v_1, v_2, v_3 les volumes spécifiques qui correspondent aux pressions p_1, p_2, p_3 et à la température T, nous avons les relations

$$\begin{cases} p_1 v_1 = R_1 T, \\ p_2 v_2 = R_2 T, \\ p_3 v_3 = R_3 T. \end{cases}$$

Mais, d'après la signification de p_1, la masse m_1 du gaz G_1 occupe, sous cette pression et à la température T, le volume entier v du mélange ; par conséquent nous avons, pour le volume spécifique v_1,

$$v_1 = \frac{v}{m_1}.$$

Les volumes v_2 et v_3 étant donnés par des expressions analogues, les relations précédentes peuvent s'écrire

$$(3)\qquad \begin{cases} p_1 \dfrac{v}{m_1} = R_1 T, \\ p_2 \dfrac{v}{m_2} = R_2 T, \\ p_3 \dfrac{v}{m_3} = R_3 T. \end{cases}$$

Si nous en tirons p_1, p_2, p_3 et si nous portons les valeurs ainsi obtenues dans la relation (2), nous avons

$$p = (m_1 R_1 + m_2 R_2 + m_3 R_3)\frac{T}{v}.$$

Les quantités R_1, R_2, R_3 sont proportionnelles aux poids spécifiques des gaz. D'autre part, la loi de Dulong et Petit nous apprend que les chaleurs spécifiques sous volume constant des gaz parfaits sont proportionnelles aux poids spécifiques de ces gaz. Par conséquent, les chaleurs spécifiques c_1, c_2, c_3 des gaz G_1, G_2, G_3 sont proportionnelles à R_1, R_2, R_3 et nous pouvons écrire

$$(4)\qquad \frac{c_1}{R_1} = \frac{c_2}{R_2} = \frac{c_3}{R_3} = \frac{1}{k}.$$

L'expression précédente de p devient, lorsqu'on y remplace R_1, R_2, R_3 par les valeurs tirées de ces égalités,

$$(5)\qquad p = (m_1 c_1 + m_2 c_2 + m_3 c_3)\frac{kT}{v}.$$

255. Supposons maintenant qu'une partie du composé,

le gaz G_3, se dissocie; les masses des gaz en présence varieront de dm_1, dm_2, dm_3. Par suite de la relation (1) nous aurons

$$(6) \qquad dm_1 + dm_2 + dm_3 = 0.$$

Mais ces variations des masses sont proportionnelles aux poids moléculaires; nous pouvons donc poser

$$(7) \qquad \begin{cases} dm_1 = \alpha \, d\mu, \\ dm_2 = \beta \, d\mu, \\ dm_3 = \gamma \, d\mu, \end{cases}$$

α et β étant des constantes égales aux poids moléculaires de G_1 et G_2; γ une constante égale mais de signe contraire au poids moléculaire de G_3. D'après la relation (6) elles doivent satisfaire à l'égalité

$$\alpha + \beta + \gamma = 0.$$

La variation de pression résultant de cette dissociation partielle est donnée par la différentiation de la valeur (5) de p. Si nous supposons que la température et le volume spécifique du mélange ne changent pas, nous aurons

$$dp = (c_1 \, dm_1 + c_2 \, dm_2 + c_3 \, dm_3) \frac{k\mathrm{T}}{v}$$

ou

$$dp = (\alpha c_1 + \beta c_2 + \gamma c_3) \frac{k\mathrm{T}}{v} d\mu.$$

Or, si le composé qui se dissocie est formé sans condensation, la pression ne change pas; par conséquent nous devons avoir, dans ce cas,

$$\alpha c_1 + \beta c_2 + \gamma c_3 = 0.$$

Si, au contraire, la formation du composé s'effectue avec condensation, dp est différent de zéro et l'égalité précédente n'est pas satisfaite. Nous poserons en général

$$\alpha c_1 + \beta c_2 + \gamma c_3 = k\lambda, \tag{8}$$

λ étant un facteur différent de zéro quand il y a condensation et égal à zéro quand il n'y a pas condensation.

256. Énergie interne d'un mélange gazeux. — Appelons U l'énergie interne de l'unité de masse du mélange à la température T, et soient U_1, U_2, U_3 les valeurs de l'énergie interne, rapportées à l'unité de masse des gaz qui le composent, la température restant la même.

D'après la loi de Joule, l'énergie interne d'un gaz parfait ne dépend que de sa température et la variation de cette énergie a pour expression

$$dU = c\,dT.$$

Nous aurons donc par intégration, pour les trois gaz considérés,

$$\left\{\begin{aligned} U_1 &= c_1 T + h_1, \\ U_2 &= c_2 T + h_2, \\ U_3 &= c_3 T + h_3, \end{aligned}\right. \tag{9}$$

h_1, h_2, h_3 étant des constantes.

Admettons que ces gaz soient situés dans des vases séparés; l'énergie interne du système qu'ils forment est évidemment égale à la somme de leurs énergies internes. Par conséquent, la variation de cette quantité est, pour une transformation élémentaire,

$$dU = m_1\, dU_1 + m_2\, dU_2 + m_3\, dU_3. \tag{10}$$

Mettons maintenant les trois vases en communication ; les gaz vont se mélanger par diffusion. La variation d'énergie résultant de ce phénomène est

$$dU = dQ + A\, d\tau.$$

Or, la diffusion des gaz s'effectuant sans emprunt ni absorption de chaleur, dQ est nul ; en outre, le volume du système ne variant pas, $d\tau$ est aussi nul. La variation de l'énergie interne est donc nulle. Par conséquent, la variation d'énergie du système est toujours donnée par l'expression (10), que les gaz soient ou ne soient pas mélangés, pourvu que leur masse ne varie pas. Admettons qu'ils soient mélangés. L'expression (10) de dU donne par intégration

$$U = m_1 U_1 + m_2 U_2 + m_3 U_3 + \varphi(m_1, m_2, m_3)$$

ou, en remplaçant U_1, U_2, U_3 par leurs valeurs (9) dans lesquelles les constantes h peuvent être négligées puisque φ est une fonction arbitraire,

$$U = (m_1 c_1 + m_2 c_2 + m_3 c_3)T + \varphi(m_1, m_2, m_3). \tag{11}$$

Telle est l'expression de l'énergie interne du mélange.

257. Pour déterminer la fonction φ considérons un second mélange gazeux formé des mêmes gaz, mais les contenant en proportions différentes. L'énergie interne de ce mélange est

$$U' = (m'_1 c_1 + m'_2 c_2 + m'_3 c_3) T + \varphi(m'_1, m'_2, m'_3).$$

Si nous mettons le récipient contenant ce mélange en communication avec celui qui contient le premier, nous aurons, après la diffusion, un mélange contenant une masse $m_1 + m'_1$ du gaz G_1, une masse $m_2 + m'_2$ du gaz G_2, et une masse $m_3 + m'_3$ du gaz G_3. L'énergie interne totale de ce nouveau mélange sera

$$[(m_1 + m'_1) c_1 + (m_2 + m'_2) c_2 + (m_3 + m'_3) c_3] T$$
$$+ \varphi[(m_1 + m'_1), (m_2 + m'_2), (m_3 + m'_3)].$$

D'autre part, cette énergie doit être la somme des énergies U et U' des mélanges primitifs, puisque la diffusion n'amène aucune variation dans la valeur de l'énergie; cette somme est

$$[(m_1 + m'_1) c_1 + (m_2 + m'_2) c_2 + (m_3 + m'_3) c_3] T$$
$$+ \varphi(m_1, m_2, m_3) + \varphi(m'_1, m'_2, m'_3).$$

Nous devons donc avoir

$$\varphi[(m_1 + m'_1), (m_2 + m'_2), (m_3 + m'_3)]$$
$$= \varphi(m_1, m_2, m_3) + \varphi(m'_1, m'_2, m'_3).$$

Dérivons les deux membres de cette égalité par rapport à m_1; nous obtenons

$$\varphi'[(m_1 + m'_1), (m_2 + m'_2), (m_3 + m'_3)] = \varphi'(m_1, m_2, m_3).$$

La dérivée de la fonction φ par rapport à m_1 a donc la même valeur, quelles que soient les valeurs de m_1, m_2, m_3; c'est donc une constante. Par conséquent, φ est une fonction linéaire de m_1. De même elle doit être du premier degré par rapport à m_2 et à m_3. Nous pouvons donc poser

$$\varphi(m_1, m_2, m_3) = m_1 h_1 + m_2 h_2 + m_3 h_3,$$

h_1, h_2, h_3 étant des constantes arbitraires. Alors l'expression (11) de U devient, en y remplaçant φ par cette valeur,

$$U = m_1(c_1 T + h_1) + m_2(c_2 T + h_2) + m_3(c_3 T + h_3),$$

c'est-à-dire

$$U = m_1 U_1 + m_2 U_2 + m_3 U_3. \tag{12}$$

L'énergie interne d'un mélange de plusieurs gaz est donc égale à la somme des énergies internes de chacun d'eux pour la même température T. Par suite, la première des propositions sur lesquelles s'appuie la théorie de M. Gibbs se trouve démontrée.

258. Chaleur de transformation. — Si l'on désigne par $L\,d\mu$ la quantité de chaleur qu'il faut fournir à un système en partie dissocié pour faire varier de $\alpha\,d\mu$, $\beta\,d\mu$, $\gamma\,d\mu$ les masses des gaz qui se trouvent dans l'unité de masse du mélange, la température et le volume restant les mêmes, le facteur L est la chaleur de transformation moléculaire.

L'expression de cette quantité est facile à trouver.

La transformation s'effectuant sans changement de volume, le travail $d\tau$ fourni au système est nul; par conséquent, la variation de l'énergie interne est égale à la quantité de chaleur fournie, $L d\mu$. Nous avons donc, en différentiant l'expression (12) de U,

$$L d\mu = dU = U_1 dm_1 + U_2 dm_2 + U_3 dm_3,$$

les variations de U_1, U_2, U_3 étant nulles puisque la température reste constante. Si nous remplaçons dm_1, dm_2, dm_3 par leurs valeurs (7), il vient, après avoir divisé par $d\mu$,

$$L = \alpha U_1 + \beta U_2 + \gamma U_3,$$

ou

$$L = (\alpha c_1 + \beta c_2 + \gamma c_3) T + \alpha h_1 + \beta h_2 + \gamma h_3,$$

ou encore

$$L = k\lambda T + h,$$

en tenant compte de la relation (8) et en posant

$$h = \alpha h_1 + \beta h_2 + \gamma h_3.$$

Cette expression de L montre que, dans le cas où le composé qui se dissocie est formé avec condensation, cette quantité est une fonction linéaire de la température; c'est une constante lorsque le composé est formé sans condensation, puisque alors λ est nul.

259. Entropie d'un mélange gazeux. — Appelons S l'entropie de l'unité de masse du mélange lorsque la température est T et le volume spécifique v, et soient S_1, S_2, S_3 les entropies, rapportées à l'unité de masse, des gaz qui le composent, lorsque ces gaz occupent, à la même température T, le volume v, c'est-à-dire lorsque leurs pressions sont respectivement p_1, p_2, p_3.

Faisons subir au mélange une transformation réversible qui, sans altérer sa composition, fait varier les quantités p, v, T. La variation de l'entropie résultant de cette transformation est

$$dS = \frac{dQ}{T} = \frac{dU}{T} + \frac{Ap\,dv}{T}.$$

Or nous venons de démontrer que

$$U = m_1 U_1 + m_2 U_2 + m_3 U_3;$$

par conséquent, puisque m_1, m_2, m_3 ne varient pas,

$$\frac{dU}{T} = m_1 \frac{dU_1}{T} + m_2 \frac{dU_2}{T} + m_3 \frac{dU_3}{T}.$$

D'autre part, nous avons trouvé

$$p = p_1 + p_2 + p_3,$$

et nous savons que

$$v = m_1 v_1 = m_2 v_2 = m_3 v_3.$$

Nous pouvons donc écrire

$$dS = m_1\left(\frac{dU_1}{T} + \frac{Ap_1\,dv_1}{T}\right) + m_2\left(\frac{dU_2}{T} + \frac{Ap_2\,dv_2}{T}\right) + m_3\left(\frac{dU_3}{T} + \frac{Ap_3\,dv_3}{T}\right).$$

Mais la somme

$$\frac{dU_1}{T} + \frac{Ap_1\,dv_1}{T}$$

est la variation de l'entropie de l'unité de masse du gaz G_1 lorsque, sa température étant T et sa pression p_1, on fait varier ces quantités; c'est donc dS_1. On verrait de même que les deux autres sommes analogues ont respectivement pour valeurs dS_2 et dS_3; nous avons donc, pour la transformation considérée,

$$dS = m_1 dS_1 + m_2 dS_2 + m_3 dS_3.$$

Nous en déduisons par intégration

$$S = m_1 S_1 + m_2 S_2 + m_3 S_3 + \varphi(m_1, m_2, m_3).$$

La fonction arbitraire φ qui entre dans cette expression ne peut être déterminée de la même manière que la fonction du même genre que nous avons obtenue dans l'expression de l'énergie interne. Cela tient à ce que la diffusion, qui est un phénomène irréversible, peut produire une variation de l'entropie, quoiqu'elle ne soit accompagnée d'aucun phénomène calorifique.

M. Duhem, dans son Ouvrage *Le Potentiel thermodynamique* (page 47, ligne 22), admet que cette fonction est une constante que l'on peut dès lors supposer nulle, puisque l'entropie d'un système n'est déterminée qu'à une constante près. Par suite de cette hypothèse, l'expression de l'entropie du système devient

$$S = m_1 S_1 + m_2 S_2 + m_3 S_3 \qquad (13)$$

et la seconde proposition de M. Gibbs se trouve démontrée.

260. Admettons provisoirement l'hypothèse de M. Duhem et, par suite, la proposition de M. Gibbs, et cherchons l'expression de S.

La quantité de chaleur qu'il faut fournir à l'unité de masse d'un gaz parfait, pendant une transformation élémentaire, a pour valeur

$$dQ = C\frac{dT}{dv}dv + c\frac{dT}{dp}dp,$$

C et c étant les chaleurs spécifiques sous pression constante et sous volume constant. Si l'on remplace les dérivées partielles de T par les valeurs déduites de la relation fondamentale

$$pv = RT, \tag{14}$$

on obtient

$$dQ = \frac{Cp\,dv}{R} + \frac{cv\,dp}{R},$$

et, pour la variation d'entropie correspondante,

$$dS = \frac{dQ}{T} = C\frac{dv}{v} + c\frac{dp}{p},$$

ou encore

$$dS = (C - c)\frac{dv}{v} + c\left(\frac{dv}{v} + \frac{dp}{p}\right).$$

Mais nous savons que

$$C - c = AR,$$

et, d'autre part, la relation (14) nous donne, en la différentiant et divisant par pv,

$$\frac{dv}{v} + \frac{dp}{p} = \frac{dT}{T}.$$

Nous pouvons donc écrire la variation d'entropie

$$dS = AR\frac{dv}{v} + c\frac{dT}{T},$$

et nous obtenons par intégration

$$S = AR \operatorname{Log} v + c \operatorname{Log} T + a, \tag{15}$$

a étant une constante.

Appliquons cette formule à chacun des gaz G_1, G_2, G_3. En remarquant que le volume spécifique de l'un d'eux, G_1, par exemple, a pour valeur $v_1 = \frac{v}{m_1}$, v désignant ici le volume spécifique du mélange, nous avons

$$\left\{\begin{aligned} S_1 &= AR_1 \operatorname{Log}\frac{v}{m_1} + c_1 \operatorname{Log} T + a_1, \\ S_2 &= AR_2 \operatorname{Log}\frac{v}{m_2} + c_2 \operatorname{Log} T + a_2, \\ S_3 &= AR_3 \operatorname{Log}\frac{v}{m_3} + c_3 \operatorname{Log} T + a_3. \end{aligned}\right. \tag{16}$$

En portant ces valeurs dans la formule (13), nous obtiendrons l'expression de l'entropie du mélange en fonction de son volume spécifique, de sa température et des masses des gaz qui le composent.

261. Application à la dissociation. — Supposons que, la température et le volume spécifique conservant la même valeur, on fasse subir au mélange une transformation réversible ayant pour effet d'augmenter l'entropie de dS. La quantité de chaleur fournie pendant cette transformation satisfait à l'égalité

$$dS = \frac{dQ}{T},$$

et, d'autre part, elle a pour valeur

$$dQ = L d\mu;$$

nous avons donc

$$dS = \frac{L}{T} d\mu.$$

Mais

$$dS = m_1 dS_1 + m_2 dS_2 + m_3 dS_3 + S_1 dm_1 + S_2 dm_2 + S_3 dm_3.$$

La première des expressions (16) nous donne par différentiation, puisque v et T sont constants,

$$dS_1 = -AR_1 \frac{dm_1}{m_1};$$

nous en déduisons

$$m_1 dS_1 + S_1 dm_1 = (S_1 - AR_1)\, dm_1 = \alpha (S_1 - AR_1)\, d\mu.$$

Les deux autres expressions du groupe (16) nous conduiraient à des égalités semblables; par conséquent, en les additionnant, nous obtenons

$$ds = [\alpha S_1 + \beta S_2 + \gamma S_3 - A(\alpha R_1 + \beta R_2 + \gamma R_3)]\, d\mu,$$

et par suite

$$\alpha S_1 + \beta S_2 + \gamma S_3 - A(\alpha R_1 + \beta R_2 + \gamma R_3) = \frac{L}{T}.$$

Remplaçons les entropies S_1, S_2, S_3 par leur valeur (16); il vient

$$\begin{aligned}
&A \operatorname{Log} v\,(\alpha R_1 + \beta R_2 + \gamma R_3) \\
&\qquad - A(\alpha R_1 \operatorname{Log} m_1 + \beta R_2 \operatorname{Log} m_2 + \gamma R_3 \operatorname{Log} m_3) \\
&\qquad + (\alpha c_1 + \beta c_2 + \gamma c_3) \operatorname{Log} T + \alpha a_1 + \beta a_2 + \gamma a_3 = \frac{L}{T}.
\end{aligned}$$

Mais nous avons posé

$$\alpha c_1 + \beta c_2 + \gamma c_3 = k\lambda,$$

et de cette égalité et des égalités (4) il résulte

$$\alpha R_1 + \beta R_2 + \gamma R_3 = \lambda.$$

Par conséquent, si nous posons

$$A\alpha R_1 = \alpha_1, \qquad A\beta R_2 = \beta_1, \qquad A\gamma R_3 = \gamma_1,$$
$$\alpha a_1 + \beta a_2 + \gamma a_3 = a,$$

nous obtenons

$$\begin{aligned}
&A\lambda \operatorname{Log} v - \alpha_1 \operatorname{Log} m_1 + \beta_1 \operatorname{Log} m_2 \\
&\qquad - \gamma_1 \operatorname{Log} m_3 + k\lambda \operatorname{Log} T + a = \frac{L}{T}.
\end{aligned}$$

Telle est la formule de la dissociation.

Elle conduit à plusieurs conséquences intéressantes d'accord avec l'expérience. Comme exemple, signalons la suivante :

Dans le cas où le corps qui se dissocie est formé sans condensation, λ est nul et le volume spécifique v disparaît de la formule; par suite, la composition du mélange ne dépend pas du volume. On peut donc le comprimer à la température constante sans changer l'état du système.

262. Remarques sur l'hypothèse de M. Duhem. — Mais, bien que les conséquences de la formule précédente ne soient contredites par aucune expérience et soient même confirmées par quelques-unes, la théorie précédente ne peut être acceptée sans restriction, la seconde des propositions qui lui servent de base reposant sur une hypothèse absolument arbitraire, l'hypothèse de M. Duhem.

Il est facile de se rendre compte de l'arbitraire de cette hypothèse.

Appelons S'_1 l'entropie de l'unité de masse du gaz G_1 lorsque sa pression est égale à la pression totale p du mélange, et sa température égale à T. Cette quantité est évidemment différente de S_1, puisque cette dernière se rapporte au cas où le gaz est à la pression p_1 et que l'entropie d'un gaz parfait dépend de la pression. D'après la formule (15), sa valeur est

$$S'_1 = AR_1 \operatorname{Log} v'_1 + c_1 \operatorname{Log} T + a_1,$$

v'_1 étant le volume spécifique du gaz G_1 sous la pression p et à la température T. La différence $S_1 - S'_1$ est donc

$$S_1 - S'_1 = AR_1 \operatorname{Log} \frac{v}{m_1 v'_1}.$$

Le second membre de cette égalité ne dépend que des variables m_1, m_2, m_3. En effet, le volume spécifique de G_1 étant v_1 pour les valeurs p et T de la pression et de la température, le volume occupé par la masse m_1 de ce gaz dans les mêmes conditions est $m_1 v'_1$. En désignant par v'_2 et v'_3 les volumes spécifiques des gaz G_2 et G_3 pour les mêmes valeurs de la pression et de la température, $m_2 v'_2$ et $m_3 v'_3$ sont les volumes des masses m_2 et m_3 de ces gaz. Or le volume total v du mélange est la somme de ces volumes; par conséquent,

$$m_1 v'_1 + m_2 v'_2 + m_3 v'_3 = v.$$

D'autre part,

$$pv'_1 = R_1 T, \qquad pv'_2 = R_2 T, \qquad pv'_3 = R_3 T;$$

par suite,

$$\frac{m_1 v'_1}{m_1 R_1} = \frac{m_2 v'_2}{m_2 R_2} = \frac{m_3 v'_3}{m_3 R_3} = \frac{v}{m_1 R_1 + m_2 R_2 + m_3 R_3},$$

et il en résulte

$$\text{Log} \frac{v}{m_1 v'_1} = \text{Log} \frac{m_1 R_1}{m_1 R_1 + m_2 R_2 + m_3 R_3}.$$

On prouverait de la même manière que les différences $S_2 - S'_2$ et $S_3 - S'_3$ sont des fonctions de m_1, m_2, m_3. Nous pouvons donc poser

$$\begin{aligned} &m_1 S_1 + m_2 S_2 + m_3 S_3 \\ &\qquad - m_1 S'_1 - m_2 S'_2 - m_3 S'_3 = \psi(m_1, m_2, m_3). \end{aligned}$$

Or nous avons démontré que l'entropie S du mélange est

$$S = m_1 S_1 + m_2 S_2 + m_3 S_3 + \varphi(m_1, m_2, m_3);$$

par conséquent,

$$S = m_1 S'_1 + m_2 S'_2 + m_3 S'_3 + \psi(m_1, m_2, m_3) + \varphi(m_1, m_2, m_3)$$

ou encore

$$S = m_1 S'_1 + m_2 S'_2 + m_3 S'_3 + \chi(m_1, m_2, m_3),$$

χ étant une fonction quelconque des masses.

Nous pouvons supposer que cette fonction est une constante absolue que l'on peut négliger : l'hypothèse n'est ni plus ni moins acceptable que celle de M. Duhem. Alors

$$S = m_1 S'_1 + m_2 S'_2 + m_3 S'_3,$$

c'est-à-dire : l'entropie d'un mélange homogène de plusieurs gaz est égale à la somme des entropies de ces gaz lorsque chacun d'eux est à la température et à la pression du mélange.

Cette proposition peut servir de base à une théorie de la dissociation au même titre que celle qui précède. Or une telle théorie conduirait à des conséquences en contradiction avec l'expérience et, par suite, ne saurait être acceptée. La proposition précédente n'a donc aucune chance d'être vraie malgré son analogie avec celle que M. Duhem admet, et, puisqu'elle résulte d'une hypothèse semblable à celle de M. Duhem, celle-ci peut être inexacte. Nous allons essayer de la justifier.

263. Conséquence de cette hypothèse. — Si nous admettons que l'entropie du mélange est, d'après les égalités (13) et (16),

$$S = \Sigma\left(AR_1 m_1 \operatorname{Log}\frac{v}{m_1} + c_1 m_1 \operatorname{Log} T + m_1 a_1\right),$$

pour un mélange à la même température dont le volume spécifique est v' et contenant par unité de masse une masse m'_1 du gaz G_1, m'_2 du gaz G_2 et m'_3 du gaz G_3, l'entropie est

$$S' = \Sigma\left(AR_1 m'_1 \operatorname{Log}\frac{v'}{m'_1} + c_1 m'_1 \operatorname{Log} T + m'_1 a_1\right).$$

Si nous mettons en communication deux récipients que nous supposerons contenir une masse 1 de chacun de ces mélanges, nous obtiendrons par diffusion un nouveau mélange dont l'entropie totale S″ a pour valeur

$$S'' = \Sigma AR_1 (m_1 + m'_1) \operatorname{Log} \frac{v + v'}{m_1 + m'_1} + c_1 (m_1 + m'_1) \operatorname{Log} T + (m_1 + m'_1) a_1.$$

Cette valeur est plus grande que $S_1 + S'$, puisque la diffusion est un phénomène irréversible et que nous savons qu'un phénomène irréversible et isotherme est accompagné d'une augmentation de l'entropie. Cette augmentation a pour expression

$$S'' - S - S' = \Sigma AR_1 \left[(m_1 + m'_1) \operatorname{Log} \frac{v + v'}{m_1 + m'_1} - m_1 \operatorname{Log} \frac{v}{m_1} - m'_1 \operatorname{Log} \frac{v'}{m'_1} \right].$$

S'il n'y avait qu'un seul gaz, l'augmentation d'entropie aurait précisément pour valeur le premier terme de la somme qui forme le second membre de cette égalité. Par conséquent, il résulte de l'hypothèse de M. Duhem la proposition suivante :

Quand deux mélanges formés de plusieurs gaz se diffusent, l'augmentation de l'entropie est égale à la somme des augmentations qui résulteraient de la diffusion des gaz si chacun d'eux existait seul dans les récipients qui contiennent les mélanges.

264. Montrons que, réciproquement, si cette proposition est admise, l'hypothèse de M. Duhem en découle.

Supposons que les masses m_1, m_2, m_3 des trois gaz G_1, G_2, G_3 soient dans des récipients séparés sous la pression p et à la température T. Les entropies de ces gaz sont alors S'_1, S'_2, S'_3 par unité de masse, et l'entropie du système qu'ils forment, étant évidemment égale à la somme des entropies partielles, a pour valeur

$$m_1 S'_1 + m_2 S'_2 + m_3 S'_3. \tag{17}$$

Mettons les trois récipients en communication; les gaz se diffusent. Cherchons l'augmentation d'entropie qui en résulte.

Si le gaz G_1 était seul, deux des récipients seraient vides et la mise en communication des récipients aurait pour effet de faire occuper par la masse m_1 de ce gaz le volume v de l'ensemble des trois récipients. Comme d'ailleurs nous supposons que la diffusion s'opère sans variation de température, conformément à la loi de Joule, la température de cette masse gazeuse est T. Par conséquent, son entropie est S_1 par unité de masse. La variation d'entropie résultant de la diffusion de la masse m_1 supposée seule est donc

$$m_1(S_1 - S'_1).$$

Les variations de l'entropie des masses m_2 et m_3 des deux autres gaz, quand ces gaz, supposés seuls séparément, se diffusent, ont des valeurs analogues. Si donc nous admettons la proposition du paragraphe précédent, nous avons, pour l'augmentation d'entropie résultant de la diffusion des gaz G_1, G_2, G_3,

$$m_1(S_1 - S'_1) + m_2(S_2 - S'_2) + m_3(S_3 - S'_3).$$

Ajoutant cette quantité à la valeur (17) de l'entropie avant la diffusion, nous obtenons pour l'entropie du mélange

$$S = m_1 S_1 + m_2 S_2 + m_3 S_3,$$

expression qui montre que la fonction $\varphi(m_1, m_2, m_3)$ est nulle, comme l'admet M. Duhem.

265. Justification de l'hypothèse de M. Duhem. — L'hypothèse de M. Duhem se trouvera donc justifiée si nous démontrons la proposition du paragraphe **263**. Les dissociations dont le carbonate de chaux est le type nous permettent de faire cette démonstration. Il importe de remarquer toutefois que cette démonstration repose sur certains faits observés dans cette dissociation du carbonate de chaux, ou plutôt sur certains faits généralement admis. *La démonstration qui va suivre ne peut donc conférer à l'hypothèse de M. Duhem plus de certitude que n'en ont ces faits eux-mêmes.*

Nous avons déjà dit que les dissociations de ce genre sont comparables à la vaporisation d'un liquide. Or nous savons que, pour ce dernier phénomène, la tension maximum de la vapeur possède la même valeur lorsque la vaporisation a lieu dans le vide et lorsqu'elle a lieu dans un gaz quelconque, pourvu que la température reste la même dans les deux cas; en outre, cette tension est indépendante de la quantité de liquide qui se vaporise. Il doit donc en être de même dans les dissociations ayant pour type celle du carbonate de chaux; en d'autres termes, la pression du gaz provenant de la dissociation est, pour chaque température, indépendante de la nature et de la masse du gaz étranger qui peut se trouver dans l'enceinte où s'effectue ce phénomène et de la masse du composé qui se dissocie. Cette loi peut d'ailleurs être considérée comme démontrée expérimentalement par les recherches quantitatives faites par Debray sur le carbonate de chaux et par M. Isambert sur les combinaisons des chlorures et iodures métalliques avec l'ammoniaque. Admettons-la donc et faisons-en usage pour le but que nous nous proposons.

266. Prenons deux vases de volumes v et v' contenant : le premier, une masse égale à l'unité d'azote et une masse m d'acide carbonique; le second, une masse m' d'acide carbonique. Soit T la température commune de ces vases, et admettons que la pression commune p soit égale à la tension de dissociation du carbonate de chaux à la température T. Nous désignerons par A l'état du système formé par les deux vases dans ces conditions.

Si nous mettons ces deux vases en communication, les gaz se diffusent et l'entropie du système dans ce nouvel état B est plus grande que précédemment. Pour avoir la valeur de l'augmentation, employons un procédé analogue à celui qui nous a servi au paragraphe **187** pour trouver la variation de l'entropie du système de deux sphères chargées de quantités égales d'électricités de noms contraires quand on fait communiquer ces sphères.

Nous pouvons supposer que le vase de volume v' contient une certaine quantité de chaux [1]; nous ne troublons pas

---

[1] Voir plus loin le Tableau de la page 367.

ainsi l'état du mélange, car, après la diffusion, la pression de l'acide carbonique est inférieure à la tension de dissociation p du carbonate de chaux à la température T et par conséquent ce dernier composé ne peut se former.

Comprimons les gaz contenus dans les vases, ceux-ci restant en communication et la température conservant la même valeur. La pression de l'acide carbonique atteint la valeur p, et, si la compression continue, une partie de ce gaz se combine avec la chaux, puisque la présence de l'azote n'a pas d'influence sur le phénomène, d'après ce qui précède. Arrêtons la compression au moment où une masse m' est combinée. Alors nous avons un mélange gazeux formé d'une masse 1 d'azote et d'une masse m d'acide carbonique.

Séparons ce mélange du carbonate de chaux et laissons-le se détendre jusqu'à ce que la pression totale devienne p; son volume est nécessairement v si, comme nous le supposons, la température reste T pendant cette détente. Une partie du système est donc revenue à son état primitif.

Prenons le carbonate de chaux et augmentons le volume du récipient qui le renferme. Le carbonate se décompose peu à peu et la pression de l'acide carbonique conserve toujours la même valeur p. Quand le volume est devenu v', la masse d'acide carbonique à l'état gazeux est nécessairement m'. Tout le carbonate de chaux formé précédemment est donc décomposé et, si nous faisons abstraction de la chaux qui reste, le système tout entier est revenu dans son état primitif A.

Or toutes les transformations précédentes sont réversibles. Par conséquent, si dQ est la chaleur fournie au système pour une transformation élémentaire, la variation d'entropie résultant du passage de l'état B à l'état A est $\int \frac{dQ}{T}$ et celle qui résulte du passage inverse ne diffère de la précédente que par le signe. Si donc nous appelons **ΔS** l'augmentation d'entropie résulant de la diffusion des masses gazeuses considérées, nous aurons, d'après la définition de l'entropie donnée au paragraphe **186**,

$$\Delta S = -\int \frac{dQ}{T}$$

ou

$$\Delta S = -\frac{1}{T}\int dQ,$$

puisque toutes les transformations sont effectuées à la même température.

267. Si, après avoir passé de l'état B à l'état A par la série de transformations réversibles que nous venons de considérer, nous revenons de l'état B à l'état A par diffusion, nous accomplissons un cycle fermé auquel nous pouvons appliquer le principe de l'équivalence. D'après ce principe,

$$Q = A\tau,$$

τ étant le travail extérieur accompli, et Q la somme des quantités de chaleur fournies au système. Or la diffusion s'effectue sans emprunter de chaleur à l'extérieur; par conséquent, Q est égale à l'intégrale qui figure dans l'expression de **ΔS** et nous avons pour la valeur de cette dernière quantité

$$\Delta S = -\frac{A\tau}{T}.$$

Le travail τ a pour expression $p\,dv$, dv étant la variation du volume du mélange. Mais la pression totale du mélange est la somme des pressions p_1 et p_2 qu'auraient les gaz si chacun d'eux occupait à lui seul le volume tout entier. Par conséquent,

$$\tau = \int p_1 dv + \int p_2 dv.$$

La première des intégrales du second membre représente le travail τ_1 qu'accomplirait l'un des gaz, l'azote par exemple, s'il était seul à subir les transformations, son volume étant toujours égal à celui du mélange; la seconde, le travail τ_2 qu'accomplirait l'autre gaz dans les mêmes conditions. Calculons donc ces travaux τ_1 et τ_2.

268. La masse de l'azote étant constamment égale à l'unité, on a

$$p_1 v = R_1 T$$

et, par conséquent,

$$\tau_1 = \int p_1 dv = R_1 T \int \frac{dv}{v}.$$

Les limites de l'intégrale sont : le volume $v + v'$ qu'occupe le mélange gazeux quand le système est dans l'état B, et le volume v du mélange d'acide carbonique et d'azote quand le système est revenu à l'état A; nous avons donc

$$\tau_1 = R_1 T \operatorname{Log} \frac{v}{v + v'}.$$

Le travail τ_2 est plus difficile à évaluer, la masse d'acide carbonique gazeux étant variable. Cette masse est égale à

$m + m'$ quand le système est dans l'état B, et elle conserve cette valeur jusqu'au moment où, par compression, la pression de l'acide carbonique dans le mélange est devenue égale à p. Pendant cette période de la transformation on a

$$p_2 v = (m + m')R_2 T$$

et, par conséquent,

$$\int p_2 dv = (m + m')R_2 T \int \frac{dv}{v} = (m + m')R_2 T \operatorname{Log} \frac{v_1}{v + v'},$$

v_1 étant le volume du mélange gazeux à la fin de cette période.

Pendant la combinaison de la chaux et de l'acide carbonique la pression reste p. Si donc nous appelons v_2 le volume du mélange gazeux au moment où une masse m' d'acide est entrée en combinaison, le travail correspondant à cette période est

$$p(v_2 - v_1).$$

La pression reste aussi égale à p quand on décompose le carbonate de chaux formé; le volume du gaz étant v' à la fin de cette décomposition, le travail correspondant est

$$pv'.$$

Quant à la masse m d'acide carbonique non combinée à la chaux, elle fait partie d'un mélange dont le volume passe de v_2 à v; pendant cette transformation on a

$$p_2 v = m R_2 T$$

et, par suite,

$$\int p_2\,dv = m\mathrm{R}_2\mathrm{T}\int\frac{dv}{v} = m\mathrm{R}_2\mathrm{T}\,\mathrm{Log}\,\frac{v}{v_2}.$$

En additionnant ces divers travaux, nous avons

$$\begin{aligned}\tau_2 = {} & (m+m')\mathrm{R}_2\mathrm{T}\,\mathrm{Log}\,\frac{v_1}{v+v'}\\ & + p(v'+v_2-v_1) + m\mathrm{R}_2\mathrm{T}\,\mathrm{Log}\,\frac{v}{v_2}.\end{aligned}$$

Par conséquent, la variation d'entropie cherchée est

$$\begin{aligned}(18)\quad \Delta\mathrm{S} = -\frac{\mathrm{A}\tau}{\mathrm{T}} = {} & \mathrm{AR}_1\mathrm{Log}\frac{v+v'}{v} + (m+m')\mathrm{AR}_2\mathrm{Log}\frac{v+v'}{v_1}\\ & + \mathrm{A}p(v_1-v_2-v') + m\mathrm{AR}_2\,\mathrm{Log}\frac{v_2}{v}.\end{aligned}$$

269. Évaluons maintenant cette variation en admettant la proposition du paragraphe **263**.

Le volume spécifique de l'azote dans l'état B du système est $v+v'$ et son entropie a pour valeur, d'après la formule (15),

$$\mathrm{AR}_1\,\mathrm{Log}(v+v') + c_1\,\mathrm{Log}\,\mathrm{T} + a_1.$$

Dans l'état A du système le volume spécifique de l'azote supposé seul est v et son entropie

$$\mathrm{AR}_1\,\mathrm{Log}\,v + c_1\,\mathrm{Log}\,\mathrm{T} + a_1.$$

Par conséquent, la variation d'entropie de ce corps est

$$\mathrm{AR}_1\,\mathrm{Log}\,\frac{v+v'}{v},$$

Dans l'état B du système on a une masse $m + m'$ d'acide carbonique faisant partie d'un mélange de volume $v + v'$; son volume spécifique est donc $m + m'$ et son entropie

$$(m + m')\left(AR_2 \operatorname{Log} \frac{v + v'}{m + m'} + c_2 \operatorname{Log} T + a_2\right).$$

Quand le système est revenu à l'état A, l'acide carbonique se trouve en partie dans chacun des deux vases; son volume spécifique dans celui qui contient le mélange est m et son entropie

$$m\left(AR_2 \operatorname{Log} \frac{v}{m} + c_2 \operatorname{Log} T + a_2\right);$$

pour l'entropie de l'acide carbonique contenu dans l'autre vase, on trouverait

$$m'\left(AR_2 \operatorname{Log} \frac{v'}{m'} + c_2 \operatorname{Log} T + a_2\right);$$

la variation d'entropie de l'acide carbonique est donc

$$(m + m')AR_2 \operatorname{Log} \frac{v + v'}{m + m'} - m AR_2 \operatorname{Log} \frac{v}{m} - m' AR_2 \operatorname{Log} \frac{v'}{m}.$$

Par conséquent, d'après la proposition admise, la variation d'entropie du système est

$$\Delta S = AR_1 \operatorname{Log} \frac{v + v'}{v} + (m + m') AR_2 \operatorname{Log} \frac{v + v'}{m + m'}$$
$$- m AR_2 \operatorname{Log} \frac{v}{m} - m' AR_2 \operatorname{Log} \frac{v'}{m'}.$$

270. Il nous faut à présent, pour démontrer l'exactitude de cette proposition, faire voir que cette dernière expression est identique à l'expression (18). Leurs premiers termes étant les mêmes, il suffit de montrer que l'on a identiquement

$$(m+m')\,R_2 \operatorname{Log}\frac{v+v'}{v_1}+p(v_1-v_2-v')+mR_2\operatorname{Log}\frac{v_2}{v}$$
$$=(m+m')\,R_2\operatorname{Log}\frac{v+v'}{m+m'}-mR_2\operatorname{Log}\frac{v}{m}-m'R_2\operatorname{Log}\frac{v'}{m'}$$

ou, en supprimant les termes communs aux deux membres,

$$(m+m')R_2\operatorname{Log}\frac{m+m'}{v_1}+mR_2\operatorname{Log}\frac{v_2}{m}$$
$$+m'R_2\operatorname{Log}\frac{v'}{m'}+p(v_1-v_2-v')=0.$$

Or, remarquons qu'à la fin de la première période de la compression la pression de l'acide carbonique dans le mélange est p; le volume de celui-ci étant v_1 et la masse d'acide carbonique qu'il contient étant $m+m'$, on a

$$pv_1=(m+m')\,R_2T.$$

A la fin de la seconde période de la compression la pression de ce gaz est toujours p; la masse est m et le volume du mélange gazeux est v_2; par conséquent,

$$pv_2=mR_2T.$$

Enfin, à la fin de la décomposition du carbonate de chaux on a une masse m' d'acide carbonique occupant un volume v' et dont la pression est p; on a donc

$$pv'=m'R_2T.$$

De ces égalités il résulte immédiatement

$$p(v_1-v_2-v')=0$$

et

$$\frac{m+m'}{v_1}=\frac{m}{v}=\frac{m'}{v'}=\frac{v}{R_2T}.$$

L'identité à démontrer se réduit alors à

$$(m+m')\operatorname{Log}\frac{p}{R_2T}+m\operatorname{Log}\frac{R_2T}{p}+m'\operatorname{Log}\frac{R_2T}{p}=0.$$

Elle est évidemment satisfaite.

Nous pouvons donc admettre l'hypothèse de M. Duhem et accepter la théorie tout entière.

271. Je crois devoir, pour l'intelligence de ce qui précède, joindre les deux Tableaux suivants. Dans le grand Tableau, la première colonne indique les phénomènes qui se produisent dans chacune des périodes du cycle; les colonnes suivantes indiquent quelles sont dans chacun des vases et *à la fin* de chaque période la quantité d'azote, celle d'acide carbonique, la pression et le volume. En ce qui concerne le second vase qui contient de la chaux et du carbonate de chaux, le volume indiqué dans la dernière colonne n'est que le volume occupé par les gaz; on ne tient pas compte du volume occupé par les composés solides.

Le cycle comprend ainsi cinq périodes; si l'on appelle V le volume total des deux vases moins le volume occupé par les composés solides et ϖ la pression totale, on aura :

	Relation entre V et ϖ.	Travail.	Chaleur dégagée.	Nature de la transformation.
Première période (diffusion)...	$V=v+v'$, $\varpi=p$	$=0$	$=0$	irréversible
Deuxième période (diffusion)...	$V\varpi=(v+v')p$	$\gtrless 0$	$\gtrless 0$	réversible
Troisième période (diffusion)..	$V(\varpi-p)=\text{const.}$	$\gtrless 0$	$\gtrless 0$	réversible
Quatrième période (diffusion)..	$V\varpi=\text{const.}$	$\gtrless 0$	$\gtrless 0$	réversible
Cinquième période (diffusion)..	$\varpi=p$	$\gtrless 0$	$\gtrless 0$	réversible

	PREMIER VASE.				DEUXIÈME VASE.			
	Az.	CO^2.	Press.	Vol.	Az.	CO^2.	Press.	Vol.
État initial.	1	m	p	v	0	m'	p	v
Les vases sont mis en communication, les gaz se diffusent.	$\frac{v}{v+v'}$	$\frac{v(m+m')}{v+v}$	p	v	$\frac{v'}{v+v'}$	$\frac{v'(m+m')}{v+v'}$	p	v
On comprime les gaz dans les deux vases et l'on pousse la compression jusqu'à ce que la pression de CO^2 étant devenue égale à p, ce gaz commence à se combiner à la chaux. On peut supposer qu'on a réduit à zéro le volume du deuxième vase, qui reste d'ailleurs en communication avec le premier.	1	$m+m'$	$\frac{p(1+m+m')}{m+m'}$	$\frac{(v+v')(m+m')}{1+m+m}$	0	0	$\frac{p(1+m+m')}{m+m'}$	0
On continue la compression, la pression de CO^2 reste égale à p, ce gaz se combine peu à peu à la chaux, on s'arrête quand une quantité m' s'est combinée.	1	m	$\frac{p(1+m)}{m}$	$\frac{(v+v)m}{m+m'} = \frac{vm}{1+m}$	0	0	$\frac{p(1+m)}{m}$	0
On interrompt la communication entre les deux vases et l'on détend dans le premier vase jusqu'à ce que la pression redevienne égale à p.	1	m	p	v	0	0	$\frac{p(1+m)}{m}$	0
On détend dans le deuxième vase, la pression y demeure constamment égale à p et le carbonate se dissocie peu à peu, on arrête quand la dissociation est complète.	1	m	p	v	0	0	p	v

CHAPITRE XVI.

PHÉNOMÈNES ÉLECTRIQUES.

I. — Piles hydro-électriques.

272. Quantités définissant l'état d'une pile. — La connaissance de la pression p et de la température T ne suffit pas pour déterminer complètement l'état d'une pile hydro-électrique; une troisième variable au moins est nécessaire pour définir l'état chimique du liquide ou des liquides qui composent la pile. Le zinc constituant l'une des électrodes de la plupart des piles, nous pouvons prendre pour cette variable la quantité m de zinc qui est dissoute à l'instant considéré.

Nous aurons d'ailleurs à considérer d'autres quantités, mais elles dépendent des trois précédentes.

L'une d'elles est le volume v des corps qui interviennent dans les phénomènes dont une pile est le siège; la variation de ce volume est souvent très petite, mais elle ne saurait être négligée dans le cas où il y a des gaz dégagés, comme dans la pile de Bunsen, ou des gaz absorbés, comme dans la pile à gaz.

Si l'on appelle i l'intensité du courant qui circule dans le conducteur réunissant les pôles de la pile, la quantité d'électricité qui traverse une section de ce conducteur pendant un temps dt est $i\,dt$. D'après la loi de Faraday, cette quantité est proportionnelle à la quantité dm de zinc dissoute pendant ce temps; nous avons donc

$$dm = ki\,dt.$$

L'énergie voltaïque produite pendant le même temps a pour valeur

$$\mathrm{E}i\,dt,$$

E étant la force électromotrice de la pile. Lorsqu'on prend le volt et l'ampère pour mesurer les forces électromotrices et les intensités, l'énergie voltaïque est exprimée par le quotient d'un certain nombre de kilogrammètres par l'accélération g du mouvement des corps graves.

Pour que l'énergie voltaïque soit exprimée en kilogrammètres il faut donc modifier les unités électriques; nous supposerons cette modification faite.

Alors la valeur en calories de l'énergie voltaïque ou chaleur voltaïque est

$$\mathrm{AE}i\,dt = \frac{\mathrm{AE}}{k}\,dm.$$

273. Théorie d'Helmholtz. — L'énergie voltaïque provient nécessairement de l'énergie dépensée dans la pile par suite des réactions chimiques qui s'y produisent. Pendant longtemps on a cru que ces deux énergies étaient égales. S'il en était ainsi, on aurait, en appelant $\mathrm{L}\,dm$ la chaleur chimique dégagée quand une masse dm de zinc est dissoute,

$$\frac{\mathrm{AE}}{k}\,dm = \mathrm{L}\,dm,$$

et, par suite,

$$\frac{AE}{k} = L.$$

Au moyen de cette égalité il est possible de calculer la force électromotrice d'une pile quand on connaît les réactions chimiques dont elle est le siège et les données thermochimiques de ces réactions. Ce calcul a été fait pour un assez grand nombre de piles; il a toujours donné pour la force électromotrice une valeur plus grande que celle qui est fournie par l'expérience. Il n'y a donc pas égalité entre l'énergie voltaïque et l'énergie chimique de la pile. Nous poserons

$$L\,dm = \frac{A}{k}(E + E_1)\,dm.$$

Mais la chaleur chimique se compose de deux parties : la chaleur compensée $L'\,dm$ et la chaleur non compensée $L''\,dm$; par conséquent,

$$(1) \qquad L'\,dm + L''\,dm = \frac{A}{k}E\,dm + \frac{A}{k}E_1\,dm.$$

M. H. von Helmholtz admet que l'on a

$$L'' = \frac{A}{k}E,$$

c'est-à-dire : *La chaleur voltaïque est égale à la chaleur non compensée que fournirait la réaction chimique, si cette réaction se produisait sans engendrer de courant.*

En s'appuyant sur cette proposition, admise à titre de postulatum, Helmholtz a édifié une théorie thermodynamique de la pile.

274. Démonstration du postulatum d'Helmholtz. — Cette proposition peut être démontrée à l'aide d'une hypothèse : la force électromotrice E d'une pile peut dépendre des variables p, T, m, *mais elle est indépendante de l'intensité i du courant.*

En particulier, la force électromotrice de la pile reste la même quand le courant change de sens et qu'elle devient ainsi contre-électromotrice; c'est ce qu'on exprime quelquefois en disant que la pile est réversible. Il peut donc y avoir des piles auxquelles cette théorie ne serait pas applicable, car cette condition peut ne pas être toujours remplie.

Admettons cette hypothèse et considérons un circuit fermé contenant une pile de force électromotrice E et une machine d'induction de force électromotrice E'; la pile et la machine sont en opposition.

Par suite du passage du courant dans le circuit et du fonctionnement de la pile il se développe de la chaleur, et la température du système formé par le circuit et la pile varie. Nous supposerons que la chaleur est enlevée à mesure qu'elle est produite, de telle sorte que la température du système reste constamment T; nous supposerons aussi que la pression reste constante. Alors des trois variables dont dépend l'état du système, une seule, m, change de valeur; soit dm sa variation pendant un intervalle de temps dt.

275. Les phénomènes qui se produisent dans le système étant irréversibles, nous devons avoir

$$\int dS > \int \frac{dQ}{T}. \tag{2}$$

D'après la définition de la chaleur compensée, la variation d'entropie de la pile est

$$(3) \qquad \int dS = -\int \frac{L'}{T} dm.$$

Nous ignorons si l'entropie du système varie par le fait qu'un courant électrique y circule, mais il est facile d'éliminer la variation qui peut en résulter en supposant qu'au commencement et à la fin de l'intervalle de temps considéré l'intensité du courant est nulle. Par suite de cette hypothèse, le premier membre de l'inégalité (2) est donné par l'égalité (3).

La quantité de chaleur développée dans le circuit est, d'après la loi de Joule,

$$\int AR\, i^2\, dt,$$

R étant la résistance du circuit. Puisque nous supposons que cette chaleur est enlevée et que la température du système reste constante, la portion de l'intégrale $\int \frac{dQ}{T}$ relative au circuit est

$$-\frac{A}{T}\int R\, i^2\, dt.$$

La chaleur dégagée par la réaction qui se produit dans la pile est

$$\int L\, dm = \frac{A}{k}\int (E + E_1)\, dm.$$

Mais, puisque la portion $\frac{A}{k}\int E\, dm$ est transformée en énergie voltaïque, celle qui doit être enlevée pour maintenir constante la température de la pile est

$$\frac{A}{k}\int E_1\,dm = A\int E_1 i\,dt,$$

et, par suite, la partie de l'intégrale $\int\frac{dQ}{T}$ qui est relative à la pile a pour expression

$$-\frac{A}{T}\int E_1 i\,dt.$$

L'inégalité (1) devient donc

$$-\int\frac{L'}{T}dm > -\frac{A}{T}\int R i^2\,dt - \frac{A}{T}\int E_1 i\,dt$$

ou

$$\int L' k i\,dt < A\int R i^2\,dt + A\int E_1 i\,dt.$$

276. Nous pouvons toujours supposer l'intervalle de temps, pendant lequel nous considérons le système, assez petit pour que les quantités E, E_1, R et L' puissent être regardées comme constantes pendant cet intervalle. Comme nous voulons que l'intensité i du courant soit nulle au début et à la fin de cet intervalle, nous sommes obligés de supposer que i et que la force électromotrice E' de la machine d'induction sont variables. Dans ces conditions l'inégalité précédente peut s'écrire

$$kL'\int i\,dt < AR\int i^2\,dt + AE_1\int i\,dt.$$

Elle peut être transformée au moyen de l'égalité fournie par la loi de Ohm. D'après cette loi, nous avons, en désignant par M le coefficient de self-induction du circuit,

$$E - E' + M\frac{di}{dt} = Ri,$$

ou, en multipliant par $i\,dt$,

$$(E - E')i\,dt + Mi\,di = Ri^2\,dt,$$

et, par suite,

$$(E - E')\int i\,dt + M\int i\,di = R\int i^2\,dt.$$

L'intégrale $\int i\,di$ a pour valeur $\frac{i^2}{2}$. Mais, puisque nous avons supposé l'intensité du courant nulle au commencement et à la fin de l'intervalle de temps considéré, cette valeur se réduit à zéro. L'égalité précédente devient donc

$$(E - E')\int i\,dt = R\int i^2\,dt \tag{4}$$

et la dernière inégalité peut s'écrire

$$kL'\int i\,dt < A(E + E_1 - E')\int i\,dt.$$

Le second membre de l'égalité (4) est nécessairement positif, puisque R et i^2 le sont; par suite le premier membre l'est aussi, et nous pouvons, sans changer le sens de l'inégalité précédente, en diviser les deux membres par

$$(E - E')\int i\,dt.$$

Il vient alors

$$k\frac{L'}{E-E'} < \frac{A(E+E_1-E')}{E-E'}$$

ou

$$(5) \qquad \frac{\frac{A}{k}E_1 - L'}{E-E'} + \frac{A}{k} > 0.$$

277. Cette inégalité doit être satisfaite quel que soit E'. Montrons qu'il ne peut en être ainsi que si

$$(6) \qquad \frac{A}{k}E_1 - L' = 0.$$

En effet, si cette différence était positive, son quotient par E — E' pourrait être négatif et très grand pour une valeur de E — E' négative et très petite; alors l'inégalité (5) ne serait plus satisfaite. Si elle était négative, il suffirait de prendre pour E' une valeur un peu plus grande que E pour que l'inégalité cesse encore d'avoir lieu. Elle doit donc bien être nulle.

Mais, si l'égalité (6) est satisfaite, il résulte de l'égalité (1)

$$L' = \frac{A}{k}E,$$

ce qui démontre le postulatum d'Helmholtz.

278. Influence de la température et de la pression sur la force électromotrice. — Appelons C dt la quantité de chaleur qu'il faut fournir au système quand la température varie de dT, les autres variables p et m conservant les mêmes valeurs, et $\lambda\, dp$ celle qu'il faut fournir quand la pression varie seule d'une quantité dp. Pour une variation dm de la troisième variable m la chaleur produite par la réaction chimique est $L\,dm$. Par conséquent, la quantité de chaleur à fournir quand les quantités p, T et m varient simultanément est

$$dQ = C\,dT + \lambda\,dp - L\,dm.$$

Toutefois cette expression n'est exacte que si le circuit de la pile est ouvert, car s'il est fermé le passage du courant dans le conducteur reliant les pôles y développe de la chaleur. Supposons donc le circuit ouvert.

Si la variable m restait constante pendant une transformation, deux quantités p et T suffiraient à définir à chaque instant l'état du système et cette transformation serait en général réversible. Nous aurions donc pour la variation d'entropie

$$dS = \frac{dQ}{T} = \frac{C\,dT + \lambda\,dp}{T}.$$

Si au contraire m variait seule de dm, la variation d'entropie correspondante serait

$$dS = -\frac{L'}{T}\,dm.$$

Par conséquent, la variation d'entropie résultant d'une variation infiniment petite des quantités p, T et m est

$$dS = \frac{C\,dT + \lambda\,dp}{T} - \frac{L'}{T}\,dm.$$

279. Calculons maintenant la variation dH' de la fonction H' de M. Massieu. On a

$$H' = TS - U - Apv \tag{7}$$

et, par suite,

$$dH' = S\,dT + T\,dS - dU - Ap\,dv - Av\,dp.$$

Mais, d'après le principe de l'équivalence,

$$dU = dQ - Ap\,dv;$$

par conséquent, en remplaçant dU par cette valeur dans l'expression de dH', il vient

$$dH' = S\,dT + T\,dS - dQ - Av\,dp.$$

Si nous remplaçons dQ et dS par les valeurs précédemment trouvées, nous obtenons après simplification

$$dH' = S\,dT - L'\,dm + L\,dm - Av\,dp$$

ou

$$dH' = S\,dT - Av\,dp + L''\,dm.$$

280. Or dH' et dS sont des différentielles exactes. Les coefficients de dT et de dm dans l'expression précédente de dH doivent donc satisfaire à l'égalité

$$\frac{dS}{dm} = \frac{dL''}{dT}.$$

En remplaçant L'' par sa valeur (7) et $\frac{dS}{dm}$ par sa valeur

$$-L' = -\frac{A}{k}E_1,$$

on a

$$-\frac{A}{k}E_1 = \frac{A}{k}\frac{dE}{dT}$$

ou encore

$$\frac{dE}{dT} = -E_1. \tag{8}$$

En exprimant que dS est une différentielle exacte, nous obtenons une nouvelle relation,

$$\frac{d}{dm}\left(\frac{C}{T}\right) = -\frac{d}{dT}\frac{L'}{T},$$

ou

$$\frac{1}{T}\frac{dC}{dm} = -\frac{d}{dT}\left(\frac{AE_1}{k}\right),$$

ou enfin, en remplaçant E_1 par la valeur tirée de la relation (8),

$$\frac{A}{k}\frac{d^2E}{dT^2} = \frac{1}{T}\frac{dC}{dm}. \tag{9}$$

De cette dernière relation il résulte que la force électromotrice d'une pile hydro-électrique est une fonction linéaire de la température quand la capacité calorifique du système n'est pas altérée par la réaction qui se passe dans la pile. D'après la relation (8) elle est constante quand E_1 est nul, c'est-à-dire quand l'énergie chimique de la pile est entièrement transformée en énergie voltaïque.

281. L'expression de dH' nous fournit une nouvelle relation en écrivant que les coefficients de dp et de dm satisfont à l'égalité

$$\frac{dL''}{dp} = -A\frac{dv}{dm}.$$

En y remplaçant L'' par $\frac{A}{k}E$, nous avons

$$\frac{dE}{dp} = -k\frac{dv}{dm}.$$

La force électromotrice d'une pile augmente donc avec la

pression lorsque $\frac{dv}{dm}$ est négatif, ce qui a lieu quand des gaz sont absorbés par la pile; elle diminue au contraire quand la pression augmente lorsque $\frac{dv}{dm}$ est positif, ce qui se produit dans les piles dégageant des gaz, la pile de Bunsen par exemple.

II. — Piles thermo-électriques.

282. Circuits hétérogènes. — Considérons un circuit fermé formé de plusieurs métaux soudés bout à bout. Chacune des soudures étant le siège d'une force électromotrice, le circuit est en général parcouru par un courant; il n'y a d'exception que si tout le système est à la même température, cas dans lequel, d'après la loi de Volta, la somme des forces électromotrices de contact est nulle. Appelons i l'intensité de ce courant.

Prenons deux points A et B sur ce circuit. Si nous désignons par R la résistance de cette portion de circuit et par ΣE la somme des forces électromotrices de contact comprises entre A et B, la loi de Ohm donne, pour l'excès $V_1 - V_0$ du potentiel de A sur le potentiel de B,

$$V_1 - V_0 = Ri - \Sigma E.$$

Si nous admettons que la loi de Joule s'applique à un pareil circuit, la quantité de chaleur dégagée dans la portion AB du circuit pendant un temps dt est

$$A(V_1 - V_0)i\,dt = ARi^2\,dt - Ai\,dt\,\Sigma E.$$

283. Dans le cas où le circuit est homogène, ΣE est nul et la quantité de chaleur dégagée est $ARi^2 dt$; le second terme $-Ai\,dt\Sigma E$ se rapporte donc aux soudures; et, s'il n'y a qu'une soudure entre A et B, la chaleur qui s'y dégage est égale à $-Ai\,dtE$.

284. Théorie élémentaire des piles thermo-électriques. — Prenons deux métaux A et B (*fig.* 38) dont les soudures

Fig. 38.

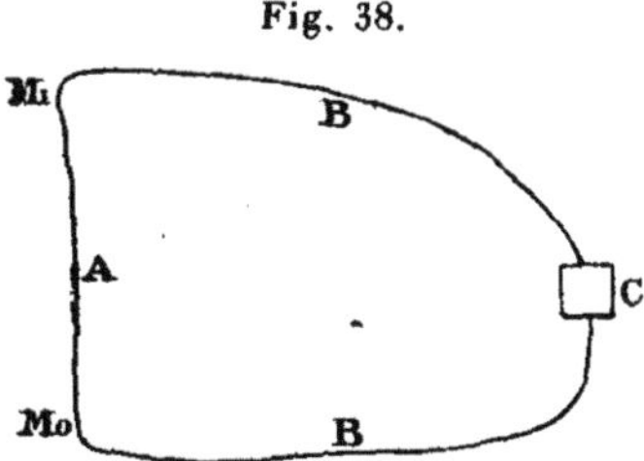

M_1 et M_0 sont à des températures différentes, et intercalons une machine d'induction C sur le circuit. Cette machine est mise en mouvement par le courant qui circule dans le circuit et produit du travail. Le système est donc tout à fait analogue à une machine thermique : on y trouve une source froide et une source chaude, puisque les soudures sont maintenues à des températures différentes, et l'on produit du travail. Il est donc naturel de lui appliquer les principes de la Thermodynamique.

Admettons que l'intensité du courant reste constante et supposons qu'à chaque instant on enlève aux divers points du circuit et des soudures la chaleur qui s'y développe. Dans ces conditions le système reste constamment identique, et, quel que soit l'intervalle de temps pendant lequel on le considère, le cycle est toujours fermé. Nous devons donc avoir

$$\int\int \frac{dQ}{T} < 0,$$

l'une des intégrations se rapportant au cycle décrit par un des éléments du système, l'autre devant être étendue à tous les éléments du système.

Mais, puisque le cycle est toujours fermé quel que soit l'intervalle de temps, nous pouvons supposer cet intervalle infiniment petit. Alors le cycle de chaque élément est lui-même infiniment petit et l'on n'a plus à considérer qu'une seule intégrale. La condition est donc

$$\int \frac{dQ}{T} < 0.$$

285. La quantité de chaleur qu'il faut enlever à un élément du conducteur, pendant l'intervalle de temps considéré dt, pour qu'il ne s'échauffe pas est

$$A\, dR\, i^2\, dt.$$

Par conséquent, la portion de l'intégrale précédente qui se rapporte au circuit entier est

$$-A i^2\, dt \int \frac{dR}{T}.$$

A la soudure M_1 la quantité de chaleur dégagée est, si l'on admet que la loi de Joule s'applique à un pareil circuit,

$$-AE_1 i\, dt,$$

E_1 étant la force électromotrice à cette soudure. A l'autre soudure la force électromotrice a une valeur différente E_0 ; elle doit être prise avec un signe contraire à celui de E_1, puisque les métaux A et B sont rencontrés dans un ordre inverse à la soudure M_1 et à la soudure M_0 quand on parcourt le circuit entier dans le même sens. La chaleur dégagée à cette soudure est donc

$$+ AE_0 i\,dt.$$

Si nous désignons par T_1 et T_0 les températures des soudures M_1 et M_0, les termes de $\int \frac{dQ}{T}$ qui y correspondent sont

$$\frac{AE_1 i\,dt}{T_1} \quad \text{et} \quad \frac{-AE_0 i\,dt}{T_0}.$$

Par suite, l'inégalité de Clausius devient

$$-Ai^2 dt \int \frac{dR}{T} + Ai\,dt\left(\frac{E_1}{T_1} - \frac{E_0}{T_0}\right) < 0.$$

286. Cette inégalité doit être satisfaite quelle que soit l'intensité du courant, puisque nous n'avons rien supposé sur la valeur de la force électromotrice de la machine intercalée dans le circuit et que, par suite, nous sommes libres de faire varier l'intensité en faisant varier cette force électromotrice. Or le premier membre de l'inégalité est nul pour $i = 0$; c'est donc sa valeur maximum. Par conséquent, sa dérivée par rapport à i,

$$-2Ai\,dt \int \frac{dR}{T} + A\,dt\left(\frac{E_1}{T_1} - \frac{E_0}{T_0}\right),$$

doit être nulle quand on y fait $i = 0$. On doit donc avoir

$$\frac{E_1}{T_1} = \frac{E_0}{T_0}$$

et, par suite,

$$E_1 - E_0 = k(T_1 - T_0).$$

D'après cette formule, la force électromotrice d'un couple thermo-électrique doit être proportionnelle à la différence de température des soudures. Cette conclusion est en contradiction avec les faits expérimentaux, puisque ceux-ci montrent que la force électromotrice change de signe pour une certaine valeur de la différence de température et qu'elle peut être représentée par la fonction

$$a(T_1 - T_0) - \frac{b}{2}(T_1^2 - T_0^2).$$

La théorie élémentaire que nous venons d'exposer doit donc être rejetée.

287. Théorie de sir W. Thomson. — Sir W. Thomson admet qu'il existe une force électromotrice au contact de deux portions d'un même conducteur à des températures différentes ; il assimile donc ces deux portions à deux conducteurs de nature différente, assimilation qui paraît très vraisemblable.

Par suite de cette hypothèse un circuit fermé homogène dont tous les points ne sont pas à la même température est parcouru par un courant, et chaque élément du circuit est le siège d'une force électromotrice. Cette force électromotrice dépend nécessairement de la température T de l'élément et de la différence dT entre cette température et celle de l'élément voisin. Nous poserons donc

$$E = \varphi(T)\,dT.$$

Des forces électromotrices de ce genre se produisent dans le circuit considéré précédemment, car, par suite de la conductibilité thermique, la température décroît uniformément dans les métaux A et B depuis la soudure chaude jusqu'à la soudure froide. En tenant compte de ces forces électromotrices, sir W. Thomson a établi une théorie des piles thermoélectriques dont les conclusions sont conformes à l'expérience.

Mais, malgré cette concordance, la théorie de sir W. Thomson a soulevé quelques objections. On lui a reproché notamment de ne pas tenir compte de la chaleur qui passe de la soudure chaude à la soudure froide par conductibilité thermique. Toutefois cette objection est sans importance, car nous allons voir qu'il est possible de présenter la théorie de sir W. Thomson sans donner prise à cette critique.

288. Reprenons le couple thermo-éléctrique dont les soudures M_1 et M_0 sont aux températures T_1 et T_0 et dans le circuit duquel est intercalée une machine d'induction. Nous supposerons encore que l'intensité i du courant demeure constante et qu'on enlève la chaleur à mesure qu'elle se produit, en chaque point du système. Nous admettrons aussi qu'on ne considère le système que pendant un intervalle de temps infiniment petit dt. Nous aurons, pendant cet intervalle,

$$\int \frac{dQ}{T} < 0.$$

Dans cette intégrale dQ peut indifféremment représenter la chaleur fournie à chaque élément du système soit par les corps extérieurs seuls, soit par les corps extérieurs et les autres éléments de système. Adoptons cette dernière interprétation et posons

$$dQ = dQ' + dQ'',$$

dQ' se rapportant aux corps extérieurs, dQ'' aux éléments du système.

La différence de potentiel entre les extrémités d'un élément du conducteur A est

$$i\,dR - \varphi(T)\,dT$$

lorsqu'on tient compte de la force électromotrice due à la variation de température. Si nous admettons la loi de Joule, qui, comme nous le verrons plus loin, pourrait bien ne pas être applicable aux circuits hétérogènes, la chaleur dégagée dans cet élément par le courant pendant le temps dt est

$$A\,i^2 dt\,dR - A\,i\,dt\,\varphi(T)\,dT.$$

En même temps l'élément reçoit par conductibilité des autres éléments du système une certaine quantité de chaleur; comme les échanges de chaleur entre éléments ne peuvent se faire que par conductibilité, cette quantité est dQ''. La quantité de chaleur reçue par l'élément est donc

$$A\,i^2 dt\,dR - A\,i\,dt\,\varphi(T)\,dT + dQ'',$$

et, puisque cette chaleur doit être enlevée, la chaleur fournie par les corps extérieurs au système à l'élément considéré est

$$dQ' = -\mathrm{A}i^2 dt\, d\mathrm{R} + \mathrm{A}i dt \varphi(\mathrm{T})\, d\mathrm{T} - dQ''.$$

Nous déduisons de cette égalité

$$dQ = dQ' + dQ'' = -\mathrm{A}i^2 dt\, d\mathrm{R} + \mathrm{A}i dt \varphi(\mathrm{T})\, d\mathrm{T};$$

l'expression de dQ ne change donc pas, que l'on tienne compte ou non de la conductibilité thermique.

Pour un élément du conducteur B nous avons une expression analogue; il n'y a que la fonction qui donne la force électromotrice due à la variation de température qui se trouve changée. Si nous appelons $\psi(\mathrm{T})$ cette fonction, nous avons

$$dQ = -\mathrm{A}i^2 dt\, d\mathrm{R} + \mathrm{A}i dt \psi(\mathrm{T})\, d\mathrm{T}.$$

A la soudure M_1 nous aurons, comme dans la théorie précédente,

$$dQ = \mathrm{AE}_1 i dt,$$

et à la soudure M_0,

$$dQ = -\mathrm{AE}_0 i dt.$$

289. L'inégalité de Clausius devient donc

$$-\mathrm{A}i^2 dt \int \frac{d\mathrm{R}}{\mathrm{T}} + \mathrm{A}i dt \int \frac{\varphi(\mathrm{T})}{\mathrm{T}} d\mathrm{T} + \mathrm{A}i dt \int \frac{\psi(\mathrm{T})}{\mathrm{T}} d\mathrm{T} + \mathrm{A}i dt \left(\frac{\mathrm{E}_1}{\mathrm{T}_1} - \frac{\mathrm{E}_0}{\mathrm{T}_0} \right) < 0.$$

Le maximum de son premier membre ayant lieu pour $i = 0$, sa dérivée par rapport à i est nulle pour cette valeur de la variable, ce qui donne la relation

$$\frac{\mathrm{E}}{\mathrm{T}_1} - \frac{\mathrm{E}_0}{\mathrm{T}_0} + \int \frac{\varphi(\mathrm{T})}{\mathrm{T}} d\mathrm{T} + \int \frac{\psi(\mathrm{T})}{\mathrm{T}} d\mathrm{T} = 0.$$

Mais, si l'on se déplace sur le circuit dans le sens CBM_0AM_1C, les limites de la première intégrale sont T_0 et T_1, celles de la seconde T_1 et T_0; nous pouvons donc écrire la relation précédente

$$\frac{E_1}{T_1} - \frac{E_0}{T_0} + \int_{T_0}^{T_1} \frac{\varphi(T) - \psi(T)}{T} dT = 0.$$

D'ailleurs, on peut poser

$$\frac{E_1}{T_1} - \frac{E_0}{T_0} = \int_{T_0}^{T_1} \frac{d}{dT}\left(\frac{E}{T}\right) dT,$$

E désignant la force électromotrice résultant du contact des métaux A et B lorsque ces métaux sont à la température T; nous avons donc

$$\int_{T_0}^{T_1} \frac{d}{dT}\left(\frac{E}{T}\right) dT + \int_{T_0}^{T_1} \frac{\varphi(T) - \psi(T)}{T} dT = 0$$

ou

$$\int_{T_0}^{T_1} \left[\frac{d}{dT}\left(\frac{E}{T}\right) + \frac{\varphi(T) - \psi(T)}{T}\right] dT = 0.$$

Cette condition devant être satisfaite quelles que soient les limites de l'intégrale, puisque T_0 et T_1 sont arbitraires, la quantité placée sous le signe d'intégration doit être nulle, c'est-à-dire

$$\frac{d}{dT}\left(\frac{E}{T}\right) + \frac{\varphi(T) - \psi(T)}{T} = 0.$$

290. Les fonctions φ et ψ sont inconnues; l'hypothèse la plus simple est de supposer qu'elles sont proportionnelles à la température; posons donc

$$\varphi(T) = \alpha T \qquad \text{et} \qquad \psi(T) = \beta T.$$

Nous avons alors

$$\frac{d}{dT}\left(\frac{E}{T}\right) = -(\alpha - \beta) = -b$$

et, par suite,

$$E = -bT^2 + aT.$$

La force électromotrice du couple est la somme des forces électromotrices de contact et de celles qui proviennent de la variation de température, c'est-à-dire

$$E_1 - E_0 + \int_{T_0}^{T_1} \varphi(T)\,dT + \int_{T_0}^{T_1} \psi(T)\,dT$$

ou

$$\int_{T_0}^{T_1} \left[\frac{dE}{dT} + \varphi(T) - \psi(T)\right] dT.$$

Si nous portons dans cette expression les valeurs précédentes de φ, ψ et E, nous obtenons

$$\int_{T_0}^{T_1} (-2bT + a + bT)\,dT = a(T_1 - T_0) - \frac{b}{2}(T_1^2 - T_0^2);$$

l'expression de la force électromotrice d'un couple en fonction de la température est donc de la même forme que celle qui résulte de l'expérience.

Mettons $T_1 - T_0$ en facteur; nous avons

$$(T_1 - T_0)\left(a - b\,\frac{T_1 + T_0}{2}\right).$$

Lorsque T_1 est très peu supérieur à T_0, le second facteur diffère peu de

$$a - bT_0;$$

si nous supposons cette quantité positive, les deux facteurs sont positifs. Quand T_1 augmente, le terme négatif du second facteur augmente en valeur absolue, et pour une certaine valeur de T_1 ce facteur est nul ; pour une valeur plus grande, il est négatif et par suite de signe contraire au premier facteur qui reste toujours positif. La force électromotrice change par conséquent de signe en s'annulant. La théorie de sir W. Thomson explique donc l'existence du point d'inversion.

291. Modification de la théorie précédente. — Reprenons les équations qui servent de point de départ aux théories que nous venons d'exposer.

En premier lieu, nous avons écrit que la différence de potentiel entre deux points A d'un circuit hétérogène a pour valeur, d'après la loi de Ohm,

$$V_1 - V_0 = R\,i - \Sigma E.$$

Ensuite nous avons admis, en étendant la loi de Joule aux circuits hétérogènes, que la quantité de chaleur dégagée dans la portion considérée du circuit est

$$A(V_1 - V_0)\,i\,dt,$$

ou, en tenant compte de la relation précédente,

$$AR\,i^2dt - A\,i\,dt\Sigma E.$$

De cette dernière expression nous avons conclu que la

chaleur dégagée dans le circuit est ARi^2dt quand le circuit est homogène, puisque alors ΣE est nul et que la chaleur dégagée au point qui est le siège d'une force électromotrice E a pour valeur $-AEi\,dt$.

De ces deux conclusions la première est vérifiée par l'expérience, puisqu'elle n'est autre que la loi expérimentale de Joule; la seconde, au contraire, ne saurait être acceptée sans examen.

En effet, d'après la seconde conclusion, la chaleur dégagée à une soudure quand un courant la traverse devrait être proportionnelle à la force électromotrice de contact dont elle est le siège. Or cette chaleur dégagée est l'effet Peltier, et l'on ne peut démontrer que cet effet soit proportionnel à la force électromotrice de contact. En effet, dans un courant fermé, cette force de contact est inaccessible à l'expérience, qui ne peut atteindre que la *somme algébrique* de toutes les forces de contact du circuit.

La chaleur dégagée dans un élément d'un circuit dont la température n'est pas uniforme devrait également être proportionnelle à la force électromotrice $\varphi(T)\,dT$ résultant de la variation de température d'une extrémité à l'autre de l'élément. En est-il réellement ainsi? C'est ce qu'on ne saurait dire, car, si l'effet Thomson a pu être mis en évidence par l'expérience, l'expérience, comme nous venons de le dire, ne peut atteindre les forces électromotrices qui lui donnent naissance, pas plus qu'aucune autre force de contact envisagée individuellement.

292. Reprenons donc cette théorie et montrons que cette nouvelle difficulté n'en change pas les conclusions.

Désignons par

$$E'_1, \quad -E'_0, \quad \varphi'(T)\,dT, \quad \psi'(T)\,dT$$

les forces électromotrices de contact et les forces électromotrices élémentaires résultant de la variation de température d'un point à un autre; nous aurons, pour la force électromotrice du couple,

$$E'_1 - E'_0 + \int_{T_0}^{T_1} [\varphi'(T) - \psi'(T)]\,dT.$$

Si nous continuons à désigner par

$$-AE_1 i\,dt, \quad +AE_0 i\,dt$$

les quantités de chaleur dégagées aux soudures, et par

$$Ai\,dt\varphi(T)\,dT, \quad Ai\,dt\psi(T)\,dT$$

les quantités dégagées dans un élément du métal A et un élément du métal B, tout ce que nous avons dit dans les paragraphes **288** et **289** reste exact. Par conséquent, en admettant que φ et ψ sont proportionnels à T, nous aurons encore

$$(1) \qquad E_1 - E_0 + \int_{T_0}^{T_1} [\varphi(T) - \psi(T)]\,dT = a(T_1 - T_0) - \frac{b}{2}(T_1^2 - T_0^2).$$

Appelons E_2 la force électromotrice de la machine d'induction intercalée. Le travail produit alors est $E_2 i\,dt$, et, par conséquent, la somme des quantités de chaleur dégagées dans le circuit doit être équivalente à ce travail; nous avons donc

$$AE_1 i\,dt - AE_0 i\,dt - A i^2 dt \int dR + A i\,dt \int_{T_0}^{T_1} [\varphi(T) - \psi(T)]\,dT = AE_2 i\,dt$$

ou

$$(2) \qquad E_1 - E_0 + \int_{T_0}^{T_1} [\varphi(T) - \psi(T)]\,dT = Ri + E_2.$$

Si nous partons d'un point du circuit et si nous revenons en ce point après avoir décrit le circuit entier, la différence $V_1 - V_0$ entre le potentiel du point de départ et celui du point d'arrivée est nulle; par conséquent, la loi de Ohm donne

$$E_2 + Ri - \Sigma E = 0$$

ou

$$(3) \qquad E'_1 - E'_0 + \int_{T_0}^{T_1} [\varphi'(T) - \psi(T)]\,dT = Ri.$$

Ces égalités (2) et (3) nous montrent que le premier membre de l'égalité (1) est égal à la force électromotrice de la pile. Nous arrivons donc au même résultat que précédemment.

Mais quelle relation y a-t-il entre la force électromotrice E′ en un point et le quotient E de la chaleur dégagée en ce point par $A i\,dt$? Les considérations précédentes ne peuvent nous le dire; les égalités (2) et (3) ne nous apprennent qu'une chose : c'est que dans un circuit fermé on a

$$\Sigma E' = \Sigma E.$$

Des nombreuses théories proposées pour trouver la relation entre E et E' nous n'exposerons que celle de M. Duhem. Nous verrons qu'elle soulève encore d'assez graves difficultés et la discussion que nous en ferons montrera qu'elle reste douteuse.

III. — Théorie de M. Duhem.

293. Potentiel électrostatique. — Des recherches expérimentales de Coulomb il résulte que deux corps électrisés dont les dimensions sont très petites par rapport à la distance r qui les sépare exercent entre eux une force

$$-\frac{dq\,dq'}{r^2},$$

dq et dq' représentant les charges électriques des deux corps, la mesure de ces quantités étant effectuée au moyen d'une unité convenablement choisie.

Pour une variation dr de la distance, le travail de cette force est

$$\frac{dq\,dq'}{r^2}\,dr$$

ou

$$-d\left(\frac{dq\,dq'}{r}\right).$$

Par conséquent, le travail des forces électriques qui s'exercent entre les diverses molécules d'un système électrisé lorsque ce système subit une transformation ayant pour effet de faire varier de dr la distance de ces molécules est

$$-\int d\left(\frac{dq\,dq'}{r}\right),$$

l'intégrale étant étendue aux combinaisons distinctes des molécules prises deux à deux. On peut encore écrire ce travail

$$-\frac{1}{2}\int d\left(\frac{dq\,dq'}{r}\right),$$

dq et dq' désignant les charges de deux molécules quelconques, et l'intégration étant maintenant étendue à toutes les molécules du système.

Posons

$$W = \frac{1}{2}\int \frac{dq\,dq'}{r};$$

le travail des forces électriques pour une transformation élémentaire du système a alors pour expression

$$-dW.$$

Cette fonction W, ainsi définie, est appelée l'*énergie électrostatique* du système.

Elle peut se mettre sous une autre forme. En effet, le potentiel du système étant

$$V = \int \frac{dq}{r},$$

l'énergie électrostatique peut s'écrire

$$W = \frac{1}{2}\int V\,dq'.$$

294. Systèmes formés de conducteurs homogènes. — Considérons un système formé de conducteurs électrisés homogènes. Si nous lui faisons subir une transformation qui modifie les charges et les positions dans l'espace des conducteurs, sans altération de la forme, du volume, de l'état physique ou chimique et de la température de ceux-ci, et sans qu'il y ait échange d'électricité entre deux conducteurs de nature différente, la différence U — AW et l'entropie S du système restent constantes.

Pour démontrer cette propriété, supposons d'abord que les conducteurs du système changent de position dans l'espace, mais conservent la même distribution électrique.

Si nous appliquons à chacun des conducteurs une force égale et contraire à la résultante des forces électriques auxquelles il est soumis, la vitesse de ces corps est constamment nulle pendant la transformation; par suite, l'accroissement de force vive du système est nul. Le principe de la conservation de l'énergie donnera donc

$$dU = dQ + A\tau.$$

Les forces extérieures appliquées aux conducteurs étant égales et contraires aux forces électriques, leur travail est égal à celui de ces dernières changé de signe. Le travail τ fourni au système pendant la transformation est donc

$$+ dW;$$

par conséquent,

$$dU = dQ + A\, dW$$

ou

$$d(U - AW) = dQ.$$

Mais, dans les conditions où elle s'effectue, la transformation est réversible; par suite,

$$dS = \frac{dQ}{T}.$$

Or il n'y a aucune production ou absorption de chaleur, puisque nous supposons que la distribution électrique sur les conducteurs ne change pas; dQ est donc nul. Les égalités précédentes montrent qu'alors $U - AW$ et S ne varient pas.

295. Considérons un des conducteurs du système, et montrons que les fonctions $U - AW$ et S conservent les mêmes valeurs quand la distribution électrique de ce conducteur varie.

Prenons une molécule matérielle m de ce conducteur possédant une charge dq et occupant le point M (*fig.* 39).

Fig. 39.

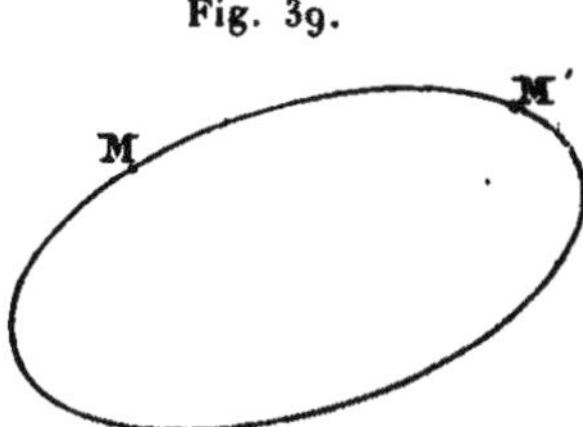

Transportons cette molécule avec sa charge en M', et en même temps transportons la molécule matérielle qui occupe le point M' en M. Ensuite laissons la charge électrique dq revenir de M' en M par conductibilité. La forme, le volume, l'état physique ou chimique du conducteur ne sont pas altérés par cette transformation, puisque le conducteur est homogène et que nous n'avons fait que permuter entre elles deux molécules de matière; les fonctions U et S conservent donc la même valeur. D'autre part, la distribution électrique est la même avant et après cette transformation; par conséquent, l'énergie électrostatique, qui ne dépend que des positions des masses électriques, reprend la même valeur. Les variations de U — AW et de S sont donc nulles. Cette conclusion subsisterait évidemment si les points M et M' appartenaient, respectivement, à deux conducteurs de même nature.

Cette opération se décompose en deux phases :

1° Transport des molécules matérielles M et M';

2° Transport de l'électricité par conduction.

La première phase, ainsi que nous l'avons vu, ne modifie pas les fonctions U — AW et S; l'opération totale ne les modifie pas non plus; donc il doit en être de même de la seconde phase.

Les variations de la distribution électrique par conduction n'altèrent donc pas ces deux fonctions.

Nous pouvons donc modifier la distribution électrique sur les conducteurs du système, faire passer de l'électricité d'un conducteur sur un autre de même nature, et en même temps, d'après le paragraphe précédent, déplacer ces conducteurs sans modifier U — AW et S. La proposition énoncée se trouve ainsi démontrée. Il en résulte immédiatement que ces fonctions ne dépendent ni des positions des conducteurs, ni des distributions électriques; elles dépendent des quantités qui fixent l'état physique ou chimique, la forme, etc., de ces conducteurs et des charges électriques qu'ils possèdent. Cherchons comment elles dépendent de ces dernières quantités.

296. Expressions de U — AW et de S en fonction des charges. — Pour simplifier, réduisons le système à deux conducteurs A et B homogènes mais de nature différente et dont les charges sont q_1 et q_2. Appelons U, S et W les valeurs de l'énergie interne, de l'entropie et de l'énergie électrostatique dans l'état considéré, et U_1 et S_1 les valeurs des deux premières fonctions quand le système est à l'état neutre.

Adjoignons au système un certain nombre $m+n$ de sphères égales entre elles dont m sont formées avec la matière du conducteur A, et n avec la matière du second conducteur; nous appellerons s_1 l'entropie d'une des premières, et s_2 celle d'une des secondes quand elles sont à l'état neutre.

L'ensemble du système considéré et de ces sphères supposées à l'état neutre forme un système dont l'entropie est

$$S' = S + ms_1 + ns_2.$$

Faisons passer la charge q_1 du corps A sur q_1 des sphères formées de la même matière; ce corps reviendra à l'état neutre et chacune des sphères possédera une charge 1; soit s'_1 la valeur de l'entropie de l'une d'elles dans ces conditions. Faisons également passer la charge q_2 de B sur q_2 des sphères formées de la même matière, et désignons par s'_2 l'entropie d'une de ces sphères quand elle possède une charge 1. Nous avons alors un nouvel état du système total pour lequel l'entropie est

$$S'_1 = S_1 + (m - q_1)s_1 + q_1 s'_1 + (n - q_2)s_2 + q_2 s'_2.$$

Mais, d'après ce qui a été dit au paragraphe précédent, le passage de l'électricité d'un conducteur sur un autre de même nature ne modifie pas l'entropie du système; par conséquent, $S' = S'_1$, ce qui nous donne

$$S = S_1 + q_1(s'_1 - s_1) + q_2(s'_2 - s_2).$$

Or $s'_1 - s_1$ ne dépend que de la nature et de l'état physique des sphères et, par suite, du conducteur A; nous pouvons donc poser

$$s'_1 - s_1 = \eta_1.$$

Pour les mêmes raisons nous poserons

$$s'_2 - s_2 = \eta_2,$$

η_1 et η_2 étant des coefficients ne dépendant pas des charges q_1 et q_2. Nous aurons alors, pour l'expression de l'entropie du système des conducteurs A et B en fonction de ces charges,

$$S = S_1 + \eta_1 q_1 + \eta_2 q_2.$$

Pour un système comprenant un plus grand nombre de conducteurs nous aurions, en général,

$$S = S_1 + \eta_1 q_1 + \eta_2 q_2 + \ldots + \eta_n q_n. \tag{1}$$

Nous n'avons considéré que l'entropie. Mais les mêmes considérations s'appliquent évidemment à la fonction U — AW; nous trouverions pour cette fonction

$$U - AW = U_1 + \theta_1 q_1 + \theta_2 q_2 + \ldots + \theta_n q_n, \tag{2}$$

U_1 désignant l'énergie interne du système à l'état neutre et $\theta_1, \theta_2, \ldots, \theta_n$ des coefficients indépendants des charges.

297. Différence de potentiel au contact et effet Peltier. — Considérons deux conducteurs de nature différente, mis en communication métallique.

Il circulera un courant dans le fil qui les joindra l'un à l'autre et ce fil sera en général le siège d'un phénomène irréversible, à savoir la production de la chaleur de Joule. Mais, si la différence de potentiel des deux conducteurs est très voisine de celle qui correspondrait à l'équilibre, l'intensité du courant sera infiniment petite et, comme la chaleur de Joule est proportionnelle au carré de cette intensité, elle sera un infiniment petit du deuxième ordre. Nous pourrons alors la négliger et les phénomènes seront réversibles. La variation d'entropie du système est donc, en supposant les deux corps à la même température T,

$$dS = \frac{dQ}{T}. \tag{3}$$

La variation d'énergie interne est

$$dU = dQ,$$

puisqu'il n'y a pas de travail fourni au système. Par conséquent, nous avons

$$dU = T\,dS. \tag{4}$$

Appelons dq la quantité d'électricité qui passe du premier conducteur au second; la charge de ce dernier devient $q_2 + dq$ et celle du premier $q_1 - dq$. Par conséquent, la variation d'entropie du système est, d'après la formule (1),

$$dS = dq\,(\eta_2 - \eta_1) \tag{5}$$

et celle de l'énergie interne, d'après la formule (2),

$$dU = A\,dW + dq\,(\theta_2 - \theta_1).$$

Nous avons donc, en vertu de l'égalité (4),

$$A\,dW + dq(\theta_2 - \theta_1) = dq(\eta_2 - \eta_1)T.$$

Mais, si nous appelons V_1 et V_2 les potentiels des deux conducteurs, la variation de dW est

$$dW = (V_1 - V_2)\,dq.$$

En remplaçant dW par ces valeurs dans l'égalité précédente, nous trouvons, pour l'expression de la différence de potentiel au contact,

$$(6) \qquad V_1 - V_2 = \frac{1}{A}[(\eta_2 - \eta_1)T + \theta_1 - \theta_2].$$

La chaleur absorbée par le système est donnée par la relation (3); en y remplaçant dS par sa valeur (5), il vient

$$dQ = (\eta_2 - \eta_1)T\,dq.$$

La chaleur dégagée, c'est-à-dire l'effet Peltier, est donc proportionnelle à

$$(7) \qquad -(\eta_2 - \eta_1)T.$$

298. Il est maintenant possible de trouver quelle relation existe entre le coefficient de l'effet Peltier et la différence de potentiel au contact.

Montrons d'abord qu'il existe une relation entre les coefficients θ et η.

Échauffons les conducteurs de telle sorte que les températures de leurs points soient constamment égales entre elles et effectuons cet échauffement de manière que la transformation soit réversible; nous aurons encore

$$dU = T\,dS$$

ou, puisque la température est la seule quantité qui varie,

$$\frac{dU}{dT} = T\frac{dS}{dT}.$$

Remplaçons dans cette égalité les dérivées partielles de U et S par leurs valeurs tirées des expressions (1) et (2); nous obtenons

$$\frac{dU_1}{dT} + q_1\frac{d\theta_1}{dT} + q_2\frac{d\theta_2}{dT} = T\frac{dS_1}{dT} + Tq_1\frac{d\eta_1}{dT} + Tq_2\frac{d\eta_2}{dT}.$$

Cette égalité devant être satisfaite quelles que soient les charges, il faut qu'on ait

$$\frac{dU_1}{dT} = T\frac{dS_1}{dT}$$

et en outre

$$(8) \qquad \frac{d\theta}{dT} = T\frac{d\eta}{dT},$$

θ et η désignant, en général, les fonctions relatives à une même matière.

Servons-nous de cette relation pour trouver celle que nous cherchons entre $V_1 - V_2$ et le coefficient de l'effet Peltier.

Nous avons, en dérivant par rapport à T les deux membres de l'égalité (6),

$$A\frac{d(V_1 - V_2)}{dT} = \eta_2 - \eta_1 + T\frac{d(\eta_2 - \eta_1)}{dT} - \frac{d(\theta_2 - \theta_1)}{dT},$$

ou, à cause de la relation (8),

$$A\frac{d(V_1 - V_2)}{dT} = \eta_2 - \eta_1.$$

Si nous portons cette valeur de $\eta_2 - \eta_1$ dans l'expression (7), nous trouvons que le coefficient de l'effet Peltier est proportionnel à

$$-AT\frac{d(V_1 - V_2)}{dT}.$$

La variation de la différence $V_1 - V_2$ avec la température étant généralement plus petite que $V_1 - V_2$, l'effet Peltier est plus faible que la chaleur équivalente à la variation de l'énergie électrostatique. Il semble donc que nous soyons arrivés à déterminer la véritable force électromotrice de contact, qui, dans le cas d'un courant fermé, ne peut être mesurée ni même définie. Il semble qu'on a tourné la difficulté en envisageant des courants ouverts comme ceux qui déchargent un condenseur.

Pour établir ce résultat nous avons dû faire certaines hypothèses. Mais j'appellerai l'attention sur l'une d'elles qui, on le verra plus loin, peut sembler douteuse. Nous avons supposé qu'il n'y avait pas d'autre chaleur dégagée que celle qui est due à l'effet Peltier, au contact des deux conducteurs (outre la chaleur de Joule qui, dans le cas actuel, peut être négligée comme infiniment petit du deuxième ordre).

Mais, si l'on adopte les idées de Maxwell, il n'y a que des courants fermés et les courants que l'on appelle *ouverts* (tel que serait celui qui nous occupe ici) se ferment en réalité à travers le diélectrique. Dans cette manière de voir, la surface de séparation du conducteur et du diélectrique est traversée par un courant. Elle est d'ailleurs le siège d'une différence de potentiel, comme nous le verrons au paragraphe **302**. On peut donc se demander si elle ne peut pas être aussi le siège d'un effet Peltier.

Je reviendrai plus loin sur cette question; supposons provisoirement que cet effet Peltier particulier est nul et admettons par conséquent la théorie de M. Duhem.

299. Pour que la chaleur dégagée par l'effet Peltier soit équivalente à la variation de l'énergie électrostatique, c'est-à-dire proportionnelle à la force électromotrice du contact, il faudrait, d'après les expressions (6) et (7), que

$$\theta_1 = \theta_2.$$

Il n'y a évidemment aucune raison pour que cette égalité soit satisfaite, puisque θ_1 et θ_2 se rapportent à des matières différentes. D'ailleurs elle conduirait à des conséquences en contradiction avec l'expérience.

En effet, nous aurions alors

$$\frac{d\theta_1}{dT} = \frac{d\theta_2}{dT}$$

et par conséquent, à cause de la relation (8),

$$\frac{d\eta_1}{dT} = \frac{d\eta_2}{dT}.$$

La différence $\eta_2 - \eta_1$ serait alors indépendante de la température, et, par suite, la force électromotrice du contact, qui se réduit à

$$V_1 - V_2 = \frac{1}{A}(\eta_2 - \eta_1)T,$$

serait proportionnelle à la température ; il en serait de même de l'effet Peltier. Or l'expérience a montré qu'il en est autrement.

L'ancienne hypothèse de la proportionnalité de l'effet Peltier à la différence de potentiel au contact doit donc être absolument écartée.

300. Différence de potentiel vraie et différence de potentiel apparente de deux corps au contact. — La différence de potentiel $V_1 - V_2$ donnée par l'expression (6) est celle de deux points M_1 et M_2 (*fig.* 40) appartenant respectivement à l'un et à l'autre des conducteurs en contact. Maxwell

Fig. 40.

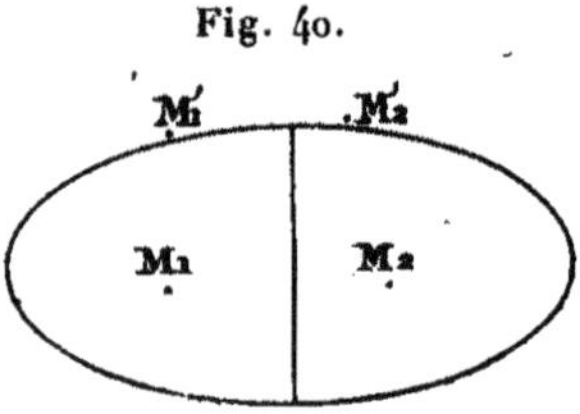

a fait remarquer que cette différence de potentiel pouvait n'avoir pas la même valeur que celle des deux points M'_1 et M'_2 situés dans l'air à une distance infiniment petite des conducteurs. Nous ignorons en effet s'il n'existe pas une différence entre le potentiel d'un conducteur et celui des points de l'air voisins ; l'existence de cette différence paraît même probable d'après ce qui a lieu au contact de deux conducteurs en équilibre. Il y a donc lieu de distinguer entre la différence de potentiel des points M_1 et M_2 et celle des points M'_1 et M'_2; la première est la *différence de potentiel au contact vraie*, la seconde est la *différence de potentiel apparente*.

La différence de potentiel vraie intervient dans les phénomènes thermo-électriques; la différence apparente, dans les phénomènes d'attraction des plateaux d'un condensateur lorsque ces plateaux sont formés avec des métaux différents et sont réunis par un fil métallique. En effet, la brusque différence de potentiel au contact de deux corps exige l'existence d'une couche double électrique. Par suite, l'attraction des plateaux du condensateur résulte non seulement de l'attraction des couches simples de noms contraires qui les recouvrent, mais aussi des deux couches doubles provenant du contact de l'air; elle dépend donc de la différence de potentiel apparente.

Si la loi de Volta s'appliquait à une chaîne de corps formée par l'air et les conducteurs, les deux extrémités de cette chaîne devraient être au même potentiel; les points M'_1 et M'_2 pouvant être considérés comme les extrémités de cette chaîne, la différence de potentiel apparente serait nulle. L'expérience prouve qu'elle n'est pas nulle.

301. Effet Thomson et force électromotrice correspondante. — Nous allons discuter maintenant les conséquences de la théorie de M. Duhem et des hypothèses sur lesquelles elle repose, et en particulier de celle dont j'ai parlé un peu plus longuement à la fin du paragraphe **298**.

Voyons d'abord quelles difficultés on rencontre quand on cherche à calculer par la théorie de M. Duhem les fonctions

$\varphi(T)$ et $\varphi'(T)$ considérées au paragraphe **292**. Voici en effet le raisonnement qu'on est tenté de faire.

Prenons un condensateur dont les armatures A et B (*fig.* 41), formées du même métal, sont à des températures différentes et réunies par un conducteur C de même matière. Supposons l'équilibre établi, et soient alors q_1 et q_2

Fig. 41.

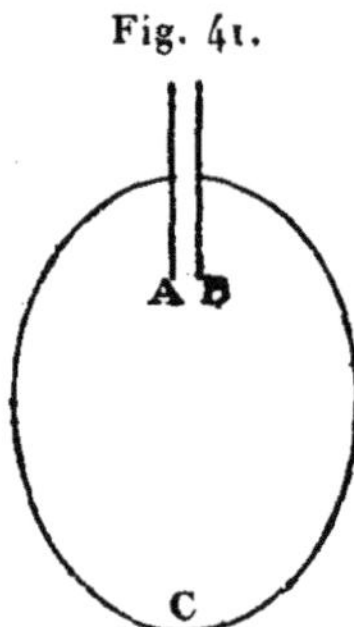

les charges respectives des armatures. Si une cause infiniment petite fait passer une quantité dq d'électricité de A à B, le phénomène est réversible, car si l'intensité du courant est infiniment petite nous pouvons négliger son carré et par conséquent la chaleur de Joule, et l'on a

$$dS = \int \frac{dQ}{T},$$

dQ étant la chaleur absorbée par un élément du système et l'intégration étant étendue à tous ces éléments. Par conséquent,

$$\frac{dQ}{T} = A\,dq \int_{T_1}^{T_2} \frac{\varphi(T)}{T}\,dT,$$

T_1 et T_2 désignant les températures des armatures. D'autre part, l'égalité (1) nous donne

$$dS = (\eta_2 - \eta_1)\, dq;$$

par suite, nous avons

$$\eta_2 - \eta_1 = A \int_{T_1}^{T_2} \frac{\varphi(T)}{T}\, dT.$$

Cette égalité devant être satisfaite quelles que soient les températures T_1 et T_2, on doit avoir

$$(9) \qquad \frac{d\eta}{dT} = A\, \frac{\varphi(T)}{T},$$

relation qui donne l'expression $\varphi(T)$.

La transformation considérée s'effectuant sans absorber de travail, on a

$$dU = dQ$$

ou, d'après l'égalité (2),

$$A\, dW + (\vartheta_2 - \theta_1)\, dq = A \int_{T_1}^{T_2} \varphi(T)\, dT,$$

ou encore, en remplaçant dW par sa valeur $dq \int_{T_1}^{T_2} (T)\, dT$,

$$A \int_{T_1}^{T} \varphi'(T)\, dT + \theta_2 - \theta_1 = A \int_{T_1}^{T_2} \varphi(T)\, dT.$$

Cette égalité devant encore être satisfaite quelles que soient les températures T_1 et T_2, nous en déduisons

$$A\, \varphi'(T) + \frac{d\theta}{dT} = A\, \varphi(T),$$

d'où nous tirons, en tenant compte de l'égalité (9),

$$A\varphi'(T) = T\frac{d\eta}{dT} - \frac{d\theta}{dT}.$$

Mais, d'après la relation (8), le second membre de cette dernière égalité est égal à zéro ; par conséquent,

$$\varphi'(T) = 0.$$

302. Ainsi, d'après ce raisonnement, la force électromotrice élémentaire correspondant à l'effet de Thomson serait nulle ; il en résulterait que la différence de potentiel des armatures est nulle.

Or M. Pellat a constaté que, si les armatures d'un condensateur sont formées d'un même métal à des températures différentes, ce condensateur se charge lorsqu'on réunit métalliquement les armatures. Il existe donc une différence de potentiel. Il est vrai que dans les expériences de M. Pellat c'est la différence de potentiel apparente qui intervient. Il pourrait donc se faire que la différence de potentiel vraie entre le métal froid et le métal chaud soit nulle. Toutefois, c'est bien peu probable.

On peut dire également (mais il ne serait pas difficile de répondre à cette objection) que la théorie de M. Duhem ne peut s'appliquer au phénomène Thomson, et, par suite, les conséquences résultant de cette application peuvent n'être pas vraies.

En effet, dans l'établissement des formules (1) et (2), nous avons admis que l'état de chaque conducteur du système est complètement déterminé par un certain nombre de variables parmi lesquelles se trouve la température. La température de chacun des conducteurs doit donc être uniforme, condition qui n'est pas remplie par le fil de communication C dans le système précédemment considéré. En outre, pour arriver à la relation (8), nous avons supposé que les conducteurs sont à la même température, nouvelle condition qui n'est pas réalisée dans le cas qui nous occupe.

303. Nous aurions donc le choix entre trois interprétations :

1° Ou bien on admettrait que l'effet Thomson n'est pas nul, comme le prouve une expérience directe, mais que la force électromotrice qui, d'après Thomson, lui donne naissance est nulle; que par conséquent, dans l'expérience de M. Pellat, la différence de potentiel *vraie* entre les deux plateaux est nulle et que la différence de potentielle *apparente* est au contraire différente de zéro;

2° Ou bien on supposerait que la théorie de M. Duhem n'est applicable qu'au cas où tous les conducteurs sont à la même température;

3° Ou bien on admettrait qu'il y a un effet Peltier au contact d'un conducteur et d'un diélectrique.

Mais, en présentant notre raisonnement sous une forme un peu différente, nous allons voir que les deux premières interprétations doivent être rejetées.

IV. — Quelques remarques.

304. Phénomène Peltier au contact d'un conducteur et d'un diélectrique. — Pour le montrer abandonnons la théorie de M. Duhem et considérons le condensateur dont les armatures A et B (*fig.* 41) formées du même métal sont à des températures différentes T_1 et T_2.

Laissons l'armature A à la même température T_1 et faisons varier celle de B de dT_2; en même temps faisons varier la distance des armatures. Pendant un intervalle de temps dt, une quantité dq d'électricité passera d'une armature à l'autre en dégageant dans le fil une certaine quantité de chaleur; une partie est due à l'effet Thomson, l'autre à l'effet Joule. La chaleur correspondant à l'effet Thomson étant proportionnelle à l'intensité $i = \frac{dq}{dt}$ du courant et celle qui correspond à l'effet Joule au carré de cette quantité, cette dernière peut être négligée par rapport à la première si dq est infiniment petit. Cette condition est réalisée quand le déplacement des armatures et l'échauffement de B sont excessivement lents. Nous supposerons qu'il en est ainsi. Alors le cycle est réversible.

305. La quantité de chaleur produite dans un élément du conducteur C par l'effet Thomson étant

$$-A\,dq\,\varphi(T)\,dT,$$

celle que doit fournir l'extérieur pour maintenir cet élément à la même température est

$$A\,dq\,\varphi(T)\,dT.$$

Pour le conducteur C tout entier, on aura

$$\int \frac{dQ}{T} = A\,dq \int_{T_1}^{T_2} \frac{\varphi(T)}{T}\,dT$$

ou

$$\int \frac{dQ}{T} = A\eta\, dq,$$

en posant

$$\eta = \int_{T_1}^{T_2} \frac{\varphi(T)}{T}\, dT.$$

Pour élever de dT_2 la température de l'armature B il faut fournir à cette armature une quantité de chaleur $C\,dT_2$, C étant sa capacité calorifique. On a donc, pour la transformation élémentaire considérée,

$$(1) \qquad \int \frac{dQ}{T} = A\eta\, dq + \frac{C}{T_2} dT^2.$$

Le premier membre de cette égalité est une différentielle exacte, puisque la transformation est réversible; par conséquent, on doit avoir

$$(2) \qquad A \frac{d\eta}{dT_2} = \frac{1}{T_2} \frac{dC}{dq}.$$

Si maintenant nous considérons la somme des quantités de chaleur fournies au système, nous avons

$$\int dQ = A\, dq \int_{T_1}^{T_2} \varphi(T)\, dT + C\, dT_2$$

ou

$$(3) \qquad \int dQ = A\theta\, dq + C\, dT_2,$$

si l'on pose

$$\theta = \int_{T_1}^{T_2} \varphi(T)\, dT.$$

Montrons qu'elle est une différentielle exacte.

Pour cela il faut prouver que

$$(4) \qquad A\frac{d\theta}{dT_2} = \frac{dC}{dq}.$$

Or, d'après les égalités qui définissent θ et η, on a

$$\frac{d\theta}{dT_2} = \varphi(T_2)$$

et

$$\frac{d\eta}{dT_2} = \frac{1}{T_2}\varphi(T_2).$$

Il en résulte

$$\frac{d\theta}{dT_2} = T_2\frac{d\eta}{dT_2},$$

et l'égalité (4) à vérifier devient

$$(5) \qquad AT_2\frac{d\eta}{dT_2} = \frac{dC}{dQ};$$

elle est évidemment satisfaite, d'après l'égalité (2),

306. Ainsi la quantité de chaleur absorbée dans une transformation élémentaire est une différentielle exacte; il en résulte que, si l'on fait décrire au système un cycle fermé, il n'y a pas de chaleur absorbée. D'après le principe de l'équivalence, il ne peut donc y avoir, pour un tel cycle, de travail produit. Par suite, contrairement aux expériences de M. Pellat, l'attraction des armatures serait nulle.

En effet, faisons décrire au système le cycle suivant :

1° La température de B restant égale à T_2, rapprochons les deux armatures; s'il y a attraction entre les deux plateaux, comme le prouve l'expérience de M. Pellat, il se produit un travail positif;

2° La distance des deux armatures demeurant constante, faisons varier la température de B de T_2 à T_1 ; les armatures ne bougeant pas, il n'y aura pas de travail produit;

3° La température de B restant égale à T_1, éloignons les deux armatures de façon à les ramener à leur distance primitive; les deux armatures étant à la même température, il n'y aura pas d'attraction et par conséquent pas de travail;

4° La distance des deux armatures demeurant constante, ramenons à la température de B de T_1 à T_2. Ici encore pas de travail.

Le travail total produit serait donc positif, de sorte que dQ ne pourrait être une différentielle exacte.

Le calcul et l'expérience donnent donc des résultats contradictoires.

Mais, en écrivant les égalités (1) et (3), nous avons admis qu'il n'y avait pas d'autre cause d'absorption de chaleur que l'effet Thomson et que la variation de température de B. Supposons maintenant qu'à la surface de contact de l'air et d'une des armatures, B par exemple, se produise un effet Peltier et appelons $-A\lambda\, dq$ la chaleur dégagée par cet effet dans une transformation élémentaire.

Nous avons alors

$$\int \frac{dQ}{T} = A\left(\eta + \frac{\lambda}{T_2}\right) dq + \frac{C}{T_2} dT_2$$

et

$$\int dQ = A(\theta + \lambda)\, dq + C\, dT_2.$$

La première quantité étant une différentielle exacte, on a

$$\frac{1}{T_2}\frac{dC}{dq} = A\frac{d\eta}{dT_2} + \frac{A}{T_2}\frac{d\lambda}{dT_2} - \frac{A\lambda}{T_2^2}. \tag{6}$$

Pour que la seconde le soit il faudrait

$$\frac{dC}{dq} = A\frac{d\theta}{dT_2} + A\frac{d\lambda}{dT_2}$$

ou, à cause de la relation (5),

$$\frac{dC}{dq} = AT_2\frac{d\eta}{dT_2} + A\frac{d\lambda}{dT_2}.$$

Or cette condition ne peut être satisfaite en même temps que l'égalité (6) que si λ est nul, c'est-à-dire s'il n'y a pas de phénomène Peltier. Comme la chaleur fournie ne saurait être une différentielle exacte, un phénomène de ce genre doit donc se produire. Comme il n'y a pas de raison pour qu'il se produise sur la surface de B plutôt que sur celle de A, il doit exister à l'une et à l'autre de ces surfaces.

307. Supposons que T_1 varie en même temps que T_2. Soient C_1 et C_2 les capacités calorifiques du plateau A et du plateau B, λ_1 et λ_2 les coefficients de notre nouvel effet Peltier à la surface de A et à celle de B; il viendra

$$\int\frac{dQ}{T} = A\left(\eta + \frac{\lambda_2}{T_2} - \frac{\lambda_1}{T_1}\right)dQ + \frac{C_1}{T_1}dT_1 + \frac{C_2}{T_2}dT_2$$

et

$$\int dQ = A(\theta + \lambda_2 - \lambda_1)\,dq + C_1\,dT_1 + C_2\,dT_2.$$

Soient α l'attraction des deux plateaux et δ leur distance; le travail extérieur τ égal à

$$\tau = \alpha\left(\frac{d\delta}{dq}dq + \frac{d\delta}{dT_1}dT_1 + \frac{d\delta}{dT_2}dT_2\right).$$

D'après les deux principes de la Thermodynamique,

$$\int \frac{dQ}{T} \quad \text{et} \quad \int dQ - A\tau$$

doivent être des différentielles exactes. On en déduit

$$\frac{\lambda_2}{T_2} = \frac{d\alpha}{dT_2}\frac{d\delta}{dq} - \frac{d\alpha}{dq}\frac{d\delta}{dT_2}, \qquad \frac{\lambda_1}{T_1} = \frac{d\alpha}{dq}\frac{d\delta}{dT_1} - \frac{d\alpha}{dT_1}\frac{d\delta}{dq}.$$

Mais ce raisonnement suppose qu'il ne se produit aucun autre effet calorifique que notre nouveau phénomène Peltier, et les pages qui précèdent ont dû nous apprendre à nous méfier de semblables hypothèses.

Quoi qu'il en soit, la théorie de M. Duhem semble devoir être abandonnée. Reprenons en effet le raisonnement du paragraphe **297**. Nous aurons à envisager trois effets Peltier, le premier à la surface de séparation des deux conducteurs, les deux autres à la surface libre de chacun de ces deux conducteurs. Nous n'obtiendrons plus alors qu'une relation entre ces trois effets et la force électromotrice de contact, et nous ne pourrons calculer le premier de ces trois effets en fonction de cette force électromotrice.

Si, au contraire, on refusait d'admettre l'existence du phénomène Peltier au contact d'un conducteur et d'un diélectrique, on ne pourrait rendre compte de l'expérience de M. Pellat.

Nous pouvons résumer la question comme il suit :

A la fin du paragraphe **292**, nous avons trouvé la relation

$$\Sigma E' = \Sigma E,$$

mais nous avons dû reconnaître que la considération des

courants fermés ne suffisait pas pour calculer E′ en fonction de E.

M. Duhem a cherché à tourner la difficulté en considérant des circuits ouverts; mais, si l'on adopte les idées de Maxwell, *il n'y a pas de circuits ouverts,* de sorte que l'artifice de M. Duhem devient illusoire.

On n'a aucun moyen de mesurer E′; et même la notion de cette différence de potentiel vraie E′, n'étant accessible à aucune expérience, peut être regardée comme dépourvue de sens, à moins que l'on ne veuille la préciser par une définition arbitraire, c'est-à-dire en posant *par convention*

$$E' = E,$$

comme on le fait le plus souvent, ou en posant, toujours *par convention,*

$$E' = T\frac{dE}{dT},$$

comme le fait M. Duhem; ou en définissant E′, toujours *par convention,* en s'aidant de considérations empruntées aux phénomènes électrocapillaires.

308. Rendement thermique des moteurs électriques. — Employons une pile hydroélectrique à faire mouvoir un moteur électrique. Quand la force contre-électromotrice du moteur est égale à la force électromotrice de la pile, l'intensité du courant est infiniment petite et la chaleur dégagée par l'effet Joule est du second ordre. On peut donc la négliger et toute la chaleur transformée dans la pile en énergie voltaïque se retrouve tout entière en travail produit. Or la chaleur transformée en énergie voltaïque est, d'après

Helmholtz, égale à la chaleur non compensée L'' de la réaction; la chaleur produite est L; le rendement thermique du système est donc

$$\frac{L''}{L}.$$

Dans la plupart des cas, ce rapport est voisin de $\frac{4}{5}$. Le rendement d'un moteur électrique est donc beaucoup plus grand que celui des machines thermiques. Il est vrai que le rapport précédent donne la valeur maximum du rendement d'un moteur électrique, car il suppose que l'intensité du courant est infiniment petite, ce qui aurait pour effet de produire un travail infiniment petit dans un temps fini. Pratiquement, l'intensité du courant doit être finie et il faut retrancher de la chaleur voltaïque la chaleur résultant de l'effet Joule. Néanmoins, le rendement reste encore de beaucoup supérieur à celui des machines à vapeur. L'emploi des moteurs électriques présenterait donc un avantage marqué sur celui de ces machines si le prix de revient de la chaleur chimique d'une réaction n'était pas plus grand que celui de la chaleur produite par la combustion du charbon.

CHAPITRE XVII.

RÉDUCTION DES PRINCIPES DE LA THERMODYNAMIQUE AUX PRINCIPES GÉNÉRAUX DE LA MÉCANIQUE.

---

309. Théories diverses. — La réduction du principe de l'équivalence aux principes fondamentaux de la Mécanique ne rencontre pas de difficulté : l'hypothèse des forces moléculaires suffit, comme nous l'avons vu, pour déduire le principe de la conservation de l'énergie et, par conséquent, celui de l'équivalence des équations générales du mouvement.

Il en est autrement du second principe de la Thermodynamique. Clausius a, le premier, tenté de le ramener aux principes de la Mécanique, mais sans y réussir d'une manière satisfaisante.

Helmholtz, dans son Mémoire sur le *Principe de la moindre action,* a développé une théorie beaucoup plus parfaite que celle de Clausius; cependant elle ne peut rendre compte des phénomènes irréversibles.

310. Fondements de la théorie d'Helmholtz. — Considérons un système de points matériels, libres ou soumis à des liaisons, dont la situation est définie par des paramètres q_1,

$q_2, q_3, \ldots, q_n$. Désignons par $q'_1, q'_2, \ldots, q'_n$ les dérivées de ces paramètres par rapport au temps, et par T la demi-force vive du système. Enfin soit

$$Q_1 \delta q_1 + Q_2 \delta q_2 + \ldots + Q_n \delta q_n$$

l'expression du travail des forces auxquelles le système est soumis dans un déplacement virtuel. Nous aurons à chaque instant, pour chacun des paramètres,

$$\frac{d}{dt}\frac{dT}{dq'_i} - \frac{dT}{dq_i} = Q_i;$$

c'est l'équation de Lagrange relative au paramètre q_i.

Dans son Mémoire, Helmholtz change ces notations habituelles. La lettre T est conservée pour désigner la température absolue : la demi-force vive est alors représentée par L. Les paramètres sont appelés $p_a, p_b, \ldots$, et leurs dérivées par rapport au temps sont représentées par q_a, $q_b, \ldots$.

Le travail virtuel des forces intérieures au système est distingué de celui des forces extérieures. Helmholtz suppose que les forces intérieures admettent une fonction des forces, ou énergie potentielle, Φ; alors le travail de ces forces pour une variation δp_a de l'un des paramètres est

$$-\frac{d\Phi}{dp_a}\delta p_a.$$

Quant au travail des forces extérieures résultant de cette variation, il est désigné par

$$-P_a \delta p_a.$$

Avec ces nouvelles notations l'équation de Lagrange relative au paramètre p_a est

$$\frac{d}{dt}\frac{dL}{dq_a} - \frac{dL}{dp_a} = -\frac{d\Phi}{dp_a} - P_a. \tag{1}$$

311. L'énergie potentielle Φ ne dépend que de la position des molécules du système; c'est donc une fonction des paramètres p, mais non de leurs dérivées q.

Au contraire, l'énergie cinétique L dépend à la fois des p et des q; elle est homogène et du second degré par rapport à ces dernières quantités. En effet, L qui est égal à Σmv^2 est du degré -2 par rapport au temps; si donc on double l'unité de temps, la valeur de L se trouve quadruplée. Or p_a ne varie pas par ce changement d'unité, tandis que q_a devient double; il est donc nécessaire que chaque terme de L contienne les q au second degré.

Par suite de cette propriété de la fonction L, nous avons

$$2L = \Sigma q_a \frac{dL}{dq_a}. \tag{2}$$

312. Posons

$$H = \Phi - L \tag{3}$$

et

$$U = \Phi + L; \tag{4}$$

U est alors l'énergie totale du système.

En dérivant la première de ces égalités par rapport à p_a, nous obtenons

$$\frac{dH}{dp_a} = \frac{d\Phi}{dp_a} - \frac{dL}{dp_a};$$

la dérivation par rapport à q_a nous donne

$$\frac{dH}{dq_a} = -\frac{dL}{dq_a},$$

puisque Φ ne dépend pas des q. De ces égalités tirons les dérivées de L par rapport à p_a et q_a, puis portons les valeurs trouvées dans l'équation (1); nous avons

$$(5) \qquad -\frac{d}{dt}\frac{dH}{dq_a} + \frac{dH}{dp_a} = -P_a.$$

Posons maintenant

$$(6) \qquad -\frac{dH}{dq_a} = \frac{dL}{dq_a} = s_a;$$

s_a et les quantités s_b, ..., définies par des équations analogues, sont des fonctions des p et des q. Nous pouvons donc considérer U comme une fonction des p et des s, H restant toujours regardé comme une fonction des p et des q. Les égalités (3) et (4) nous donnent, pour cette fonction U,

$$U = H + 2L$$

ou, d'après les relations (2) et (6),

$$U = H + \Sigma q_a s_a.$$

De cette nouvelle égalité il résulte, en prenant la différentielle totale des deux membres,

$$\sum \frac{dU}{dp} dp + \sum \frac{dU}{ds} ds$$
$$= \sum \frac{dH}{dp} dp + \sum \frac{dH}{dq} dq + \Sigma s\, dq + \Sigma q\, ds.$$

Mais, d'après (6),

$$\sum \frac{dH}{dq} dq = -\Sigma s\, dq;$$

par conséquent, l'égalité précédente se réduit à

$$\sum \frac{dU}{dp} dp + \sum \frac{dU}{ds} ds = \sum \frac{dH}{dp} dp + \Sigma q\, ds.$$

Nous déduisons de là

$$(7) \qquad \frac{dU}{dp_a} = \frac{dH}{dp_a}$$

et

$$(8) \qquad \frac{dU}{ds_a} = q_a.$$

313. L'expression du principe de la conservation de l'énergie se déduit immédiatement des relations (7) et (8). Ces relations nous donnent

$$\frac{dU}{dp_a} = -\frac{ds_a}{dt} - P_a,$$
$$\frac{dU}{ds_a} = q_a = \frac{dp_a}{dt}.$$

Par conséquent,

$$dU = \sum \frac{dU}{dp} dp + \sum \frac{dU}{ds} ds$$
$$= -\Sigma P\, dp - \sum \frac{ds}{dt} dp + \sum \frac{dp}{dt} ds$$

ou

$$dU = -\Sigma P_a\, dp_a.$$

La variation de l'énergie totale du système est donc égale au travail des forces extérieures au système : c'est bien l'énoncé du principe de la conservation de l'énergie.

314. Hypothèses sur la nature des paramètres. — Helmholtz admet que les paramètres qui définissent la situation du système peuvent se diviser en deux classes suivant la manière dont ils varient avec le temps; ceux de l'une d'elles varient très lentement, ceux de l'autre varient au contraire très rapidement. Nous désignerons les premiers paramètres par p_a, les seconds par p_b.

Cette hypothèse semble assez naturelle. Ainsi les mouvements moléculaires dus à l'échauffement d'un corps ont des vitesses incomparablement plus grandes que celles que nous pouvons communiquer à l'ensemble du corps. Les paramètres qui définissent les positions relatives des molécules varient donc rapidement; au contraire, ceux qui fixent la position du corps dans l'espace sont à variation lente.

315. Helmholtz fait ensuite une autre hypothèse qui pourrait sembler plus difficile à accepter. Il admet que la fonction Φ ne dépend pas des paramètres p_b et que dans la fonction L ces paramètres n'entrent que par leurs dérivées q_b.

On peut donner certains exemples simples empruntés à la Mécanique élémentaire et où cette hypothèse se trouve réalisée.

Ainsi considérons une poulie mobile autour de son axe. La position de la poulie peut être définie par l'angle p_b que fait un plan fixe dans l'espace avec un plan passant par un point de la poulie et par l'axe de celle-ci; p_b est donc un des paramètres du système. La demi-force vive de ce système est égale au produit du moment d'inertie de la poulie par le carré de la vitesse angulaire; le moment d'inertie ne dépend pas de p_b; la vitesse angulaire est $q_b = \frac{dp_b}{dt}$; par suite, la demi-force vive ne dépend que de q_b et non du paramètre p_b. D'autre part, le centre de gravité de la poulie étant sur l'axe de rotation, l'énergie potentielle ne varie pas; elle est donc indépendante de p_b.

Prenons un autre exemple. Considérons un canal circulaire parcouru par un liquide et supposons le régime permanent établi. On peut définir la position du système par l'angle p_b formé par un diamètre du canal, fixe dans l'espace, et un diamètre passant par une des molécules du liquide. Mais ni l'énergie potentielle, ni l'énergie cinétique ne dépendent de ce paramètre, car ces quantités restent constantes. En effet, le régime permanent étant établi, une molécule est immédiatement remplacée par une autre dès que la première s'est déplacée; la force vive ne varie donc pas; en outre, le travail des forces intérieures est nul et par suite l'énergie potentielle conserve la même valeur.

Il résulte de ces exemples que l'hypothèse d'Helmholtz est exacte dans le cas de corps tournant autour d'un axe; elle paraît donc applicable aux mouvements tourbillonnaires des molécules. Peut-elle encore s'appliquer au cas où les molécules des corps se déplacent rectilignement de part et d'autre d'un point fixe? C'est ce que nous examinerons plus loin.

316. Admettons l'hypothèse d'Helmholtz et continuons l'exposé de la théorie de ce savant.

Puisque Φ et L sont supposés indépendants des paramètres p_b, H n'en dépendra pas non plus. Nous aurons donc, d'après l'équation (5),

$$(9) \qquad -\frac{d}{dt}\frac{dH}{dq_b} = -P_b$$

ou, d'après la définition des fonctions s,

$$\frac{ds_b}{dt} = -P_b.$$

Le travail extérieur correspondant au paramètre considéré est $-P_b\,dp_b$, pour une variation dp_b de ce paramètre. Exprimée en fonction de l'intervalle de temps dt, cette variation est $\frac{dp_b}{dt}dt$ ou $q_b\,dt$. Par conséquent, le travail extérieur peut s'écrire $-P_b q_b\,dt$. Helmholtz pose

$$dQ_b = -P_b q_b\,dt.$$

Si, dans cette égalité, nous remplaçons P_b par sa valeur tirée de l'équation précédente, il vient

$$(10) \qquad dQ_b = q_b \frac{ds_b}{dt}dt = q_b\,ds_b.$$

Telle est l'équation relative aux paramètres variant très rapidement.

Occupons-nous des paramètres qui varient lentement et montrons que pour ceux-ci la dérivée $\frac{d}{dt}\frac{dH}{dq_b}$ peut être négligée.

D'après les égalités (6), nous avons

$$\frac{dH}{dq_a} = -\frac{dL}{dq_a}.$$

Or, L est une fonction homogène et du second degré par rapport aux q_a et q_b; $\frac{dH}{dq_a}$ est donc formée de termes de la forme $Aq_{a'}q_{a''}$ et $Bq_{a'}q_b$. Par suite, la dérivée de cette quantité par rapport au temps $\frac{d}{dt}\frac{dH}{dq_a}$ ne contient que des termes de la forme

$$Aq_{a''}\frac{dq_{a'}}{dt}, \quad Bq_b\frac{dq_{a'}}{dt}, \quad Bq_{a'}\frac{dq_b}{dt}.$$

Mais, puisque les paramètres p_a varient très lentement, $q_{a'}$ et $q_{a''}$ sont très petits et les dérivées de ces quantités par rapport à t sont également très petites; nous pouvons donc négliger les termes des deux premières formes, puisqu'ils contiennent le produit de deux quantités très petites. Nous pouvons également négliger les termes de la troisième forme, mais à une condition : c'est que nous supposerons très petite la dérivée $\frac{dq_b}{dt}$ de la quantité finie q_b. (Ainsi, si, pour fixer les idées, nous revenons à la poulie qui nous servait tout à l'heure d'exemple, cela revient à supposer que la vitesse angulaire de cette poulie est très grande, mais sensiblement constante.) Cette hypothèse étant admise, tous les termes de $\frac{d}{dt}\frac{dH}{dq_a}$ seront négligeables.

Nous avons alors, pour l'équation relative aux paramètres p_a,

$$\frac{dH}{dp_a} = -P_a, \tag{11}$$

obtenue en négligeant le premier terme de l'équation (5).

317. Systèmes monocycliques. — Helmholtz donne le nom de *systèmes monocycliques* à ceux pour lesquels le nombre des paramètres à variation rapide indépendants se réduit à 1; dans le cas où le nombre de ces paramètres est plus grand que 1, le système est *polycyclique*.

Dans tous les systèmes monocycliques, on a $\frac{dQ}{L}$ = différentielle exacte.

Pour démontrer cette propriété, considérons d'abord un système monocyclique dont la situation est définie par un seul paramètre à variation rapide que nous pouvons, sans ambiguïté, désigner par p.

Dans la relation (2),

$$2L = \Sigma q_a' \frac{dL}{dq_a'};$$

q_a' désigne la dérivée d'un paramètre quelconque, variant rapidement ou lentement. Mais, pour ces derniers, q_a' est très petit et les termes qui leur correspondent peuvent être négligés; il ne reste donc dans le second membre que le terme correspondant au paramètre p; par suite,

$$2L = q \frac{dL}{dq} = qs. \tag{12}$$

D'après la relation (10), on a pour dQ

$$dQ = q\, ds.$$

Par conséquent,

$$\frac{dQ}{L} = \frac{2q\, ds}{qs} = 2d \operatorname{Log} s; \tag{13}$$

le quotient considéré est donc bien une différentielle exacte.

318. Systèmes incomplets. — Helmholtz divise les systèmes polycycliques ou monocycliques en deux classes : les *systèmes complets* ou les *systèmes incomplets*. Ces derniers sont ceux pour lesquels le travail $-P_a\, dp_a$ correspondant à une variation différente de zéro de l'un des paramètres p_a est égal à zéro.

Pour ces systèmes, on aura, d'après l'équation (11), autant d'équations

$$\frac{dH}{dp_a} = 0 \tag{14}$$

qu'il y a de paramètres p_a jouissant de la propriété précédente. Nous désignerons par p_a ces paramètres. La fonction H ne dépendant pas des paramètres à variation rapide p_b, d'après l'hypothèse d'Helmholtz, et les dérivées q_a pouvant être négligées, les équations analogues à (14) peuvent être considérées comme des relations entre les paramètres p_c, les paramètres p_a et les dérivées q_b. Puisqu'elles sont en même nombre que les paramètres p_c, nous pourrons nous en servir pour exprimer ces paramètres en fonctions de p_a et de q_b. Ces paramètres ne sont donc pas nécessaires pour définir la situation du système ; les paramètres p_a (déduction faite de ceux que nous venons de désigner par p_c) et les paramètres p_b suffisent pour cela.

Les équations seront-elles changées, quand on prendra seulement comme variables indépendantes les paramètres p_a et p_b ?

Appelons H′ l'expression de H, dans ces conditions ; H′ dépend des p_a et des q_b ; H dépend des p_a, des p_c et des q_b.

Comme H′ et H désignent une seule et même fonction

exprimée avec des variables différentes, nous aurons

$$H' = H.$$

Prenons maintenant les dérivées de ces fonctions par rapport à p_a; nous avons

$$\frac{dH'}{dp_a} = \frac{dH}{dp_a} + \sum \frac{dH}{dp_c}\frac{dp_c}{dp_a}.$$

Or, d'après la relation (14),

$$\frac{dH}{dp_c} = 0;$$

par conséquent,

$$\frac{dH'}{dp_a} = \frac{dH}{dp_a}.$$

Les équations de Lagrange relatives aux paramètres à variation lente conservent donc la même forme : la forme (11).

Prenons la dérivée par rapport à q_b; nous avons

$$\frac{dH'}{dp_b} = \frac{dH}{dq_b} + \sum \frac{dH}{dp_c}\frac{dp_c}{dq_b},$$

et, par suite, pour la même raison que précédemment,

$$\frac{dH'}{dq_b} = \frac{dH}{dq_b}.$$

De cette égalité et des égalités (6) il résulte immédiatement que la fonction s_b reste la même, soit que les paramètres p_c entrent explicitement dans le nombre de ceux qui définissent la situation du système, soit qu'ils n'en fassent pas partie. Par conséquent, dans un cas comme dans l'autre, les équations de Lagrange relatives aux paramètres à variation rapide sont de la forme (10) :

$$dQ_b = q_b ds_b.$$

La forme des équations restant la même, il est évident que dans le cas d'un système monocyclique le facteur $\frac{1}{L}$ sera un facteur intégrant de dQ.

319. Les systèmes incomplets ne diffèrent donc que peu des systèmes complets. Toutefois il est une propriété importante qui les distingue.

L'énergie cinétique L est en général une fonction homogène du second degré des q_b et des q_a; elle dépend en outre des paramètres à variation lente. Or nous venons de voir que dans les systèmes incomplets une partie de ces paramètres, les paramètres p_c, sont des fonctions des q_b et des p_a. Par conséquent, si nous remplaçons dans L les p_c par leurs expressions en fonctions des q_b, L cessera d'être du second degré par rapport aux q_b; elle pourra donc être d'un degré impair par rapport à ces dérivées et, par suite, d'un degré impair par rapport au temps. Nous verrons bientôt l'importance de cette remarque.

L'exemple le plus simple que l'on puisse citer est celui d'une poulie sur l'axe de laquelle est monté un régulateur à force centrifuge. Quand la vitesse de la poulie augmente, les boules du régulateur s'écartent et le moment d'inertie du système augmente.

La force vive n'est donc pas proportionnelle au carré de la vitesse angulaire, puisqu'elle est égale au produit de ce carré par le moment d'inertie variable avec cette vitesse.

320. Application aux phénomènes calorifiques. — Admettons avec Helmholtz que les paramètres p_b se rapportent aux mouvements moléculaires dus à la chaleur et les paramètres p_a aux mouvements visibles du système.

Par suite de cette distinction entre ces divers paramètres, l'équation

$$dU = -\Sigma p_a dp_a$$

du paragraphe **313** devient

$$dU = -\Sigma p_a dp_a - \Sigma p_b dp_b$$

ou

$$dU = -\Sigma p_a dp_a + \Sigma dQ_b.$$

Ainsi, d'après cette relation, la variation de l'énergie interne est égale à la somme chargée de signe des travaux extérieurs $\Sigma p_a dp_a$ des mouvements visibles et des travaux extérieurs $-\Sigma dQ_b$ des forces moléculaires. Comparons cette expression de dU à celle qui nous est fournie par le principe de l'équivalence : la variation de l'énergie interne, exprimée en unités mécaniques, est la somme du travail et de la chaleur dQ, exprimée avec les mêmes unités, qui sont fournis au système. On voit que les deux énoncés deviennent identiques si l'on admet que

$$dQ = \Sigma dQ_b,$$

c'est-à-dire si l'on admet que le travail extérieur des forces moléculaires changé de signe est équivalent à la chaleur fournie au corps pendant la transformation. Le principe de l'équivalence se ramène donc aux principes généraux de la Mécanique, si l'on considère les corps formés de molécules agissant l'une sur l'autre. Nous le savions déjà.

321. Considérons maintenant un système monocyclique. Nous savons que dans ce cas

$$\frac{dQ_b}{L} = \text{différentielle exacte.} \tag{15}$$

Mais dQ_b n'est autre que la chaleur exprimée en unités mécaniques fournie au système, puisque pour un système monocyclique ΣdQ_b se réduit à dQ_b. Il suffit donc, pour se rendre compte du principe de Carnot, de supposer que la température du système est proportionnelle à l'énergie cinétique L. Comme d'ailleurs les termes de cette énergie qui contiennent q_a sont négligeables, cette énergie peut se confondre avec l'énergie cinétique moléculaire.

Est-il possible d'admettre que la température absolue d'un système est proportionnelle à l'énergie cinétique moléculaire? La théorie cinétique des gaz montre qu'il en est ainsi pour ces corps. La théorie d'Helmholtz, comme on va le voir, nous obligerait à admettre qu'il en est encore de même pour tous les autres corps.

Posons, d'après le principe de Carnot considéré comme démontré expérimentalement,

$$\frac{dQ}{T} = dS, \tag{16}$$

S étant ici le produit de l'entropie par l'équivalent mécanique de la chaleur. Puisque $dQ = dQ_b$, dS et la différentielle (15) s'annulent en même temps. Cette dernière est donc une fonction de S; posons

$$\frac{Q_b}{L} = \varphi(S).$$

Nous en tirons

$$\frac{dQ_b}{L} = \varphi'(S)\,dS = \varphi'(S)\,\frac{dQ}{T}$$

et, par suite,

$$L = T\,\theta(S).$$

Pour déterminer θ considérons deux systèmes pour lesquels les quantités L et S auront respectivement pour valeurs L_1 et S_1, L_2 et S_2.

Nous supposerons que les deux systèmes sont à la même température T. Cela est nécessaire puisque nous ne voulons considérer pour le moment que des phénomènes réversibles.

Nous aurons alors

$$L_1 = T\,\theta_1(S_1), \qquad L_2 = T\,\theta_2(S_2).$$

Les valeurs de ces quantités pour l'ensemble des deux systèmes seront $L_1 + L_2$ et $S_1 + S_2$. Nous aurons donc

$$L_1 + L_2 = T\,\theta_3(S_1 + S_2)$$

et, par conséquent,

$$\theta_1(S_1) + \theta_2(S_2) = \theta_3(S_1 + S_2).$$

Dérivons par rapport à S_1 les deux membres de cette égalité; nous obtenons

$$\theta'_1(S_1) = \theta'_3(S_1 + S_2)$$

et, en dérivant de nouveau par rapport à S_2,

$$0 = \theta''_3(S_1 + S_2).$$

Nous en déduisons pour la valeur de $\theta_3(S_1 + S_2)$

$$\theta_3(S_1 + S_2) = a + b(S_1 + S_2)$$

et, par suite,

$$\theta_1(S_1) = a' + bS_1, \qquad \theta_2(S_2) = a'' + dS_2.$$

Les trois fonctions linéaires θ_1, θ_2, θ_3 ne diffèrent donc que par le terme constant a, a' ou a'', mais le coefficient b est le même pour toutes.

Nous aurons donc, en désignant par a et b deux constantes, la première dépendant de la nature du corps, tandis que la seconde est la même pour tous les corps,

$$L = T(a + bS).$$

Mais nous venons de voir que le coefficient b doit avoir la même valeur quel que soit le corps considéré. Par suite, b est nul pour tous les corps puisqu'il l'est pour les gaz. La température absolue est donc toujours proportionnelle à l'énergie cinétique moléculaire.

322. La théorie d'Helmholtz s'applique aux mouvements vibratoires. — Comme nous l'avons fait remarquer, l'hypothèse d'Helmholtz (**318**) n'est justifiée que dans le cas des mouvements tourbillonnaires. Or les mouvements moléculaires semblent être des mouvements vibratoires de part et d'autre d'un point fixe. Le quotient $\frac{dQ}{T}$ est-il encore une différentielle exacte pour ce genre de mouvement? Nous allons montrer que cette propriété subsiste dans le cas des systèmes monocycliques, même lorsqu'on abandonne l'hypothèse du paragraphe **315**.

Si nous abandonnons cette hypothèse, l'énergie potentielle Φ est une fonction du paramètre à variation rapide p que nous pouvons écrire

$$\Phi = \frac{Ap^2}{2} + C, \tag{17}$$

A et C étant des fonctions des p_a. En effet, écrire cette égalité revient à négliger dans le développement de Φ, par rapport aux puissances croissantes de p, les termes d'un degré supérieur au second et à supprimer le terme du premier degré. Or les coefficients des termes d'un degré supérieur au second sont nécessairement très petits, et nous pouvons négliger ces termes. D'autre part, il est toujours possible de prendre le paramètre p, de telle sorte qu'il soit nul quand la molécule est au milieu de l'oscillation ; dans ces conditions, Φ est d'un degré pair par rapport à p, et, par suite, le terme du premier degré est nul.

L'énergie cinétique L est homogène et du second degré par rapport à q et aux q_a ; nous pouvons donc poser

$$L = \frac{Bq^2}{2}, \tag{18}$$

B désignant une fonction des p_a, si nous supposons toujours les q_a très petits.

323. Cherchons l'équation de Lagrange relative au paramètre p. Nous avons, d'après l'une des égalités (6),

$$s = \frac{dL}{dq} = Bq$$

et par conséquent, pour l'équation cherchée,

$$\frac{d\mathrm{B}q}{dt} + \frac{d\mathrm{H}}{dp} = -\mathrm{P}.$$

Mais

$$\mathrm{H} = \Phi - \mathrm{L},$$

et, par suite,

$$\frac{d\mathrm{H}}{dp} = \frac{d\Phi}{dp} - \frac{d\mathrm{L}}{dp} = \mathrm{A}p;$$

l'équation précédente peut donc s'écrire

$$\frac{d\mathrm{B}q}{dt} + \mathrm{A}p = -\mathrm{P}. \tag{19}$$

Si nous supposons le mouvement vibratoire stationnaire, P est nul et A et B restent constants; par conséquent, cette équation devient

$$\mathrm{B}\frac{dq}{dt} + \mathrm{A}p = 0$$

ou

$$\mathrm{B}\frac{d^2p}{dt^2} + \mathrm{A}p = 0.$$

Si nous posóns

$$\mathrm{A} = n^2\mathrm{B},$$

une solution de cette équation est

$$p = h\sin(nt + \omega);$$

nous en tirons par dérivation

$$q = hn\cos(nt + \omega)$$

et, en portant cette valeur de q dans le second membre de (18),

$$\mathrm{L} = \frac{\mathrm{B}h^2n^2\cos^2(nt + \omega)}{2}.$$

Lorsqu'on considère le système pendant un temps suffisamment long par rapport à la période de vibration, c'est la valeur moyenne de cette quantité qui intervient ; nous devons donc prendre pour dénominateur du rapport $\frac{dQ}{L}$ l'expression

$$L = \frac{B h^2 n^2}{4} = \frac{A h^2}{4}. \tag{20}$$

324. Supposons maintenant que les paramètres à variation lente changent de valeur ; en d'autres termes supposons que le mouvement vibratoire n'est pas stationnaire, alors P n'est pas nul. Évaluons le travail

$$\delta Q = -\int P\, dp$$

fourni par l'extérieur et relatif au paramètre à variation rapide pendant un temps δt, très petit d'une manière absolue, mais cependant très grand par rapport à la période de vibration.

Nous avons donc, d'après l'équation (19),

$$\delta Q = \int \frac{dB}{dt} q\, dp + \int B \frac{dq}{dt} dp + \int A p\, dp.$$

La première de ces intégrales s'effectue facilement. Les fonctions B ne dépendant que des paramètres à variation lente, sa dérivée par rapport à t est petite et varie lentement ; nous pouvons donc la considérer comme constante et l'intégrale à évaluer devient

$$\frac{dB}{dt} \int q\, dp = \frac{dB}{dt} \int q^2\, dt.$$

L'intégration étant prise pendant un temps très petit δt, l'intégrale précédente peut être remplacée par le produit de δt par la valeur moyenne $\frac{h^2 n^2}{2}$ de q^2; nous avons donc

$$\int \frac{dB}{dt} q\, dp = \frac{dB}{dt} \delta t \frac{h^2 n^2}{2} = h^2 n^2 \delta B,.$$

δB désignant la variation de B pendant le temps δt.

Pour avoir les deux autres intégrales développons A et B par rapport aux puissances croissantes de t; nous avons, en supposant pour un instant que nous avons pris pour origine du temps le commencement de l'intervalle δt,

$$A = A + \frac{dA}{dt} t + \frac{d^2 A}{dt^2} t^2 + \ldots,$$

$$B = B + \frac{dB}{dt} t + \frac{d^2 B}{dt^2} t^2 + \ldots.$$

Mais l'intervalle de temps δt pendant lequel on considère le système étant très petit, il est inutile de tenir compte des termes du second degré en t et d'un degré supérieur; en outre, nous pouvons regarder $\frac{dA}{dt}$ et $\frac{dB}{dt}$ comme constants pendant cet intervalle; il vient donc, pour les intégrales à évaluer,

$$\int B \frac{dq}{dt} dp = \int B q\, dq = B \int q\, dq + \frac{dB}{dt} \int t q\, dq,$$

$$\int A p\, dp = A \int p\, dp + \frac{dA}{dt} \int t p\, dp.$$

325. Nous pouvons choisir l'intervalle de temps δt de manière que p soit nul au commencement et à la fin de cet intervalle; pour ces deux instants q est alors égal à nh. Dans ces conditions,

$$B\int q\,dq = B\,\delta\frac{n^2h^2}{2}$$

et

$$A\int p\,dp = 0.$$

Les deux autres intégrales peuvent s'écrire, en intégrant par parties,

$$\frac{dB}{dt}\int tq\,dq = \frac{dB}{dt}\left(\frac{tq^2}{2} - \int\frac{q^2}{2}dt\right),$$
$$\frac{dA}{dt}\int tp\,dp = \frac{dA}{dt}\left(tp^2 - \int\frac{p^2}{2}dt\right),$$

et l'on voit facilement qu'elles ont pour valeurs, la première,

$$\frac{dB}{dt}\left(\delta t\frac{n^2h^2}{2} - \delta t\frac{n^2h^2}{4}\right) = \delta B\frac{n^2h^2}{4},$$

la seconde,

$$\frac{dA}{dt}\left(0 - \delta t\frac{h^2}{4}\right) = -\,\delta A\frac{h^2}{4}.$$

Par conséquent, en remplaçant dans δQ les intégrales par leurs valeurs, nous obtenons

$$\delta Q = \delta B\frac{n^2h^2}{2} + B\,\delta\frac{n^2h^2}{2} + \delta B\frac{n^2h^2}{4} + \delta A\frac{h^2}{4},$$

ou

$$\delta Q = 3\,\delta B\frac{n^2h^2}{4} + B\,\delta\frac{n^2h^2}{2} - \delta A\frac{h^2}{4}.$$

Divisons cette égalité par L dont les valeurs sont données

par les égalités (20); nous avons

$$\frac{\delta Q}{L} = 3\frac{\delta B}{B} + 2\frac{\delta n^2 h^2}{n^2 h^2} - \frac{\delta A}{A}.$$

Chacun des termes du second membre étant la dérivée d'un logarithme, la somme de ces termes est la dérivée du logarithme du produit; c'est donc une différentielle exacte. Le théorème de Clausius se trouve, par conséquent, aussi bien démontré dans le cas d'un état vibratoire des molécules que dans le cas d'un état tourbillonnaire.

326. Phénomènes irréversibles. — Revenons à la théorie d'Helmholtz. Il semble tout d'abord qu'elle ne peut rendre compte des phénomènes irréversibles.

Considérons la fonction **H**. C'est, nous le savons, une fonction des p et des q; ces dernières quantités y entrent au second degré puisque $H = \Phi - L$ et que Φ ne dépend pas des q, tandis que L contient ces quantités au second degré. Quand on change le signe du temps, c'est-à-dire si l'on fait revenir le système vers son état initial, les p ne changent pas de signe, mais les dérivées $q = \frac{dp}{dt}$ en changent. Mais, puisque ces quantités figurent au second degré dans **H**, cette dernière fonction conserve la même valeur. Or les équations qui définissent à chaque instant l'état du système peuvent se mettre sous la forme (5) :

$$-\frac{d}{dt}\frac{dH}{dq_a} + \frac{dH}{dp_a} = -P_a.$$

Son premier terme ne change pas de valeur quand dt devient négatif, puisque dq_a change en même temps de signe et que nous venons de voir que H conserve la même valeur; quant aux autres termes, ils ne changent pas non plus de valeur. Ces équations restent donc les mêmes quel que soit le signe de dt; par suite, le système, quand il revient vers son état initial, repasse exactement par les états qu'il a pris en partant de l'état initial; les transformations sont donc réversibles.

327. Mais nous avons vu que, dans le cas des systèmes incomplets, L peut s'exprimer par une fonction du troisième degré des q. Par suite L, dans ces conditions, change de valeur avec le signe de dt. Les phénomènes irréversibles pourraient donc avoir lieu avec les systèmes incomplets; c'est ce qu'admet Helmholtz.

Mais l'illustre physicien a recours également à une autre interprétation, d'ailleurs analogue.

Supposons que, pour quelques-uns des paramètres à variation rapide p_b, les quantités P_b soient nulles. Nous désignerons ces paramètres par la notation p_e. Il vient alors

$$ds_e = \frac{dQ_e}{q_e} = -P_e\,dt = 0.$$

Les s_e sont donc des constantes que j'appelle s_e^0. Les relations

$$s_e = s_e^0$$

me permettront d'éliminer les quantités q_e et de ne conserver comme variables indépendantes que les p_a et les q_b (non compris les q_e).

Désignons alors par la notation d les dérivées partielles calculées avec le système de variables anciennes p_a, q_b et q_e, et par la notation ∂ les dérivées partielles calculées avec les variables nouvelles p_a et q_b.

Posons de plus

$$H' = H + \Sigma s_e^0 q_e;$$

il viendra

$$\frac{\partial H}{\partial p_a} = \frac{dH}{dp_a} + \sum \frac{dH}{dq_e}\frac{\partial q_e}{\partial p_a} = \frac{dH}{dp_a} - \sum s_e \frac{\partial q_e}{\partial p_a} = \frac{dH}{dp_a} - \sum s_e^0 \frac{\partial q_e}{\partial p_a},$$

$$\frac{\partial H'}{\partial p_a} = \frac{\partial H}{\partial p_a} + \sum s_e^0 \frac{\partial q_e}{\partial p_a},$$

d'où

$$\frac{\partial H'}{\partial p_a} = \frac{dH}{dp_a}.$$

De même nous aurons

$$\frac{\partial H}{\partial q_b} = \frac{dH}{dq_b} - \sum s_e \frac{\partial q_e}{\partial q_b}$$

et

$$\frac{d}{dt}\frac{\partial H}{\partial q_b} = \frac{d}{dt}\frac{dH}{dq_b} - \sum s_e \frac{d}{dt}\frac{\partial q_e}{\partial q_b} - \sum \frac{ds_e}{dt}\frac{\partial q_e}{\partial q_b};$$

et, puisque

$$s_e = s_e^0, \qquad \frac{ds_e}{dt} = 0,$$

il vient

$$\frac{d}{dt}\frac{\partial H}{\partial q_b} = \frac{d}{dt}\frac{dH}{dq_b} - \sum s_e^0 \frac{d}{dt}\frac{\partial q_e}{\partial q_b}.$$

De même

$$\frac{d}{dt}\frac{\partial H'}{\partial q_b} = \frac{d}{dt}\frac{\partial H}{\partial q_b} + \sum s_e^0 \frac{d}{dt}\frac{\partial q_e}{\partial q_b};$$

donc

$$\frac{d}{dt}\frac{\partial H'}{\partial q_b} = \frac{d}{dt}\frac{dH}{dq_b}.$$

Nos équations deviennent donc

$$\frac{\partial H'}{\partial p_a} = -P_a, \qquad d\frac{\partial H'}{\partial q_b} = -q_b\,dQ_b.$$

Elles conservent donc la même forme. Si le nombre des paramètres à variation rapide autres que les p_e se réduit à 1, le système est monocyclique; mais le facteur intégrant n'est plus $\frac{1}{L}$, mais $\frac{1}{q_b s_b}$.

Les relations $s_e = s_e^0$ ne sont pas homogènes par rapport aux q, puisque le premier membre est du premier degré et le second du degré 0.

Il en résulte qu'après l'élimination des q_e, L ne sera plus homogène du second degré par rapport aux q et que H pourra contenir des termes de degré impair par rapport à ces quantités.

Les équations cessent donc d'être réversibles, c'est-à-dire de demeurer invariables quand on change le signe du temps.

Helmholtz désignant par *mouvements cachés* ceux qui correspondent aux paramètres p_b pour lesquels P_b est nul, l'irréversibilité des phénomènes doit alors être attribuée à l'existence de mouvements cachés dans le système. L'exemple le plus simple d'un tel système est le pendule de Foucault; dans ce cas, le mouvement caché est celui de la Terre; c'est ce mouvement qui empêche le pendule de repasser en sens inverse par les positions qu'il a occupées antérieurement et détruit la réversibilité du phénomène.

328. Cette explication des phénomènes irréversibles peut paraître satisfaisante. A mon avis elle ne peut rendre compte de tous les phénomènes thermodynamiques. Montrons-le.

Considérons un système soustrait à toute action extérieure. Dans ce cas les P_a sont nuls et nous avons pour les équations relatives à un paramètre

$$\frac{ds}{dt} + \frac{dH}{dp} = 0, \tag{21}$$

$$s = -\frac{dH}{dq},$$

en supprimant les indices.

D'après les relations (2), (3) et (4), nous avons pour l'énergie du système

$$U = H + \Sigma q \frac{dL}{dq}$$

ou, en tenant compte de (6),

$$U = H + \Sigma qs.$$

Considérons U comme fonction de p et de s; nous obtenons pour les dérivées partielles de cette fonction

$$\frac{dU}{dp} = \frac{dH}{dp},$$

$$\frac{dU}{ds} = q,$$

ou, d'après l'équation (21) et la signification de q,

$$\frac{dU}{dp} = -\frac{ds}{dt}, \qquad \frac{dU}{ds} = \frac{dp}{dt}. \tag{22}$$

Le système étant isolé, son entropie ne peut aller en diminuant; par suite $\frac{ds}{dt}$ doit être positif quand t augmente.

Or nous pouvons considérer S comme une fonction des s et des p. Alors nous avons

$$\frac{dS}{dt} = \sum\left(\frac{dS}{ds}\frac{ds}{dt} + \frac{dS}{dp}\frac{dp}{dt}\right),$$

ou, en remplaçant $\frac{ds}{dt}$ et $\frac{dp}{dt}$ par leurs valeurs tirées des équations (22),

$$\frac{dS}{dt} = \sum\left(\frac{dS}{dp}\frac{dU}{ds} - \frac{dS}{ds}\frac{dU}{dp}\right).$$

Par conséquent, la condition à laquelle doit satisfaire le système est

$$\sum\left(\frac{dS}{dp}\frac{dU}{ds} - \frac{dS}{ds}\frac{dU}{dp}\right) > 0, \tag{23}$$

et cette inégalité doit être satisfaite pour toutes les valeurs des p et des s.

Nous allons voir qu'elle n'est pas toujours remplie.

329. Il est en effet possible d'imaginer un système pour lequel S passe par un maximum. Puisque S ne peut décroître, cette quantité reste constante quand elle a atteint sa valeur maximum, valeur pour laquelle le système est en équilibre. Nous pouvons supposer que cet état correspond à des valeurs nulles de s et de p, car, si ces variables avaient alors des valeurs différentes de zéro, s' et p', il suffirait de poser

$$s = s' + s'', \qquad p = p' + p''$$

et de prendre s'' et p'' pour nouvelles variables pour que dans l'état d'équilibre les variables soient nulles. Nous pouvons également supposer que, pour cet état, U et S sont nuls, puisque ces fonctions contiennent une constante arbitraire.

Développons S par rapport aux puissances croissantes des variables.

Le premier terme de ce développement est nul d'après l'hypothèse précédente ; l'ensemble des termes du premier degré en s et p est aussi nul puisque S passe par un maximum quand $s = p = 0$; pour cette dernière raison, l'ensemble des termes du second degré est négatif. Par conséquent, si nous négligeons les termes d'un degré supérieur au second, S est une forme quadratique négative de s et de t; nous pouvons donc la décomposer en carrés dont tous les coefficients sont négatifs.

Développons également la fonction U; le terme constant du développement est nul. Il en est encore de même de l'ensemble des termes du premier degré; en effet, puisqu'il y a équilibre du système,

$$\frac{ds}{dt} = 0 \qquad \text{et} \qquad \frac{dp}{dt} = 0$$

et, par suite des équations (22),

$$\frac{dU}{dp} = 0 \qquad \text{et} \qquad \frac{dU}{ds} = 0.$$

En négligeant les termes du développement d'un degré supérieur au second, U se réduit donc à une forme quadratique de s et p.

330. Les fonctions S et U étant quadratiques, leurs dérivées partielles par rapport aux variables sont du premier degré et, par suite, le premier membre de l'inégalité (23) est une fonction quadratique. Pour que cette inégalité soit toujours satisfaite, il faut que cette fonction quadratique puisse se mettre sous la forme d'une somme de carrés dont les coefficients sont positifs. Alors elle ne peut s'annuler que pour $s = p = 0$.

Or considérons la fonction $-\frac{U}{S}$. Elle est homogène et du degré zéro par rapport à p et s. On peut donc, sans changer la valeur de cette fonction, multiplier s et p par un même facteur quelconque. Profitons-en pour rendre ces variables toujours plus petites qu'une certaine quantité, c'est-à-dire finies. Alors U et S restent finis quelles que soient les valeurs données aux variables et $-\frac{U}{S}$ ne peut devenir infini que si S est nul. Mais S étant une fonction quadratique négative ne peut s'annuler; $-\frac{U}{S}$ ne peut donc devenir infini et doit présenter un maximum que nous désignerons par λ pour un système de valeurs des s et des p autre que $s = p = 0$.

Pour ces valeurs des variables correspondant à ce maximum, on a

$$\frac{\frac{dU}{ds}}{\frac{dS}{ds}} = \frac{U}{S} = -\lambda;$$

par suite,

$$\frac{dU}{dS} = -\lambda \frac{dS}{ds}.$$

De même on a

$$\frac{dU}{dp} = -\lambda \frac{dS}{dp}.$$

Si nous portons ces valeurs de $\frac{dU}{ds}$ et $\frac{dU}{dp}$ dans le premier membre de l'inégalité (23), celui-ci s'annule. La fonction quadratique qui lui est égale peut donc s'annuler pour des valeurs de p et s différentes de zéro. Par suite, tous les coefficients des carrés ne sont pas positifs et la fonction peut être négative.

Les équations d'Helmholtz ne peuvent donc expliquer l'augmentation d'entropie qui se produit dans les systèmes isolés soumis à des transformations irréversibles.

Il résulte de là que les phénomènes irréversibles et le théorème de Clausius ne sont pas explicables au moyen des équations de Lagrange.

331. L'explication des phénomènes réversibles n'est même pas complète. En particulier, il faudrait expliquer pourquoi quand deux corps à la même température sont mis en contact il n'y a pas passage de chaleur d'un corps à un autre. On a bien tenté d'en donner une explication. On a comparé les deux corps à deux poulies dont les vitesses de rotation sont égales; quand on embraie ces poulies, il n'y a pas de choc et par suite pas de transmission de force vive de l'une à l'autre; quand on met les deux corps en contact il n'y aurait pas non plus de chocs entre les molécules, celles-ci possédant la même vitesse dans les deux corps puisque les températures sont les mêmes. L'explication est loin d'être satisfaisante.

332. Travaux de Boltzmann. — Aux noms d'Helmholtz et de Clausius il faut ajouter celui de M. Boltzmann. Parmi les travaux de ce dernier savant sur le sujet qui nous occupe nous ne signalerons que sa démonstration de l'hypothèse d'Helmholtz.

M. Boltzmann sépare encore les paramètres du système en deux classes : les paramètres à variation lente et les paramètres à variation rapide, mais il ne suppose plus que H est indépendant de ces derniers. Il décompose le système total en un grand nombre de systèmes pour lesquels la période est la même, mais la phase différente. En considérant cet ensemble de systèmes M. Boltzmann montre que tout se passe comme si H ne dépendait pas des paramètres à variation rapide ; l'hypothèse d'Helmholtz se trouve donc justifiée. A ce point de vue le travail de M. Boltzmann devait être signalé ici.

333. Toutes les tentatives de cette nature doivent donc être abandonnées ; les seules qui aient quelque chance de succès sont celles qui sont fondées sur l'intervention des *lois statistiques* comme, par exemple, la théorie cinétique des gaz.

Ce point de vue, que je ne puis développer ici, peut se résumer d'une façon un peu vulgaire comme il suit :

Supposons que nous voulions placer un grain d'avoine au milieu d'un tas de blé ; cela sera facile ; supposons que nous voulions ensuite l'y retrouver et l'en retirer ; nous ne pourrons y parvenir. Tous les phénomènes irréversibles, d'après certains physiciens, seraient construits sur ce modèle.

FIN.

TABLE DES MATIÈRES.

CHAPITRE III.

LES TRAVAUX DE SADI CARNOT.

CHAPITRE IV.

LE PRINCIPE DE L'ÉQUIVALENCE.

CHAPITRE V.

VÉRIFICATION DU PRINCIPE DE L'ÉQUIVALENCE AU MOYEN DES GAZ.

CHAPITRE VI.

QUELQUES VÉRIFICATIONS DU PRINCIPE DE LA CONSERVATION DE L'ÉNERGIE.

CHAPITRE VII.

LE PRINCIPE DE CARNOT-CLAUSIUS.

CHAPITRE VIII.

QUELQUES CONSÉQUENCES DU PRINCIPE DE CARNOT. — ENTROPIE. FONCTIONS CARACTÉRISTIQUES.

CHAPITRE IX.

ÉTUDE DES GAZ.

CHAPITRE X.

LIQUIDES ET SOLIDES.

CHAPITRE XI.

VAPEURS SATURÉES.

CHAPITRE XII.

EXTENSION DU THÉORÈME DE CLAUSIUS.

CHAPITRE XIII.

CHANGEMENTS D'ÉTAT.

CHAPITRE XIV.

MACHINES A VAPEUR.

CHAPITRE XV.

DISSOCIATION.

CHAPITRE XVI.

PHÉNOMÈNES ÉLECTRIQUES.

I. — *Piles hydro-électriques.*

II. — *Piles thermo-électriques.*

III. — *Théorie de M. Duhem.*

IV. — *Quelques remarques.*

CHAPITRE XVII.

RÉDUCTION DES PRINCIPES DE LA THERMODYNAMIQUE AUX PRINCIPES GÉNÉRAUX DE LA MÉCANIQUE.

FIN DE LA TABLE DES MATIÈRES.

www.ingramcontent.com/pod-product-compliance
Ingram Content Group UK Ltd.
Pitfield, Milton Keynes, MK11 3LW, UK
UKHW020609230726
13926UKWH00005B/2285

9 782016 137437